U0270004

当代基础设施景观

当代基础设施景观

THE LANDSCAPE OF CONTEMPORARY INFRASTRUCTURE

[美] 凯 利·香 农（Kelly Shannon）

马塞尔·斯梅茨（Marcel Smets） 著

刘海龙 等译

中国建筑工业出版社

目录

导言
目的与概念

备受瞩目的基础设施

人们对基础设施的兴趣和关注正在不断增长，这就需要我们找到当代一些典型的设计案例，并作出全面详细的总结。如今，各国政府将基础设施，特别是交通基础设施建设视为其主要的投资领域。同时，私人资本在城市化过程中也扮演着越来越重要的角色，而基础设施正是这些私人投资的主要依附对象。因此，当政府需要重新规划混乱的居住区，重塑城市化秩序时，基础设施设计就成为最近广泛使用的手段之一。另外，现在人们普遍意识到了交通的重要性，可达性已成为地区发展的根基。而基础设施作为保障可达性的根本手段，决定了环境的质量：在全球层面上，它将地区和世界联系起来，使之成为世界经济的一部分；在地方层面上，它提升了公共领域的生活质量。

随着城市化的发展，决策制定与空间可行性使基础设施的建设越来越复杂。通过基础设施的发展进行彻底的转型和创造优良的环境已经成为一个全球现象。大规模的资本密集型基础设施项目正在从根本上改造城市和农村地区。城市和乡村在经济水平、交通距离和发展层级的基础上得到了重新定位，同时景观和生态也发生了彻底改变。然而，人口密度的增加和社会的发展，使一些可能破坏环境的设施，比如机场、高速公路、铁路，以及自然与城市环境中的水道等，在建设过程中面临着更强烈的反对压力。完整的社区设计流程包括论坛讨论、专业分队和咨询委员会三部分，这种设计流程使公民和活动团体对基础建设的改进意见越来越重要。同时由于他们组织的公开活动影响力很大，管理者们在批准项目之前需要深思熟虑。一些新的因素，如大量利益相关者的参与、建造空间的缺乏和不同类型的交通解决方案之间的组合，增加了设计的难度和复杂度。现在，基础设施的建设不再只是简单的、脱离环境的大规模施工了，而是将环境和设施融为一体，让交通道路成为人们集体生活的新容器，从而产生一种新的公共区域。如果想成功被公众接受、融入周围环境并良好运作，基础设施建设必须提升周边环境的质量。所以，基础设施的设计必须要融入建筑设计、景观设计和城市规划、生活环境规划等各个方面。设计过程中除了工程设计之外，还需要考虑社会因素和未来规划。由此看来，今天的基础设施设计需要将设计工作本身作为一个综合性项目的一部分。只有与建筑、交通和景观结合，基础设施才能可以更好地整合土地，减少灰色空间和社区隔离，刺激新的互动，并成为真正的"景观"。

整体设计的基础设施

将基础设施作为一个综合项目，大大改变了其建造过程中所涉及的几个专业学科各自的地位、价值和责任。在此之前，大型工程事务所涵盖了基础设施建设的全部过程：从初步设计到施工图、发起招标以及承包商／开发商的后续工作。现在，人们更倾向于从起始就多个学科参与。总体上来看，城市设计师或景观设计师的工作不再是仅仅拿到一个基于工程技术考虑而设计的项目，然后做一些美化工作而已，而是和专业工程师一起，成了整个项目的共同设计者。为了达成一个令人满意的方案，设计工作一般是与建造或交通管理方面的专业技术公司密切合作进行的，但是基于设计师们更深入地参与，新方案中明显增加了建筑和景观方面的考虑。这个新情况形成了一种循环：公众们对空间质量的兴趣提高了城市设计和景观设计在基础设施中的地位；而设计师们话语权的提高反过来催生了一些新类型的设计，这些新的设计又提高了其他地区公众们对高质量基础设施的兴趣和需要。这种循环推动了当今新的工程建设模式的发展。

本书收录了一些探究性项目，并给出了批判性的意见，同时提供参考文献和相关案例。当代基础设施项目日益复杂，促使从业者们借鉴有类似问题的其他方案，并从中寻找合理的解决途径。在综合性景观设计的前沿研究领域，先驱们不断寻找方案模板。但是，由于地区特质的不同，这些模板不应被视为僵化的规则或规范。它们没有普遍的有效性，不能从一种情况完全照搬到另一种情况。无论概念或规划的空间吸引力有多强，它都只是受到了当地需求和环境影响的特定设计过程的结果。因此，一个模板的真正价值在于形成其外在形式的理念体系和逻辑论证。本书不是简单地将很多蓝图拼凑在一起，而是力求提炼这些方案中的理念。

因此，这本书的意义超越其外在表现形式而更加深远。本书归纳了当代基础设施的相关主题，并相应的为各个主题搭配了来自全球各个地区案例。本书希望阐明，基础设施的发展不仅仅是一个和交通规划师、工程师和政治家相关的技术问题，而是一个涉及多个学科的交叉区域，而且，设计者在其中的角色是至关重要的。从根本上说，案例介绍反映的是本类别的原型，而不仅仅是记录与整合。选择一个项目的原因和逻辑比项目本身更重要，并且更持久有效。这么做的理由显而遇见，在计算机网络搜索如此发达和信息触手可及的时候，单纯地收集案例已经失去了意义，而且这样简单的案例收录很可能会迅速过时，并且必然是不完整的。相比之下，按照设计理念的分类来整理的结果则会长期有效。我们希望本书可以长期作为一本"词典"，一个纲要，帮助他人整合新的案例，并精炼本书提出的设计方法的意义。

本书的结构

基于基础设施影响空间环境的途径及被感知的方式，我们可以将它们划分成四类，这四类构成了本书的骨架，也构成了本书的四个章节。

第一章讨论流动性对城市化的影响，揭示交通网络在构建城镇结构中的作用。具体分析可达性的不同方式是如何塑造一个地区的空间组织，并调查研究交通网络的空间形式可能产生的两种截然不同的影响：或提升地区的全球性，或加强地区的本土性。

第二章聚焦基础设施的物质形态对环境的影响。具体讨论体量巨大的交通设施在融入周边环境时的不同方法及要遵循的两个原则，其一尽可能地消除对周边环境的影响，其二借此机会来重塑地区发展。

第三章分析交通基础设施所带来的大量车流、人流在运动中对周围环境的感知。展示设计师为强调运动中的感知而提升途经地区的识别性所采用的不同方法。

最后，第四章反思了基础设施作为公共空间的作用。交通基础设施拥有大量的人流和高度的可达性，如今已经成为重要的公共空间之一，在那些原有的公共空间（市场、街道、路边停车场等）已经被集约化的私人领域（商场、停车楼）所替代的国家尤甚。而交通空间本身，既是固定的场所，也是一段旅程。所以，设计师们描绘这类空间时经常强调其中活动的人所表现出的不同行为方式。从这个方面看，在交通基础设施设计理念变化的同时，整个社会对于公共空间也越来越重视。

从四个切入点（流动性、物质性、运动性和公共性）入手，各章的结构也是类似的：每一章都以一篇介绍性的文章开始，先厘清中心主题的含义，然后引证其他作者或前辈。紧接着，根据本章主题，从当代基础设施设计师所采取的设计方法中找到相关的概念，并将其进一步归类。对于每一个分类，配有一段文字介绍，然后对于几种不同的交通方式会给出各自相应的概述。之后，详细介绍一些高度相关的主要案例，来进一步阐释该类别的分类依据。但是，这种介绍方法不可避免地排除一些其他相关案例。所以，我们也收录了一些次要案例。他开篇文字中会介绍这些次要案例，来阐明它们所蕴含着的设计态度。对于不同交通方式，本书汇集了不同的方案，试图用一种原型化的方法，来指导基础设施及其与周边环境关系的设计。我们需要大量案例来支撑分类的合理性。所以，书中的每一个类别都配有大量优秀案例。选择"主要案例"和"次要案例"的依据是该方案与原型方法的契合度，而非方案的概念和空间质量。同时，应该强调的是，分类是为了更精炼地提出设计方法。这种分类概念是主观的，可能存在一个方案同时属于几个不同分类的情况。

案例的原型价值

本书旨在提出一个有效的、多方面的设计方法系统，而不是一些案例介绍的集合。为了强调这一点，我们需要更谨慎地选择案例。所以，我们为选择过程定下了清晰的评价条件和原则。首先，选出的方案必须是已建成或者在建的。只有通过具体的建造，基础设施方案才能证明它们的社会接受度及经济、政治上的可行性。社会接受度的最终标准使我们避免了许多观念上的争论：近期一些旨在改进交通和交通管理方面已经制度化（僵化）倾向的提案。只有在选择次要案例时，我们才会放宽"已建成"这一原则，选择一些未建成的概念方案。第二个选择条件是方案在当下的重要性，其实很难准确定义这一个条件，它主要是指从业人员对新的、现代化的方案的期许。有许多经典的方案在实践中都引起了人们的兴趣，但是这些方案都属于上一个时代，即历史经典。因此，所选的参考案例都在 15 年以内，除非这个历史案例蕴含着的原型价值（archetypal value）比近期的参考案例还要高。当然，虽然我们的评价仍然是主观的，但是选择时力求方案的原型价值的重要性和代表性而不掺杂作者的主观倾向。为全面反映出全球趋势，除了在欧洲、北美地区选用大量案例之外，本书同时均衡地大量选择了其他地区的案例。

最后介绍本书所研究主题的相关情况。现代关于建成环境的研究充斥着"基础设施"、"景观"及其相关的概念领域。在欧美地区，近期的展览、研讨会和文章等主要关注基础设施所带来的发展机会。首届鹿特丹双年展（2000 年）关注流动性；位于巴黎的"运动中的城市"组织（Cities on the Move Institute）发表了展览宣言手册《运动中的建筑：城市与流动性》（Architecture on the Move: Cities and Mobilities，2003 年）和《街道属于所有人》（The Street Belongs to All of Us，2007 年）。近期的出版物，如朱利安·塔姆沃恩（Julian Taxworthy）和杰西卡·布拉德（Jessica Blood）的《网络：景观 | 基础设施》（The Mesh Book: Landscape|Infrastructure）以及乔迪·茱莉亚·索特（Jordi Julia Sort）的《都市网络》（Metropolitan Networks）都关注了这一主题。米歇尔·施瓦策尔（Mitchell Schwarzer）的《变焦区域：运动与媒介中的建筑》（Zoomscape: Architecture in Motion and Media）和泰姆·克雷斯伟尔（Time Cresswell）的《正在移动：现代西方世界的流动性》（On the Move: Mobility in the Modern Western World）探究了现代历史中关于运动和环境感受的变化。西蒙·享利（Simon Henley）的《停车建筑》（The Architecture of Parking）总结了近期停车建筑的分类。科琳·蒂（Corinne Tiry）的《巨大构造》（Les mégastructures du transport）比较并分析了世界范围内的多种范式交通组合的重要案例。克劳德·普利劳伦佐（Claude Prelorenzo）和多米尼克·鲁亚尔（Dominique Rouillard）编著的《基础设施之上的都市》（La métropole des infrastructures）收录了一系列关

于基础设施设计意义的论文。哈佛大学设计学院主持了一场主题为"居住于基础设施"的会议和展览（2004 年）。许多重要的杂志，如 Lotus[包含由斯梅茨（Smets）主笔的一篇主题文章]、L'Arca、A + T、Techniques & Architecture 和 Topos 都发行了相关主题的特刊。另外，许多文章、专业杂志和专题出版物都收录了一些个人项目。尽管人们对于这一主题有大量的研究，但本书仍然是第一本关于当代基础设施项目的详尽的、广泛的、系统的出版物。

本书建立在之前研究的基础上，并与之区分开来，同时也希望能够激发出更多相关研究。在下一个十年，对可持续发展和气候变暖影响的关注会越来越普遍，这种关注会推动人们重新思考基础设施和景观之间的关系，从而带来巨大的改变。环境效应的日益重视改变了公众兴趣和政府政策，使已验证的范式和流动模型成为替代方案。另外，交通工具的革新，如电动汽车、全自动火车和大飞机等，必然会成为基础设施设计相关专业的重要关注点。本书作者非常清楚地意识到，这些趋势必然会影响未来的设计概念，所以选择一些标志性内容放到本书所探讨的未来方向的框架中。

这本综合性出版物的目标读者是城市设计师、建筑师、景观设计师、土木工程师、交通规划师和政策制定者。本书指出了不同专业之间的界限日渐模糊，并打开了新时期景观和基础设施建设的无限可能性。可以预测的是，21 世纪的基础设施项目必然依赖于创造性的公共 - 私人关系，以及土木工程、城市设计、景观设计、建筑设计等学科的不断融合。本书展示了很多优秀的方案，它们富有创造性地将设计和工程融为一体，既建造了基础设施，又创造了迷人的环境。

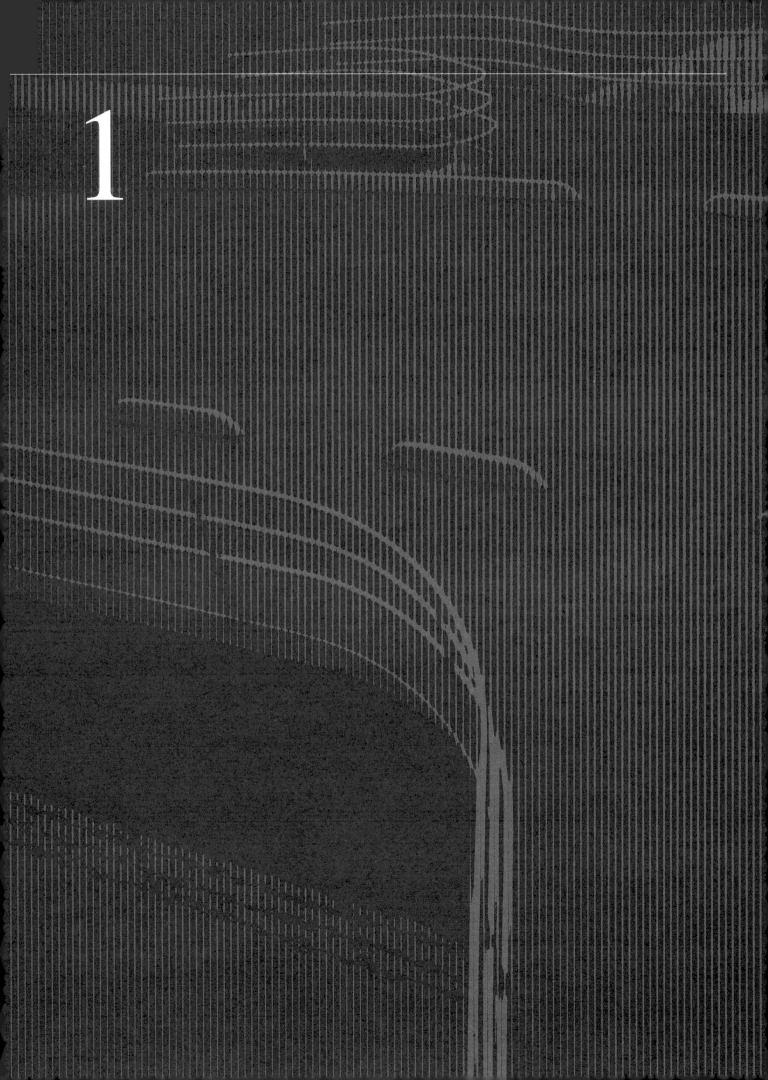

1

第一章
景观的流动性烙印

1.1 引言 塑造流动性的基础设施

流动性已成为现代生活的一个常态。自二战以来，生产和消费之间的分离日益显著。在全球经济体系中，设计、制造、销售和金融分工不断细化，并在地域上分散开来。由此带来的服务业的增长，以及生产向即时性（just-in-time）组件的装配化生产的转换，导致了新的时空联系。因此，当代社会的经济活动已经十分依赖于流动性。在今天的世界经济中，一个城市或地区的发展潜力越来越依赖于各种交通网络的连接质量。对于这一现象，曼纽尔·卡斯特尔（Manuel Castells）在其《网络社会的兴起》（Rise of the Network Society）一书中有大量的描写和批判性解读，并称之为"流动空间"。本书不介入这样的争论，相反，它更感兴趣的是实实在在的致果和这些国际交流新模式对当地发展和政策所产生的影响。

显然，地方领导人经常通过在新的基础设施系统建设中采取标准化的方式，试图有效缓地区差距。从这个角度来看，基础设施投资成为了刺激当地福利的杠杆。首选的交通方式通常是根据技术创新因素，但它最终取决于这种交通模式能否最好地服务于社会。一般来说，在工业化早期受到青睐的交通工具——船舶、火车，在20世纪已被航空和公路运输所取代。但是，在21世纪的今天，资源的稀缺、现有交通网络的饱和以及对气候变化影响的预期，驱使我们寻找更有效的分流模式。为满足经济交换地域上的扩大，基础设施网络的规模和密度也相应有系统地扩张。一方面，北美洲和欧洲日益增多的高速公路，世界各地的超级航空港（尤其是在亚洲的新兴经济体），还有许多新建或扩建的高速铁路网络、港口、航道等，都证明了这种趋势。另一方面，为了保证流动性，社会付出了大量投资，以提高现有基础设施系统的能力。

根据定义，基础设施维持着一定条件下的连续流量（continuous flux）：它形成城市的动力，刺激着城市不断发展到其自身容量或承载力的极限。一个适应流量的

静态对象，它需要不停地自我更新，寻找替代品。当达到最大物理容量或环境承载力时，有两个基本方案可供选择：一是扩张——在其他位置加倍现有容量，二是将额外的交通需求转移到另一种交通方式上。前者的例子屡见不鲜：建设绕城公路，分流城镇的过境交通，鼓励建设替代线路缓解高速公路的拥堵，或建设第二、第三个机场以满足大都市区的空中交通需求。第二种方案最显著的例子就是最近引进的高速列车，对航空运输和高速公路的分流。独立的有轨电车、现有地铁/轨道连接升级的部分、循环路径也成为城市干道的可选路径。为了分流不堪重负的高速公路上的货运交通压力，人们又在扩大战略航道的整体通航能力上进行了巨大的投资。最终，为适应交通分布、环境约束和公民活动的要求，一个包括个体性的和集体性的新运输形式出现了。

最后，扩张、倍增和对网络性能改进的持续追求也增加了转换空间的数量。在这个意义上，我们认为促使流动性如此显著的两个主要特性是交通线路和多种交通方式之间的转换。前者是很容易被觉察的道路、轨道、路径等的物质实存。它们也可以隐形，只能通过偶尔的图像或声音来感知，如飞机和地铁。后者涉及许多变体，在火车、飞机、轮船、公共汽车、地铁或有轨电车之间的转换（换乘），但更主要的是本地交通工具如汽车、自行车、步行之间的转换。因此停车场作为综合交通的便利设施有其独特重要性。为使转换方便，多种方式的交通基础设施汇集是必需的。因此，节点处网络得到了最强烈的表达。对节点的感知胜于对线路的感知，不仅因为它们的内在架构优势，也因为它们作为集会场所和公众交往空间的特殊性质。

迅速发展的隐性源泉

交通网络通过提供更广泛的可达性，扮演着人流、物流交界面的角色，因而成为交流的源头。因此，城市化始终围绕交通节点而发展。前工业化时代，城市在河

流和道路相交的地方或者马车和大篷车停驻的地方发展起来。在工业时代，铁路使城市围绕火车站发展，而公路也产生了带状发展的城市。今天，在相对富裕地区，我们见证了"边缘城市"在高速公路出口、机场附近、高铁站周边大量增长，而其他地方，非正式的交易市场和自发的聚居也大量涌现在公交车站、繁华街道、废弃停车场的周围。大多数时候，这些发展都是在基础设施建设到位后，根据房地产利润的原则无序而自发形成的。

第二次世界大战后，流动性逐渐成为现代生活的需求。传统可达性与交易之间的平衡成为空间发展的主要动力。在交通网络上人们既是生产者也是消费者，市中心区的吸引力与交通网络所连接的服务数量和连接强度成正比。交通网络越密集，具有高可达性的地区扩张越广，潜在发展的领域就越宽。除了必要的实体，这个网络也形成了建筑物的集聚和活动的集聚。世界各地机场的加密化过程，有力地证明了这一现象。机场实际上是空中航线的节点。类似的无形线还有地铁，它们时常突然出现在集聚的都市区，促使房地产的发展，房地产的密度又反映了站点的重要性。这些由可达性引起的开发建设，是市场经济的结果。这种城市建成景观起源于城

市化进程，整体上的建成形态在此过程中由不动产的不断增值所塑造。从这个意义上讲，城市发展存在一个普遍的转变，即从围绕可达性高的城镇呈单中心集聚转向沿着主要基础设施轴线的边缘城市的根状蔓延。城市形态上的这一转换，显著标志着发展的进程从中心商业区的可达性，发展到交通网络所连接的节点的可达性。

纵观历史，基础设施的提供商都试图从交通运输与开发建设中同时获益。的确，交通线路有助于加强土地利用，进而导致土地增值。这一剩余价值可以用来偿还建设这条线路所需的投资。偿还形式可以采取直接报酬的形式，例如出售或出租投机性开发；或者间接补偿的形式，例如生成新的税收。不管哪种形式，基础设施建设都将变成持续实施的公共战略规划的一部分。第一个可操作的模式是阿尔图罗·索里亚·玛塔（Arturo Soria y Mata）在马德里提出的线形城市模型，这是一个依托有轨电车公司建立的线形解决方案——沿着轨道线将现有的城市中心与城市外围连接起来形成一个狭窄的脊柱式布局（图1）。两次世界大战之间，伦敦地铁公司繁殖式的郊区开发，就是一个如何实现投资间接回报的例子（图2）。

图 1　线形城市

阿尔图罗·索里亚·玛塔（Arturo Soria y Mata）的线形城市的横断面。这条有轨电车线路曾具有一种发展能力，这种发展能力反过来能支撑其建设成本。

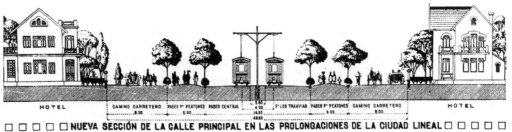

直到今天，人们对基础设施投资回报的关注（不管是从房地产开发中获利，还是通过增加客流的方式来补偿），仍然是交通规划与城市开发相结合的主要原因。在这方面政府行动的原型是巴黎拉德方斯（La Défense）的办公和贸易展销区（在 1951 年开始）。拉德方斯位于环城公路（Périphérique）附近，是巴黎历史轴线西侧的终点，设计要求在不显著改变历史内核的前提下满足现代化城市对办公空间的需求。规划将主要的步行商业区置于一个椭圆形环路的中心和公共交通线网的顶端。复杂的交通层次要求有精确的循环流线组织（图 3）。为了将当地交通直接与拉德方斯的 11 个部门和主要的停车场连接，设计保留了一个环形道路。长途交通快速路（从 1970 年开始的郊区快线和 1992 年的地铁）在环线中心沿着公交站的入口成组分布。由于地下基础设施还在继续扩大，最新的建设主要集中在提高识别性以及不同介入措施在空间上的交互作用上。

又如日本，土地非常稀缺，几乎所有的地下轨道线路都是民营建设。典型的情况是由大财团发起，同时对周边土地进行开发，轨道交通站点因此成为微型城市。它们吸引城市活动的集聚，进而形成建成景观，这些反映出可达性提高后产生的土地增值。这些呈根状迅速增长的发展由交通模式所决定，这个模式指引着后来的参与者从土地开发中获益。东京急行（Tokyu）是日本最大的以轨道建设为基础的集团公司，它的轨道线清晰地将高速增长的商业中心（含铁路公司自己的百货商店）甚至一些大学校园与中间站 [沿横滨市中心的涩谷（Shibuya）和樱木町站（Sakuragicho）] 串联起来，产生非峰值的反向轨道交通。1960 年到 1985 年之间，东急将广袤的、丘陵地貌的、人烟稀少的东京西部地区变成了一个 5000 公顷、将近 50 万居民的有序社区 [多摩（Tama）田园城市]。另一个铁路公司，京成电铁（Keisei），开发了东京迪士尼乐园。日本大多数民营铁路公司还从事其他的商业投资，包括酒店、百货公司、体育场馆、游乐园和其他辅助产业的建设和运营。

中国香港也是一个土地稀缺的亚洲城市，虽然有着难以置信的高密度和陡峭的地形，但被普遍认为拥有当今世界上最成功的综合公共交通系统。这个城市成功的秘密，是把公共交通投资与私营房地产开发联合，把火车、公共汽车、渡轮、有轨电车形成的交通网络与广泛的零售商业和交通枢纽的人行通道和电梯系统结合。城

图 2　田园城市
伦敦地铁北线，宣传郊区公园开发的海报。

图 3　流线图
拉德方斯的流线图，包括机动交通和公共交通。

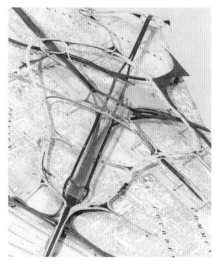

市通过大型填海项目不断扩张，而为了促进其发展，公共交通仍然是主要的工具。例如，由特里·法雷尔（Terry Farrell）设计的九龙站，在高层建筑群中布局有三个被抬升的步行景观广场和一个 100 公顷的步行区（图 4）。公共平台如同冰山一角，下面有大量分段分层的地下交通。这个车站是三条独立轨道线之间的换乘中心，包括从香港中心（Hong Kong Central）到赤鱲角香港国际机场（Chek Lap Kok Airport）的线路。机场登机办理、长途客车、公共汽车、小汽车等交通流都设计在不同平面上，并由夹层广场相连。法雷尔的城市设计设想还包括车站周边地区的空间发展。

在北美较寒冷的地区，地下人行网络对地面上的建成景观也有相似影响，通过可达性来相应地提升土地价值。在蒙特利尔，地下人行通道层次丰富、网络复杂，长约 30 公里，为商务、购物、约会和娱乐提供便利。[1]它与其他许多综合性地铁站是连通的，即使在加拿大阴冷的冬季，也为人们提供了一个温暖、干燥的大气环境（图 5）。这个地下空间与地面融合，在三维空间上提高了城市核心区的密度。由大厅、走廊、拱门、地下空间和块状空间形成的网络，以其自身的力量形成了一个共同的空间。这个网状的步行区符合北美投机性规划的传统，在这些规划中利润导向的逻辑偏好于采用巨型主义和功能复合主义的手法来提高顾客量和资本投入。蒙特利尔规定，允许开发商在公共道路下建造私人通道，也允许私人物业在地下挖隧道（因为这些规定，私有财产所有者可以直接与地铁联系起来）。这样的政策促使当局为了公共的利益而吸纳民间资本。因此，蒙特利尔中心城市的房地产市场受到了其隐藏的基础设施——庞大的人行走廊网络的影响。

在其他酷热的气候环境地区——如新加坡和中国香港等亚洲城市，阿布扎比和迪拜等阿拉伯联合酋长国的城市——商业和市场的内在联系系统被安置在中央空调的包围中，形成密闭的行人走廊，属于与加拿大不同的另一种模式。它们形成了一个迷宫般的多层次的购物中心，如同一系列资本生产、与社会隔离的孤岛。更像是后续发展的一部分，而非只是一个引擎。尽管如此，它们的逻辑轨迹为走廊网络的进一步扩张铺平了道路，并使走廊网络转变为城市基础设施，与机动交通系统同等重要。

图 4 当代的枢纽中心
特里·法雷尔设计的中国香港九龙站的空间组合图，表达了通过广泛的可达性实现的集约利用土地的方式。

交通网络作为发展的引擎

交通网络的建设实施通常是地区发展的引擎。但它也经常在既得利益中形成反作用力。为把这两种影响资本化，交通网络上的投资往往伴随着综合（再）开发。这种综合开发源于补偿的需要，它追求基础设施投资与公共资本所创造的剩余价值之间的平衡。通过全面揭示它为城市改善所作的贡献让公众接受。这样的战略规划多是由公共当局促进的，它的目标通常是将一个潜在的不利条件转化为一种资产，并通过提供宜人的开放空间和设施将基础设施的建设转变为改善公共领域的契机。根据公众意愿增加公共基金的投入，它通过加强或颠覆交通基础设施来作为引擎的特质。

当这种补偿首先在政治上被看作一种可行的基础设施投资途径时，它才会在转运点或者与转运点相联系的地区——"机场城市"、"火车站地区"、"边缘城市的办公园区"等采用统一的或者可重复的形态，形成城市的功能片区。这些综合开发主要位于机场、高铁火车站、与公路交会处附近。其具体构想与任务各不相同，但它

们大多仍被视为最早的雏形。交通设施不仅是发展的源头，自身也成为发展的一部分。它们几乎不考虑周围环境的现状，而主要关注交通连接关系，进而有规律地形成与现状分离的新景观，凸显同质性。然而，放眼更大尺度的城市改进，它一般扩张为更大的区域，会蔓延至交通线的许多出入站点。这样，它在地域上的影响和作用转变为对整个城市地区的感知。随着交通网络的本地化，基础设施真正地服务于整个城市。因此，基础设施被公共当局有意识地看作是由不同层次社会互动的交流场所和公共改善的重要支撑而建立起来。

欧洲最经典的城市复兴项目——金丝雀码头（Canary Wharf），位于伦敦陶尔哈姆莱茨区（Borough of Tower Hamlets）老西印度码头。现在已成为一个大型商业和购物区，码头区工作人数达十万人，其中大多数是上班族，与伦敦传统金融区不相上下。这一城市复兴的成功典范，其大部分应归功于伦敦新建的地下轨道线——银禧延伸线（JLE），它有效解决了码头区轻型铁路不足的问题。银禧线（JL）[从绿色公园（Green

图5 地下网络
蒙特利尔城市核心区的地下通道网，既是对当地气候的适应性选择，也是对产生多层面城市交往公共领域需求的选择。

Park）到斯特拉特福（Stratford）]连接了所有地下线路，其延伸线连接到新的开发区，比如千禧穹顶（Millennium Dome）、南岸区（South Bank）、泰晤士河口区（Thames Gateway）。银禧延伸线是由罗兰德·宝莱蒂（Roland Paoletti）负责完成的一个巨大且昂贵的项目。他因20世纪80年代建设中国香港地铁而成名。旧车站的改造设计和延伸线上9个新车站的设计都由几个知名公司承担：霍普金斯建筑师事务所负责威斯敏斯特站、MJP建筑事务所负责萨瑟克区站、福斯特联合事务所负责金丝雀码头站、Alsop & Störmer建筑师事务所负责北格林尼治站。他们共同努力使地下空间成为一个重要的市民公共空间，同时表达出伦敦公共交通的重要性。遗憾的是，从20世纪30年代查尔斯·霍尔顿（Charles Holden）的设计以来，这种重要性的表达就再没出现（图6、图7）。

斯图加特雄心勃勃的城市复兴项目被认为是德国甚至是欧洲一系列城市复兴项目中的典型代表。为了使德国铁路系统适应高速旅行的需要，设计对现有主要车站区进行了重建。在被称为"斯图加特21世纪"的项目中，德国联邦铁路公司（Deutsche Bahn）将在距地面12米的地下隧道铺设新的铁轨，把现有的终点站变为中间站。他们将中间站的绿色屋顶设计为一个步行广场，并设置通往轨道层的地下设施和一条70米宽的绿色大道——新城区的主轴（图8）。法兰克福和慕尼黑也有类似的项目得以实施。

同时，在许多法国城市——如斯特拉斯堡、南特、蒙彼利埃和格勒诺布尔——有轨电车系统的建设或恢复已成为许多城市复兴项目的核心。例如，位于阿尔卑斯山和地中海之间的沿海城市尼斯（Nice），制定了一个宏伟的城市更新计划和系统发展计划：让60%的人口居住在大都市区，有轨电车500米范围内容纳80%的就业岗位。由于地形的限制和缺乏大的基础设施的投入，规划将新的交通网络巧妙地安排在高速公路、驶出匝道和大型建筑体块之间的剩余空间。该系统最终建成三条线，目前，第一条线的预算很大一部分被用于雨水排水工程、市中心马塞纳广场的重建、公共照明和树木种植

金丝雀码头站

威斯敏斯特站

图6、图7 作为城市更新动力的基础设施
伦敦地铁是该城市改善环境、提升市民生活品质的有力工具。图为金丝雀码头（Canary Wharf）站（诺曼·福斯特/福斯特联合事务所设计）和威斯敏斯特站（迈克尔·霍普金斯/霍普金斯建筑事务的设计）。

四个方面（图9）。在城市核心区，设置了大面积仅限于有轨电车和行人通行的区域，并在边远地区的轨道铺设草皮。在拉斯帕尔马斯（Las Palmas）坡地，马尔科·巴拉尼（Marc Barani）做了一个高度复合的设计，停车换乘空间可满足700辆车的停车需求，并在轨道上方设有螺旋通道。

最后一个特殊的例子，位于安第斯山脉的波哥大也将基础设施建设作为城市更新的巨大引擎。其城市更新政策明确将提高可达性作为支持地方文化活动、促进社会包容和提高政府公信力的工具。波哥大曾经是一个因贩毒、城市流浪人口和极度贫穷而闻名的城市，但在过去的几年里，公共空间复兴的成就令其成为举世瞩目的焦点。城市快速公交系统（Trans Milenio）和大量循环的交通网络（拉美最大）在空间上将升级的公共空间乃至更大的市民公共领域有效整合起来。1996年以来，这个拥有近800万人口小城市率先实施了多项计划，以增加公共部门的流动性，这些计划不仅注重市政公园系统的改进和扩展，而且对市立图书馆系统也给予了同样的重视。一项名为"公共空间保护"的倡议恢复了非

法占用的步行空间，并通过在人行道、交通信号灯、照明和行道树等方面的改进来大幅翻新公共空间。

这些案例证明了交通网络具有巨大的带动能力。基础设施在空间上的可达性，促使城市整体结构的空间分异。它创造的剩余价值可以用来补偿交通系统的建设成本，也可以用来强化沿线城市活动的投资回报。在这两种情况下，交通网络的空间布局成为有意识的组织（通过城市规划）或无意的见证（通过城市化）公共领域发展的一个至关重要的工具。本章接下来的部分将介绍基础设施网络形成的力量，首先，通过标准的、可复制的方式强调网络的整体特性；其次，通过独特的、精巧的设计方案强调网络的地方特色。

1　Reyner Banham, "Megacity Montreal," in *Megastructure: Urban Futures of the Recent Past* (New York and London: Harper and Row, 1967), 105–129.

图8　恢复活力的铁路

德国斯图加特21世纪复兴计划是一个把城市提升为和欧洲铁路现代化相联系的经典案例。

图9 电车轨道的促进
法国尼斯的电车轨道勾画了
一系列融入城市主要空间网
络结构的立面轮廓。

1.2   作为识别手段的标准形式

从历史上看，基础设施网络因其独特的外观而具有可识别性。从杜米迪（du Midi）和勃艮第（de Bourgogne）运河开始，到玛丽娅·特蕾莎（Maria Theresia）和拿破仑（Napoleon）发起的国道、19 世纪的铁路网和 20 世纪的高速公路系统，这个悠久的传统一直延续下来。许多标准都是从实践中总结并不断完善的：最初是通过技术规范、材料特性和相同的工程总结而来；随着时间的推移，提高效率，基础设施需要更高的兼容性、可交互性和通用性，最终形成了统一的工序、尺寸和部件的规范化程序。这种标准化的趋势使网络沿线的所有元素成为一个系统，促使在现有景观的基础上叠加一个新的秩序，借此使现代化更显著。根据学者凯西·普尔（Kathy Poole）："我们相信，经过约 150 年的工业化，出于对效率的更高追求，标准化将成为民主的最终表达。"[1] 当代实践中的确沿袭了这一做法。虽然原型（archetype）是为了保证整体质量，但它同时也不可避免地促使了标准网络在全球的普遍流行，并在它波及的地方冲击了地方特色。

为确保铁路和公路的安全与效率，国际规范统一规定了其标准及要求。高速公路在这一方面尤其明显，它是从公路线路的标准化发展而来，柔性路肩、护坡、防护轨、隧道照明的标准图集构成了一本适用各种公路建设的"圣经"。相互独立的一级部件——弯道、立交桥匝道、天桥——生硬地叠加在景观上。在公路网中典型断面运用这种特定的等级体系很容易，但倘若在同一级别中形成区别，却是一件不容易的事。然而，在法国和德国，许多成功案例表明，坡道、收费站和桥梁，也能被精心设计，这反映了一种将标准断面融入现状景观或者通过精心设计的原型元素亦可形成多样性的倾向。已建成的法国 A29 号公路和 A77 号公路是一套由重复元素构成的公路语言，这使它们在屡见不鲜的公路线网中别具一格（图 1、图 2）。在对规范的超越以及不隔绝与环境的联系的基础上，A29 号公路形成了可识别性，而 A77 号公路的收费站也成为了一个强大的品牌。同时，托马斯·赫尔佐格（Thomas Herzog）为欧洲最快和最广的德国高速公路设计了一套新的服务站原型——在车道边放置小木屋。他这个新奇的想法显然吸收了"麦卡诺"（一个高度复杂、并能形成建筑特色的组合玩具）的理念，同时通过运用基本单元的手法来适应当地环境。他的概念，在慕尼黑至林道（Munich-Lindau）的高

图1　使用者熟悉的标准

位于法国西海岸的 A29 号高速公路河口段连接着欧洲北部和南部的一些主要港口。设计师们在此发现了大量稀有动物且充分认识到此处脆弱的生态环境，便以设计占地面积最小化和利用当地已有资源最大化为目标。32 座桥其中的 6 座是专为哺乳动物设计的。该线路利用了景观的地域特征，其特色在于通过建筑处理手法的革新体现新颖以及对普世的关怀态度，并与原始的风景形成对比。

图2　高科技收费站

在法国，迪博斯克与兰多夫斯基建筑师事务所（Dubosc & Landowski Architects）和阿尔科拉工程公司（Arcora Engineers）为 A77 号高速公路多尔迪沃 / 卢瓦尔河畔科讷（Dordives/Cosnes-sur-Loire Section）路段共同设计了 5 个具备高科技服务能力的收费站。每一个收费站形态各异但又具有整体性。收费站整体呈现白色简约的外形，由管状金属帆拱、框架空间和高耸的白色桅杆组成，为这段公路做了标志性区分。这些收费站的设计，在满足传递一个强有力的视觉信号的同时又尽可能地使之轻盈和透明，融入周边的环境中。

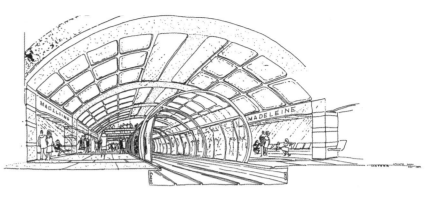

图 3   地铁的一致性

自 1935 年起开始修建的地铁 14 号线，是巴黎的第一条地铁线，被弗朗索瓦·密特朗（Francois Mitterrand）誉为"21 世纪的地铁"。伯纳德·科恩（Bernard Kohn）和让－皮埃尔·维伊塞（Jean-Pierre Vaysse）提出将艺术性和科技性相结合的总体设计概念，具体包括拥有日光照明的通道、无走廊的建筑空间、具有防护措施的等待平台、敞亮的大门、明亮的铺装，以及最小化的广告空间和强制消费空间。在灵智广告设计公司（EURO RSCG Design，汉威士集团旗下品牌——译者注）的设计师罗杰·塔伦（Roger Tallon）的帮助下，阿尔斯通（Alstom）和马特拉（Matra）在此项目基础上建造了世界上第一个完全自动化的地下列车。新地铁线除了其标准化的七个车站外，还有一个 90 米身长、列车前后方可视的设计和井然有序的运输设计，这些都是其具有标志性的地方。

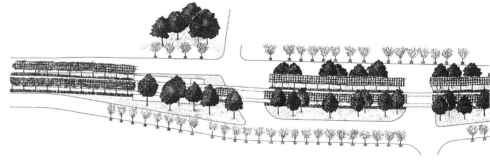

图 4   正式的连续性

保罗·舍梅托夫（Paul Chemetov）和亚历山大·谢梅道夫（Alexandre Chemetoff）及其景观设计事务所在巴黎外围的半工业化地区建造了市民空间，这些空间都是通过拆除缺乏规划的破败街区而形成的。有轨电车的主线连接了经济上相互依赖的博比尼市及圣但尼市。有轨电车沿着巴黎往日的外环线建设，并按林荫大道的标准，在街道上引入了传统城市中心常用的元素：花岗岩石材铺地、行道树以及坚固的街道设施。这种不考虑途经区域的现状特征和发展水平而形成的正式的连续性，给郊区居民的生活带来了显著改善。

图5 布鲁姆公共汽车线路
荷兰 Zuidtangent 高速公交车道从阿姆斯特丹的斯希普霍尔机场（Schiphol Airport）经过霍夫多普（Hoofddorp）到哈勒姆（Haarlem），全长22公里，设有14个站点（由 Maurice Nio 设计）。这些精心设计的站点利用沿路的城乡景观来表现出清晰的识别性和连续性，并能让人眼前一亮。这些可重复的元素——包括75米长、斑马纹的混凝土平台、盖板、栏杆、高架桥、挡风屏、声屏障和隧道——形成了一套只有细微差别的组件。除了顶部玻璃屋顶装饰有盛开的鲜花图案（暗指每十年在这里举行一次的世界最大园艺展览——荷兰国际花卉节），所有的公共汽车遮蔽设施都是黑色和白色。每个站点的名字印在长条形的挡风玻璃上，就像一幅绘画艺术作品。

速公路段的列赫维森（Lechwiesen）服务站体现，证明了将标准化与对环境的融合形成明确的、简约的、易识别的设计的可能性。

新的公共交通模式意在表达一种时代精神。例如象征速度和智慧的新一代地铁，已经成为代表未来高效的典型符号，同时它们的标准化（甚至自动化）经过了试验性设计。由伯纳德·科恩（Bernard Kohn）和让－皮埃尔·维伊塞（Jean-Pierre Vaysse）设计的巴黎地铁14号线的标准站将自然光、人流、空间引入地下，并用火车的形象描绘这种自动化运输的高效性（图3）。在20世纪末，诺曼·福斯特设计的西班牙毕尔巴鄂地铁站入口，与一个世纪前吉玛尔（Guimard）设计的新艺术风格的巴黎地铁站入口同样著名。这两位设计师都运用先进技术为乘客提供最佳的舒适感。这种新交通线路的高科技特征不仅符合形式美学，它更代表了对公共领域社会价值的重新思考。除了这些特殊的地铁项目，令人欣慰的是在不是特别繁华的城市环境中也能看到很多超越其基本功能的交通基础设施项目，而且令人印象尤为深刻。不管是在被严重分割、逐步衰败的城市郊区或是公共交通并不完善的城市，基础设施显然已成为社会转型的媒介。之前被基础设施所分割的博比尼（Bobigny）和圣但尼（Saint-Denis）（巴黎的两个郊区——译者注），现在通过有轨电车联系起来，这一新要素的植入给予了公民尊严感（图4）。在休斯敦，穿过破旧地区的标准化道路和轻轨沿线的车站，形成了连续统一的标志。这种有品质的新公共交通模式的设计是作为城市（重新）发展的动力而有意识地安排的。

巴士线路也应该纳入这种考量，近年来巴士系统因其智慧性和有效性而重新焕发生机。巴西库里蒂巴的巴士网络不仅在拉丁美洲，甚至在欧洲都展现出了强大的影响力。荷兰的 Zuidtangent 高速公交车线路是其国内第一个在空间越来越受限的情况下将速度和标准化相结合的新交通线路（图5）。将莱德谢·莱茵（Leidsche Rijn）新城与荷兰联系起来的雄伟的大桥项目也是另一个相当有代表性的工程。马克斯旺（Maxwan）开发了一系列的被称之为"组织件"（orgware）*的产品，用于家用轿车和人行天桥。它们虽然属于一个系列，但也因功能和环境的不同保持着各自的独特性。

1 Kathy Poole, "Civitas Oecologies: Civic Infrastructure in the Ecological City," in eds Theresa Genovese, Linda Eastley, and Deanne Snyder, *Harvard Architecture Review* (New York: Princeton Architectural Press, 1998), 131.
* orgware，是桥隧多向联结部位的巨型部件。——译者注

1.2.1　案例 1　服务站设计的范例

列赫维森服务站

慕尼黑 – 林道高速公路段，德国
建筑师：托马斯·赫尔佐格联合建筑设计公司
景观设计师：彼得·拉茨联合景观设计公司
修建时间：1992—1996 年

现在大部分高速公路服务站尚不能很好地将设计融入环境中。然而，在列赫维森的两个呈镜像布局的服务站不仅简洁经济，还使用了最先进的建筑构造方式及节能材料与周围景观环境融合。该站由三个主要元素组成：第一个是悬在铁制桥塔上的顶棚，它从交通行车区一直跨到停车区并遮盖住了防水区域；第二个是会客区（包括餐厅、收银员、厕所、有顶露台和游戏区），通向停车场和防水区域；第三个是大面积使用钢筋混凝土材料的功能区（含厨房、商店和整洁的房间，人员和管理区，可供卡车司机使用的厕所和淋浴空间）。服务站将噪声大、环境差的区域放置在离高速路较近的位置而把休闲娱乐区放置远离高速路的位置。

这个组合体（服务站）被喻为"在树林中的亭子"，景观由林荫道和道路两旁的绿篱组成，灵活地将高速路与农业用地和林地隔离开。在建筑表达中，主体建筑采用了木材，呼应当地主要建筑材料。屋顶是特制的四层压制的木材板，这种木材板钉成网格状的梁。景观生态部分采用自然排水（减少雨水管道和排水沟的使用量）和自然通风（减少机械通风的使用）。此外，雨水及废水可通过池中的植物得到生物净化。

此站是新一代服务站的范例，其运用节能材料的各项设施和呼应环境的设计手法达到了领先水平。同时，设计的理念也更多地注重人情味的表达，而不是一味追求高新技术的运用。在这个范例中的一系列精致的组件设计的足够简单，可以预制，并且在任何场所都易于组装。

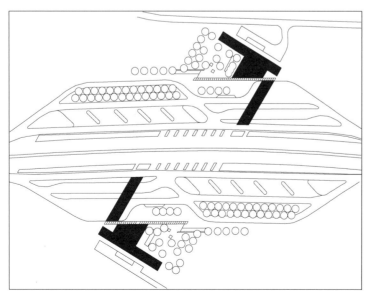

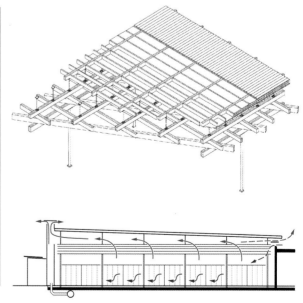

Service Station Prototype

LECHWIESEN SERVICE STATION

Munich–Lindau Highway，Germany

Architect：Herzog + Partner
Landscape Architect：Latz + Partner
Date：1992–1996

1.2.2　案例 2　Fosterites

毕尔巴鄂地铁

毕尔巴鄂，西班牙

建筑师：诺曼·福斯特联合事务所

工程师：奥维纳工程顾问公司

修建时间：1988—1995 年（1 号线）、1997—2004 年（2 号线）

　　这个突出于路面的弧形玻璃罩子被当地人称作"Fosterites"，它布满整个毕尔巴鄂的街道，以一种诗意的手法告诉人们此地有地铁。地铁站入口高效预制的标准配置已经成为这座城市的标志。市中心区通往 1 号线的八个入口可为行人作前往地铁的导向标，地铁站入口采用玻璃材质，白天日光充足，晚上灯照遍布。

　　巴斯克自治区（Basque autonomous region）工业中心的再生项目在国际城市复兴领域倍受赞誉。

广受人们喜爱的基础设施和地铁系统，甚至已超越弗兰克·盖里设计的古根海姆博物馆的至高荣耀。毕尔巴鄂地铁站连接了一个 100 万居民的居住区，其中串连了沿河村庄、工业区、城市中心和郊区及内尔维翁（Nervion）河。此后，人们出行更加便捷高效。地铁隧道加了防破坏涂层的预制混凝土板（1.2 米 × 2.4 米），体现高超的施工技术，与经过抛光处理、免维护的不锈钢以及面宽为 16 米的玻璃建筑（为将来的扩建提供灵

活性）形成鲜明对比。新建的地铁站入口大量使用自动扶梯或观光电梯，乘客也可从两旁的楼梯下到地铁站的站台，楼梯的曲线形态与室内的墙面形成鲜明的对比。在地铁建筑设计中，座椅、售票处和入口处都考虑了识别性，也增加了人们对车站的认同感。地铁完成时，共有 2 条地铁线，41 个车站。因为 2 号线中的深坑地铁站不能使用自动扶梯，只能采用大容量电梯组成三组配置，反而成为城市可识别的标志。

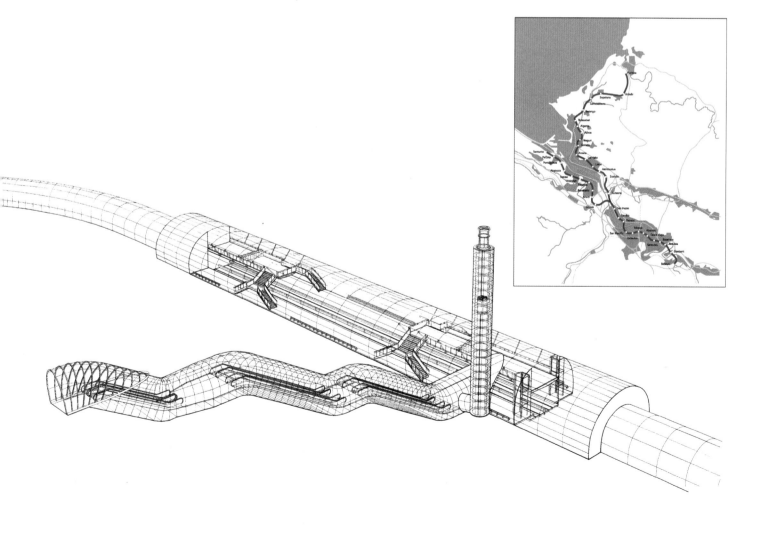

"Fosterites"	Bilbao, Spain
	Architect: Foster + Partners
Bilbao Metro	Engineer: Ove Arup & Partners
	Date: 1988-1995（Line 1）and 1997-2004（Line 2）

1.2.3 案例 3 交通的艺术呈现

休斯敦轻轨

休斯敦，得克萨斯州，美国

建筑师：HOK 建筑事务所
修建时间：2001—2004 年

得克萨斯州的休斯敦，不仅以汽车文化著称，还被称为"狂野的西部"。这座城市的规划没有运用区划制度或增长边界任何一种常用的手段。而大都会捷运局投资轻轨地铁项目，得以展现其聪明才智。一方面，它为城市提供一种新的公共交通方式；另一方面，它也成为刺激城市高密度核心区步行导向发展的动力。从休斯敦市中心向南到得克萨斯医疗中心和雷利安特公园综合运动馆的长 12 公里的红色线路 [也被称为主街线（Main Sreet Line）] 于 2004 年开通运营。线路经过博物馆区到达 610 号州际高速环路的南侧不远处，紧连休斯敦

的主要活动聚集区。轻轨线横向的连续景观，已成为城市的标志，其最终目的是带动公共交通的投资。在 2009 年 7 月，政府部门举行了两条新铁路线的动工仪式，这两条铁路线连接了休斯敦市中心及城市的北部和东南部，构成了联邦在基础设施领域新投资计划中的一部分。

HOK 建筑事务所设计了第一条线中的 16 个站，并作为设计原型来形成全线的整体印象，同时通过色彩、站台铺装材料和图案、包柱、玻璃天篷屋顶的变化来体现与场地的协调。天篷的设计由成对的槽钢立柱和悬臂梁组成框架，在其上方铺设透明玻璃

遮阳棚，该棚长度约为 76 米长站台的三分之一。根据休斯敦的文化艺术委员会和哈里斯县赞助的"交通的艺术呈现"（Art on the Go）项目，站台铺装、玻璃雨棚、包柱、栏杆、墙壁都成了艺术家的画布。这样不仅每个站的特色鲜明，而且整体组合又强大到足以形成一个独立的系统。轻轨站的站台位于闹市区、市中心和得克萨斯医疗中心的街道中间，两侧是轨道。休斯敦的历史文化景观广场与街道融合。其中有三个车站作为巴士到铁路的中转站，车站周边配有可容纳1000 辆小汽车换乘的停车场。

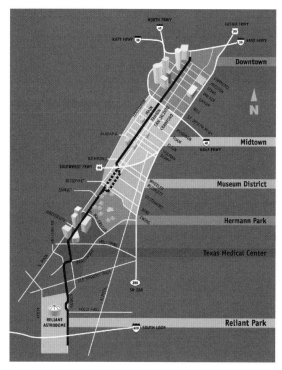

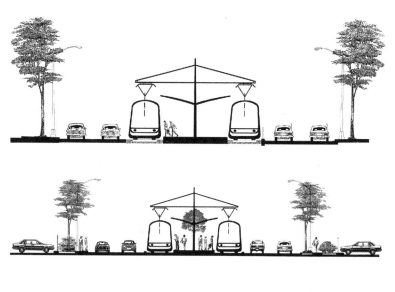

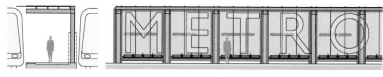

"Art on the Go"

HOUSTON METRORAIL

Houston, Texas, USA

Architect: HOK (Hellmuth, Obata + Kassabaum)

Date: 2001-2004

1.2.4 案例4 红色运输标志

库里蒂巴公交系统

库里蒂巴，巴西
建筑师：杰米·勒纳（建筑师＋市长）
修建时间：1966—1990年

库里蒂巴快速公交系统（BRT）中的圆柱形透明管状车站，综合考量了适度超前与经济实用的原则。这个鲜明高效的BRT系统综合解决了城市无序增长、贫困和城市交通混乱等问题，从根本上改变了城市。库里蒂巴拥有220万人口，也是世界上罕见的过度依赖低成本大运量运输系统的大城市。这里的公共汽车可使用专用车道且不受交通信号灯和交通拥堵的制约，从而实现乘客的快速上下。车站均设有闸机、踏步和轮椅升降机。乘客支付车费后进入车站月台等候，当公交车到站，车门打开时，有坡道延伸到站台上，供乘客上车。透明管状车站既具有庇护功能，也高效地为乘客尤其是残疾人的上下提供便利。此外，一些车站还提供如公用电话、邮局、报刊架、小型零售等便利设施。

这个一体化的公共交通系统是杰米·勒纳规划愿景的一部分。杰米·勒纳是一个建筑师，他在20年的时间里曾三次任库里蒂巴市市长（1971—1975年，1979—1984年及1989—1992年）。20世纪70年代他第一次上台，当时巴西利亚仍处在现代主义的影响下，国家准备按法国规划师提出的代表私家车主的利益改造城市的，阿卡舍计划，拓宽库里蒂巴的道路。相比之下，杰米·勒纳则试图引导城市沿特定廊道线形发展并对传统中心区进行步行化改造。依托BRT系统的支撑，五条由城市外围通向城市中心区的放射形廊道组成了新型城镇化的主要骨架。围绕中心区的常规环状公交线和经过住宅区的区际小巴线作为BRT骨架的补充。

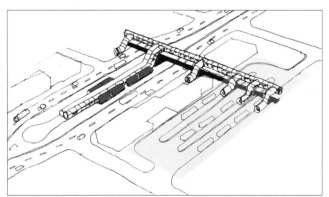

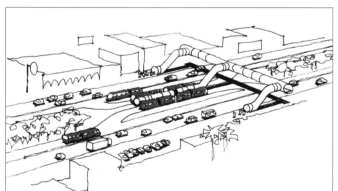

Red Tube Icons

CURITIBA BUS SYSTEM

Curitiba，Brazil

Architect：Jaime Lerner（architect and mayor）

Date：1966-1990

1.2.5 案例 5 荷兰的"组织件"

莱德谢·莱茵桥

乌得勒支，荷兰
建筑师：马克斯旺设计公司
修建时间：1997—2005 年

Neufert 出版的交通规范对小汽车转弯半径的规定，从实用主义角度看，自带一种端庄质朴的气质。在该规范的指导下，马克斯旺设计公司在莱德谢·莱茵桥梁项目中创造了一系列标志性的桥梁。运河流经新住宅区的部分狭窄且不通航，因此河上短跨度桥梁采用可吊装的牢固组件，可以作为道路的一部分。如果杰出的道路意味着具有良好的交通连接功能，那么这些桥梁一定提供了最流畅的连接，引导车辆井然有序地行驶，行人也可以优雅地漫步其上。不同的环境下每一座桥梁的设计表达也不同。在一些地方，两座桥梁会根据交通流线的需要或整合或分开。

马克斯旺设计公司不仅做桥梁的设计，还参与了莱德谢·莱茵新城的总体规划——乌得勒支市到 2015 年为止要新增 30000 套住房。由于 70% 的项目是私营部门资助的，马克斯旺设计公司与 Crimson 公司共同合作，制定了基于"组织件"（orgware）（organizational ware）的计划和实施手段，运用于桥梁和房屋及其他设施。"组织件"从经济学角度来看，是描述一套政治、立法和管理因素，决定实施思路（软件）和物质元素建设（硬件）而提出的一个术语。这个概念可以理解为"软城市化"，它现实、灵活且顺应市场逻辑。16 个群组结合交通连接的特异性形成了令人叹为观止的多样性，最终形成了 100 座桥梁。既符合土木工程的规范，又结合马克斯旺设计公司的创造力，公共空间和交通连接得以焕然一新。

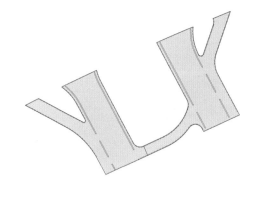

Dutch "Orgware"

LEIDSCHE RIJN BRIDGES

Utrecht，the Netherlands

Architect：Maxwan Architects and Urbanists

Date：1997-2005

1.3　面向地域特征的交通网络

当按标准断面设计的交通设施叠加现有的景观时，由交通网络带动的地区开发自然而然具有全球性和地域性的特征，这两个特征的融合形成地域特色。当交通网络建成落地那一刻起，它就成为跨文化交流的起点，交通网络带来的新活动（和新客户），反过来又充实了当地的经济。同时，在文化和经济方面，具有地方特性的体验又会吸引游客。为了宣传，入口处一般会设置具有地方特色的标志，这个入口也是文化交流的入口。这种在当今全球化的交通网络的架构中融入优化的地域景观元素的设计是最具有可识别性的。这样，地区的差异化形成一种归属感，并可以在机场、高铁站、高速公路服务区等清晰可辨的统一标识中找到自己的路径。对差异性的认知形成了对当地文化与交通网络链接更全面的感知。

基础设施的许多组成部分在入口处都具有非常明显的特征。比如，机场作为区域和城市的门户，其设计通常具有非同一般的象征意义。2000 年的新加坡樟宜国际机场扩建项目就是一个非常好的例子。为了创造与其"花园上的城市"形象相协调的入口，唤起游客对东南亚赤道热带雨林的印象，航站楼入口设有一个巨大的由植物编织而成的垂直墙壁，在航站楼里有很强的识别性，与道路绿化功能一样（图 1），这面墙壁也意在把这座城市基础设施和植被的关系展示给游客。美国加利福尼亚州的洛杉矶国际机场，壮观的照明设计不仅昭示着机场的入口，也暗示了机动车在这座城市可能的交通方式。巨大的指示塔作为灯塔起着城市地标的作用，不但引人瞩目，也减少立交桥上通行的混乱。指示塔灯光与飞机起降时的跑道灯一样，有效地在沥青和混凝土组成的冰冷环境中植入了有生机的生命（图 2）。在丹佛市，机场既是城市的入口，也是大落基山地区的门户，大尖顶张拉膜结构模仿背后的群山轮廓线。在西班牙塞维利亚，拉菲尔·莫内奥（Rafael Moneo）设计的圣巴勃罗航站楼，以一种更富有表现力的暗喻手法表达与当地环境的关系。航站楼和停车区组成的复合体强烈地表达了对科尔多瓦大清真寺的敬意，诠释了具有特定形式、色彩、细节的西班牙摩尔式建筑的内在精神（图 3）。同样，由雅柯钛浦公司（Archetype Group）设计的柬埔寨的新暹粒国际机场既暗指神秘消失的高棉帝国，也较好反映了本土建筑的历史传统。将古代的城门、有郁葱的绿化和水景的内部花园以及屋顶转化为现代的设计语言，赋予了这个小机

图 1　通道中的绿色挂毯
在新加坡樟宜机场的 3 号航站楼，景观设计师蒂拉（Tierra）设计了一个长 300 米、高 15 米的绿色挂毯，这个挂毯由热带植物从蝴蝶翅膀一样的天窗上垂下形成，非常震撼。这块由藤蔓、爬藤及附生植物形成的墙不仅分开了对旅客开放的公共区域与专供机场和航空公司工作人员的私人区域，并且在竖向上，把由安保玻璃所分隔的登机区和到达区联系了起来。四块由玻璃片和不锈钢金属板积压形成的带叠水的 18 米高、6 米宽的墙点缀在这块富有生机的绿色挂毯之中。

图 2 光之舞

在即将进入洛杉矶国际机场、塞普尔韦达大道（Sepulveda）和世纪大道（Century Boulevard）主干道的互通立交桥边，照明的灯柱与车流形成线性舞动的光束，恰似洛杉矶对我们发出的欢迎信号（由 IMA 设计组和 Ted Tokio Tanaka 建筑公司设计）。半径为 61 米的立交桥被 14 个灯柱（高 36.5 米，直径 3.6 米，间距 18 米 / 每个）环绕，并与世纪大道上 16 个渐变的灯柱（随着离机场越来越远，灯柱的高度和直径也越来越小）连成一体。灯柱是塔架钢结构框架复合曲面玻璃面板而成，视觉上的灯光效果由电脑控制。

图 3 向当地传统致敬

由拉菲尔·莫内奥设计的塞维利亚圣巴勃罗机场（1992）如同嵌在高速路上一个复杂的几何体。即使是停车场的设计也是从城市经典中汲取的灵感，既有阴凉的天井，又有种着橘子树的庭院。两层挑高的候机厅内采用深蓝色的圆顶，与柱子形成倒塔状，独具魅力。建筑外部装饰材料采用当地黄色沙土制作的混凝土块材，具有典型西班牙风味。屋顶采用了传统的蓝色琉璃瓦，让人感受到塞维利亚的阳光风情。

图4　花园建筑
由雅柯钛浦公司（Archetype Group）设计开发的暹粒新国际机场于2006年正式开放。其正立面具有吴哥式的传统风格，俏皮的尖屋顶又源自近代高棉建筑的传统。内部花园的混搭给现代机场的建造带来了新的思路。当旅客在等待行李时，玻璃墙面好似闪烁的电影幕布。顶棚的高度巧妙地与人的活动相适应。巨大的玻璃窗既提供了休息的空间，也通过水景与茂盛的植被让游客放松。

图5　优雅的入口
波尔图都市区的地铁系统连接六个功能区。波尔图的建筑师爱德华多·索托·德·莫拉以新的交通网络开发为契机，提升城镇品质。依据实际情况，地铁出入口的设计综合运用了花园和材料的通用语言，不仅清晰可辨，还与波尔图特定的城市文化有种暗含的联系。建筑物之间广泛使用花岗岩石材、石灰石和瓷砖，从而创造视觉上的连续性。而由独立的玻璃结构建筑组成的城市庇护所，可适应不同情况的需要。

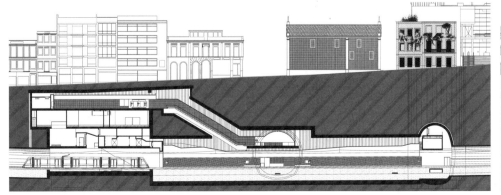
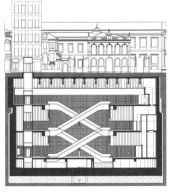

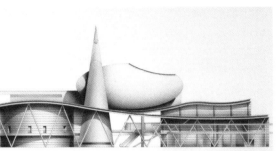

图6 超现实的并存

1992年,日本西部小镇美保关(Mihonoseki)的一座房子被8公斤的陨石所击毁。对于这个人口不断减少的小镇来说,这个灾难却转变成了小镇的救星,它现在成了一个热闹的旅游目的地。由高松伸设计的轮渡码头和陨石纪念馆是一个非常突出的地标建筑。从陨石的真实形状演变而来的卵形构筑物戏剧化地放置在屋顶中央,再现了陨石撞击的一瞬间。附加的市民会议厅和宁静的泳池,使这个建筑更像一个巨大的雕塑作品。

场具有地域特色的识别性(图4)。

地铁、有轨电车和火车等基础设施的网络也具有表达地域特征的理念。借助新的有轨电车和地铁网络重塑城市的机会,葡萄牙建筑师爱德华多·索托·德·莫拉将波尔图站点设计与一个由城市知名建筑师设计的更大尺度的城市设计项目相融合。交通网络以其端庄的、富于细节的站点及其相应的结构形式,成为片区入口的标志(图5)。在法国南部,景观设计师米歇尔·德维涅(Michel Desvigne)和克里斯廷·道尔诺基(Christine Dalnoky)不仅关注周边现状,并且用农耕自然景观赋予沿TGV地中海线的三个站点以清晰的识别性,使其超越了一般工程逻辑的技术要求。新建的TGV线整体上就像大地上的一条折线,然而沿线站点通过这样一种方式——没有隐藏或否认它的存在,而把它嵌入景观构成的整体逻辑(存在优于干预)中——与之构成一个整体。因此,各站点的设计源自当地的环境,代表其区域特征。另一个凸显既有景观品质的交通设施是法国北部A16号公路沿线公园的服务站。建筑师布鲁诺·马德尔(Bruno Mader)和景观设计师帕斯卡尔·汉奈特尔(Pascale Hannetel)通过强烈反差的手法,将服务站作为自然保护区的入口,创造了一个非常重要的舒适场所,以缓解线路隧道般的单调感。该项目优雅、富于细节,并创造性地融入了索姆海湾的地域属性。

在许多情况下,桥的存在亦大幅提升场地特征。在荷兰阿姆斯特丹,格雷姆肖建筑师事务所(Grimshaw Architects)为连接城市与艾瑟尔堡新区(沿艾瑟尔湖开发)的桥梁采用了独有的设计语言。白漆的钢结构外观轻盈、现代,同时具有航海文化的韵味,它们形成了从老城到新区的优雅过渡。在加拿大多伦多,蒙哥马利·赛瑟姆建筑师事务所设计的跨越亨伯河的慢行长桥(步行/自行车)是一个经典之作。"雷鸟"是东部林地第一批原住民的神圣象征,建筑师从中抽象出桥梁钢结构支柱的设计,不仅连接河的两岸,还将区域社会文化的过去与现在联系起来。此外,日本西部一个接近超现实主义的建筑却与上述情况不同。为纪念陨石撞击事件,高松伸(Shin Takamatsu)用一种纯绘画主义的手法设计了一个纪念馆和渡船码头,将简单的和复杂的形态并置,创造了一个标志性入口。虽然其结构形式极其自由,但是这个建筑依然是深深根植于其特定的历史文脉中的(图6)。

1.3.1 案例 1 白尖峰

丹佛国际机场

丹佛市，科罗拉多州，美国

建筑师：芬特雷斯建筑师事务所

工程师：S.A.Miro, Inc., Martin/Martin, Severud Associates Consulting Engineers

修建时间：1989—1995 年

巨大的丹佛国际机场在科罗拉多州首府以东 40 公里，位于落基山麓的平原上。它既是一种对进入该区域的强有力的门户概念的表达，也具有符合空气动力学的戏剧化视觉效果。白色薄壳尖屋顶如同一幅风景画呼应远处雪山脊线，唤起了人们对印第安原住民所用帐篷的记忆。聚四氟乙烯张拉膜屋顶结构使建筑满足所有使用者的普遍需求。高耸的 34 根钢桅杆形成的山峰间隔 20 米成对排列，对

与对之间相距 50 米。两层薄壳结构（外层为主要拉伸结构，内部作为隔声屏障）的脊线与谷线由锚索拉紧，平衡雪荷载和风荷载。

这座 275 米长的航站楼建筑上有三角形天窗，光可以穿透薄壳屋顶漫射入室内。水平弓弦桁架加强了巨大玻璃墙壁可承受的荷载。这些由各个较小的篷形成的供乘客使用的车辆出发区，作为机场高级的开放功能空间已然成为这个城市的标志。丹佛

国际机场作为美国大型项目曾口碑不佳，丹佛市的增长受到老斯泰普尔顿（Stapleton）机场的形象及容量所限而停滞，丹佛国际机场项目因此在政治上遭到质疑并因成本超支延误了工期。但因为薄壳屋顶施工速度快，该项目最后得以顺利实施。也就是说，是实用主义最终成就了这个机场，也为丹佛塑造了标志性的形象。

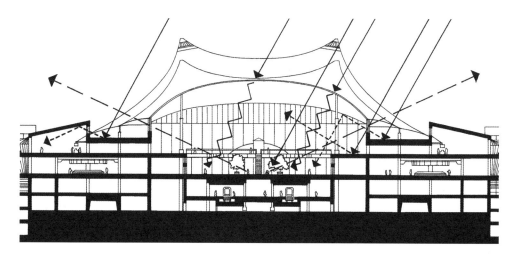

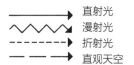

→ 直射光
〜 漫射光
--→ 折射光
—→ 直观天空

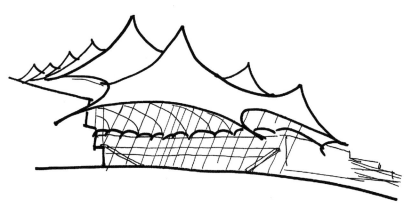

White-Tipped Peaks

DENVER INTERNATIONAL AIRPORT

Denver, Colorado, USA

Architects: Fentress Architects

Engineers: S.A. Miro, Inc., Martin/Martin, Severud Associates
Consulting Engineers

Date: 1989-1995

1.3.2　案例2　农耕文化的嵌入

法国高速铁路地中海线

普罗旺斯地区艾克斯、阿维尼翁和瓦朗斯，法国

建筑师：AREP 设计公司

景观设计师：米歇尔·德维涅，克里斯廷·道尔诺基

修建时间：1994—2002 年

地中海高速铁路沿线的新车站带来的不仅是城市发展的机遇，甚至是更大尺度地域环境的升级。米歇尔·德维涅和克里斯廷·道尔诺基参与了普罗旺斯地区艾克斯、阿维尼翁和瓦朗斯三个站的设计，这三个站在设计中恢复了景观的可读性并凸显了法国南部的农业遗产。三个站点的设计与环境融为一体。该铁路线选址在一个低洼地，且站台屋顶的设计较一般屋顶要低，从而视觉上弱化了它的存在感。在这次设计决策中，詹姆斯·科纳（James Corner）描述铁路站点周边的景观环境为"在满足农业实用主义下用园艺师的眼光来设计的景观。"[1] 这是对场地的再造和农业环境的重新解读。车站周边的植物配置与农业耕作区采用了相同的方法，呼应了周围田地、果园的植物，同时用直线排列的方式作为分界线。防风林、果树林或林荫道等种植空间实际也是日常栽培的延伸。与停车区的低矮树木相比，车站的高大的树木强调了其入口。车站设计在融入景观的同时还向市民展示了其纪念意义。

普罗旺斯地区艾克斯站被站台上一排排荨麻树衬托得非常显眼，在荨麻树阵和站台之间是种植夹竹桃的花园，停车场（可停车 700 辆，但可扩展到 1100 辆）上种植橡树。在阿维尼翁，车站和停车场位于阶地上，车站被两行悬铃木包围并点缀有一丛丛郁金香。果树林与悬铃木位于停车场上方，起防风作用，为停车场提供了一个较舒适的环境。瓦朗斯是一个隐藏在植物中间的站点，建筑外部与景观空间无缝衔接，内部提供了一个较大的活动空间。在停车场的南北轴线上政府规划了 250 公顷的公共开发区，正如瓦朗斯项目所展示的，地中海线的车站在激发新的增长的同时又保护了周围的景观环境，是一个很好的范例。

1　James Corner, "Agriculture, Texture, and the Unfinished," in *Intermediate Landscapes: The Landscape of Michel Desvigne* (Basel: Birkhäuser, 2009), 7.

阿维尼翁

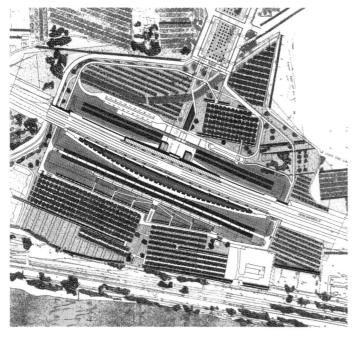

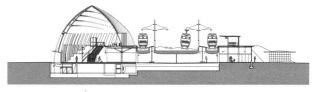

Agriculturally Embedded

TGV MÉDITERRANÉE

Aix-en-Provence，Avignon and Valence，France

Architect：AREP Group

Landscape Architect：Michel Desvigne and Christine Dalnoky

Date：1994-2002

瓦朗斯

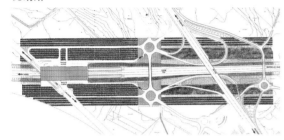

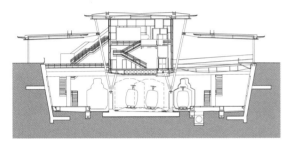

普罗旺斯地区艾克斯

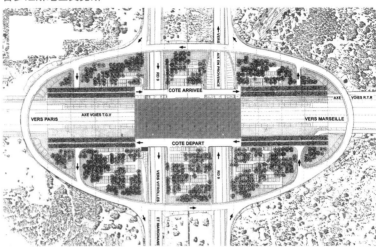

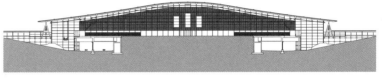

1.3.3   案例 3   三角洲的观景平台

A16 号高速公路服务站

索姆河湾，法国
建筑师：布鲁诺·马德尔
景观设计师：Agence HYL（帕斯卡尔·汉奈特尔）
修建时间：1995—1998 年

法国北部的索姆河湾是一个非常美丽的地方，有大片开阔的水面、沼泽、沙丘、咸水草甸等，从这里看上去陆地和海洋紧密相连。索姆河湾有着特别广阔的入海口，也是候鸟的栖息地，河水最终汇入英吉利海峡。在这儿里还可以感受潮汐变化和季节更替所带给人们的视觉盛宴。由建筑师布鲁诺·马德尔和景观设计师帕斯卡尔·汉奈特尔设计的休息服务站，不仅是三角洲内景观丰富、环境良好的综合体，也是一个可以带给游客美的感受的公园。在综合利用土方平衡的基础上，设计师用高速公路的挖方填了一个高 2—2.5 米的平台，平台周围环绕着运河、湿地、支护结构。

A16 号高速公路和公园被陡峭的山坡分开，与高速公路水平的运河是这两者唯一的视觉联系。

为从视觉上保持景观的连续性，该服务区建筑选址在 20 公顷场地的末端，与停车场同处较低的位置，由运河界定边界。场地中有三条横向穿过的运河，运河能够收集并（通过碳氢化合物过滤器和在池塘中的芦苇丛）处理从服务区和相邻的高速公路汇集的地表水。其中一条运河扩大水面与长方形服务站建筑的室外平台紧邻，并环绕了圆形的观景楼。四排种植在服务站两侧的白蜡树，与其内部柱网相呼应。建筑屋顶大且极薄，能覆盖住服务站的各个功能区。落叶松

木胶合而成的木柱采用穿透屋顶的形式，让人想起此地的沿海生物贻贝和牡蛎。在加油站的对面，商店、厕所和自助餐厅分别位于三个混凝土建筑内 [其面板质感与来自该地区勒霍德尔（Le Hourdel）海滩上的鹅卵石相似]，透过它们之间的间隙可以看到皮卡第平原上不同的风景。咖啡馆、当地特产精品店和展销区位于一个宽敞明亮的玻璃建筑里，从这里可以俯瞰湿地景观。圆形观景楼通过踏步与平台相连，其地面层是植物和动物生活的区域。到了晚上，安置在地面和墙体上的灯光标示着穿过水面的路径，而水面又被安置在人行道和浮桥下的灯光照亮。

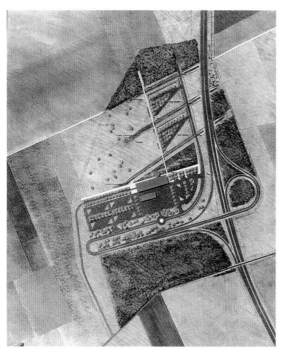

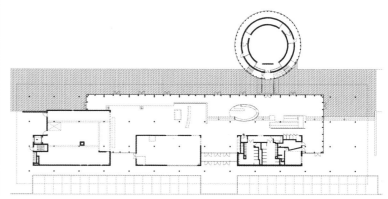

Delta Viewing Platform

A16 SERVICE STATION

Bay of Somme，France

Architect：Bruno Mader
Landscape Architect：Agence HYL（Pascale Hannetel）
Date：1995−1998

1.3.4　案例 4　蜻蜓的线

艾瑟尔堡的桥梁

阿姆斯特丹，荷兰

建筑师：格雷姆肖建筑师事务所

工程师：IBA（阿姆斯特丹公司）

修建时间：1997—2001 年（桥 1+ 桥 2），2004 年—至今（桥 3+ 桥 4）

艾瑟尔湖是位于阿姆斯特丹东面的一个巨大淡水湖，艾瑟尔堡是阿姆斯特丹近期向艾瑟尔湖扩张的新城，建于阿姆斯特丹和阿尔默勒之间的七个人工岛的群岛之上。格雷姆肖一直负责设计连接岛屿与大陆之间的桥梁，这些桥梁也是新城的门户，具有象征意义和文化内涵。到 2001 年，有两座桥率先建成，这两座桥像脐带一样连接阿姆斯特丹现有的基础设施（包括两条电车轨道、两条非机动车道和几条商业步行小径，以及几条机动车车道、市政排水管道和其他公用事业服务设施），其中主要桥梁（长250 米，宽 30 米）的表现形式清楚地传达了它在交通中的重要地位。两个白色起伏波浪状钢材做的拱彼此相连，前卫而又优雅地诠释了现代拱桥的美。主拱内外倾斜，但不妨碍交通正常的使用。而扶垛拱是这两个拱在视觉上的延续，但同时也具有弓弦桁架拉力支撑作用。拱桥虽呈现压缩的状态，但视觉上却是外拉的状态。车行道分为两个部分，双幅桥面间有相当大的间距，透过间距可看到桥下水面的景色，从而确保旅客从桥上通行时能够充分享受美景。

在两个岛屿之间第二座较小的桥梁的建设，采用同样的方式但形态不叮一。该系统具有足够的灵活性，在对接老城区时，宽度加倍，可满足所有岛屿间机动车的交通需求。第二期桥梁的设计于 2004 年进行，这批桥梁的设计以之前两座桥梁的形式为原型，继续发展并成为这一整批桥梁形式的一部分。新桥梁的设计，更加轻盈和动感，为增强运动感，设计师减少了连续穿梭在运河上的桥架，改为更加流线型的桥架轻轻落于混凝土支座上。桥梁不仅是汽车、电车、自行车、行人通行的载体，而且其以优雅的工艺和富有表现力的形态成为新城发展的品牌象征。

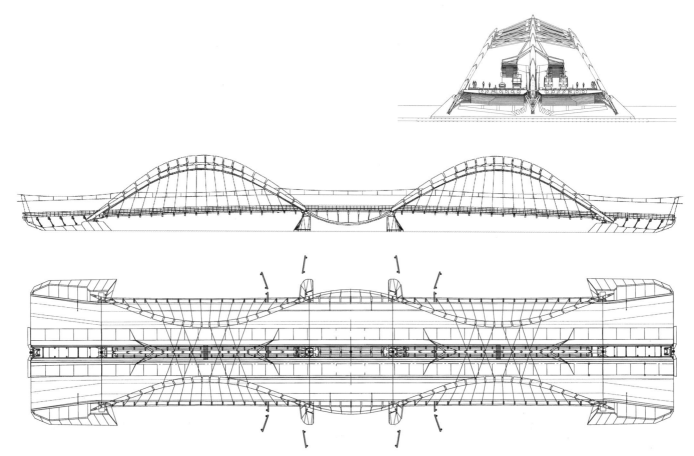

Sinuous Threads

IJBURG BRIDGES

Amsterdam，the Netherlands

Architect：Grimshaw Architects
Engineer：IBA（Ingenieursbureau Amsterdam）
Date：1997-2001（bridges 1 & 2）2004-ongoing（bridges 3 & 4）

1.3.5　案例 5　雷鸟图标

亨伯河大桥

多伦多，加拿大

建筑师：蒙哥马利·赛瑟姆建筑师事务所
景观设计师：Ferris+Associates
工程师：Delcan Corporation，艺术设计：Enviromental Artworks
修建时间：1996 年

亨伯桥是多伦多北岸沿安大略湖325 公里长的海滨风景区步道系统的重要组成部分，同时也融入了该地区社会文化历史。这个工程因为双钢管拱而独具创新性，该工程长 139 米，供行人和自行车通行，两拱之间连接性钢构件是从雷鸟图案中抽象而来的，雷鸟是栖居于此近 200 年的欧及布威族（Ojibways）印第安原住民（东部林地第一批人）的图腾。这座桥位于亨伯河河口，沿着古老、原

始的贸易线路，形成了多伦多和怡陶碧谷之间的通道。桥下的混凝土墙上，雕刻着青铜龟、独木舟和其他原始图的，诉说着河道的历史。通过这样的方法，亨伯桥成为连通了原住民和现代人、真实和历史、自然和人工两个世界的通廊。因其丰富的内涵能激发人们的各种想象，所以给人留下了深刻的印象。

亨伯河大桥是多伦多地铁交通运输部门多年更新计划中的第一步。建

筑师和工程师的合作成就了这座形态独特的桥，这座桥主骨架的双拱高出地面 21.3 米，由直径 1.2 米的高强度钢管弯曲而成的。两拱之间底部宽而顶部窄，如同一个具有未来主义特征的超级提篮。该桥共有 44 个直径 50 毫米的不锈钢挂钩吊在拱门上，用于固定桥面之下的 22 根横梁，建筑师戴维·赛瑟姆（David Sisam）称，游客过桥时就像经过"自家房间一样安全"。

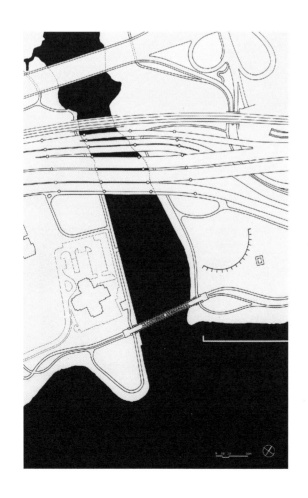

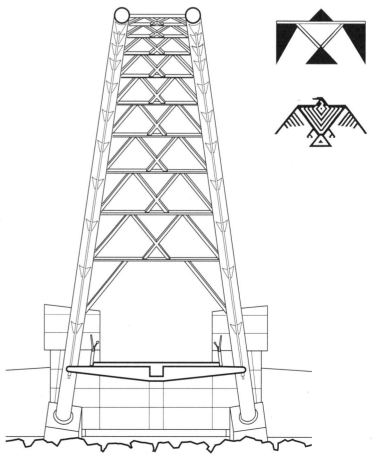

Thunderbird Icon	Toronto，Canada
	Architect：Montgomery Sisam Architects
HUMBER RIVER BRIDGE	Landscape Architect：Ferris + Associates
	Engineer：Delcan Corporation，Artist：Environmental Artworks
	Date：1996

第二章
景观中的物质实存

2.1　引言　塑造城市文化与工程至上之间的循环往复

交通基础设施以其物质形态影响或营造景观。基础设施的物质形态规模宏大，结构强健，所以在景观环境中格外明显。在一些案例中，基础设施建设与周边自然环境形成了鲜明的反差。莱奥·马克斯（Leo Marx）曾经非常恰当地将这种反差类比为花园中的机器，即理想的阿卡迪亚山（Arcadia）与人类文明的堕落之间的鲜明对比。[1] 基础设施无可避免地将从根本上改变一个区域的原始状态，通过工程的建设，破坏了景观环境的连续性。虽然交通基础设施连接了不同的地区，但是它也割裂了原有的景观肌理。城市环境中，交通基础设施通常在既有边界中建设。而自然环境中，车辆侵占了田园风光，严重威胁了生态系统的平衡，破坏了优美的自然风景。它们产生了噪声、污染等，更像是人类的恶魔。基于以上原因，我们亟须考虑如何将交通基础设施融入周围的环境中。

最初，交通基础设施建设是区域和城市建设的重要组成部分。它的建设要考虑地形、洪水、土地承载力等因素的限制，同时需要给周围的建筑腾出空间。基础设施系统就像一台有序的设备，人们常把它打造成综合的人工景观。追溯到 19 世纪，传统和新兴的道路类型都反映了交通基础设施在形态上和城市风格的一致性。凭借自身的智慧，人们将机动车运用到交通运输中，同时作为一种新兴交通工具引导了城市的快速发展。例如奥斯曼男爵（Baron Haussmann）设计的巴黎著名的林荫道，它作为一个包含公园、广场和纪念碑等的大系统，强有力地改变了原有的城市脉络并融入其中。从城市整体性角度出发，奥斯曼对道路系统进行了策略性的规划，使其能够充分利用现有的纪念碑等文化设施、地势条件以及房地产机遇。同时，他还明确地提高了区块的丰富度，设计了道路景观、街道装饰、建设界限及地下公共设施等，打造了一个集车行、步行、公共服务、能源供应于一体的新系统（图 1）。弗雷德里克·劳·奥姆斯

图 1　都市林荫道
奥斯曼设计的林荫道自成系统，又巧妙地嵌入城市肌理中。

图 2　翡翠项链
弗雷德里克·劳·奥姆斯特德通过打造丰富、多层次的城市基础设施系统，发挥"循环和呼吸"的功能，实现滨岸湿地自然生态控制这一目标。

特德（Frederick Law Olmsted）在波士顿和纽约的项目也具有类似的特点，即融合了交通设施、防洪设施、排水工程和风景区营造等各方面（图2）。他的项目兼有潮汐减灾系统、机动车风景道、房地产开发、公园和城市花园等多种功能——以上所有内容构成了一个更大的都市花园和林荫大道系统。19世纪和20世纪初的这些范例表明，交通基础设施既是科技现代化的标志，也是生活品质提升的象征。基础设施逐渐变得规模多样、功能复合、影响全局，为综合考虑交通、健康、娱乐和景观等多种需求，城市规划、民用与卫生工程、风景园林等专业开始交叉融合。19世纪和20世纪初的很多城市规划专家已经认识到了这一点。雷蒙德·昂温（Raymond Unwin）对田园城市理论的实践，索里亚伊·马塔（Soria y Mata）和柯布西耶（Le Corbusier）的线形城市（linear cities）理论均指出，新形式的道路或交通系统也是新聚居结构的支柱。通过这种方式，交通基础设施深深地影响着城市生活。

但是，同样是在近代，城市之间的基础设施建设却逐渐脱离了其所处的环境而自成体系。纵横交错的现代化交通网络——道路、公路、铁路和港口等逐渐建设起来。它们主要由工程师设计，但求满足性能和技术要求，不考虑环境变化，缺乏因地制宜性。这种纵横交错的交通网开始覆盖城市和乡村地区，创造了一种新的地域状态，乡村田园牧歌式的风光已经消失。基于市场经济和工程手段，原始粗犷的自然景观已经转变为实用主义的人工景观。到20世纪中叶，官僚主义和技术统治论（bureaucratic and technocratic）的生产模式已经使交通基础设施成为交通管理的一部分而不再是城市生活的一部分。功利主义、高效的流通以及新技术的研发（如沥青），使道路建设更为专业化，高标准且独立于环境中的高速公路和快速干道开始遍布各地。在纳粹德国以及艾森豪威尔（Eisenhower）时期的美国，道路成为战略组织设施，并出于军事防御目的将道路加固（图3）。交通基础设施作为一种大型公共工程，它的建设能够有效减少失业率。德国高速公路甚至被鼓吹成一种投资，其建设不仅能够完善交通基础设施，还能够促进国家的团结、强化中央集权、方便军事力量的转移。

新泽西高速公路（New Jersey Turnpike，建成于1951年）凭借其标准化尺寸、休息服务站、收费站以及加油站系统，成为道路建设的代表，不仅发展为一种欧洲模式并在全球范围内盛行，同时也为新兴的公路文化奠定了基础（图4）。[2] 该项目没有将道路设计成

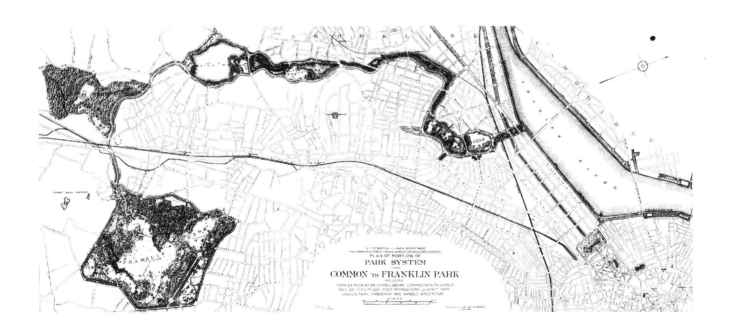

城市或区域的组成部分，而只注重建成标准化的交通设施——汽车的通道。它们被围栏封闭起来，独立于周围的环境，并且不随环境发生改变。

争议的声音从未停止过，反对者认为这种新的道路建设方案危害了城市生活。早在 1951 年至 1953 年，路易斯·康（Louis Kahn）就对费城交通循环进行了研究（图5）。康通过把交通流比作河流，把基础设施类比为自然生态环境，发展了一整套理论："干道就像河流，这些河流带动了所在地区的发展；河流上设有港湾，这些港湾就是市政停车场；从港湾又分出一系列运河带动着城市内部的发展……而运河的末端设有码头（cul-de-sac Docks）；这些码头就是建筑入口处的门廊。"[3] 其他学者，例如道萨迪亚斯（Doxiadis）和坎迪利斯－琼斯－伍兹（Candilis-Josic-Woods），他们均把交通视作城市扩张模型中城市生活的支柱。罗伯特·摩斯（Robert Moses）的纽约公园路（parkways）反映了融合景观营造、基础设施建设和城市化的大都会概念。20 世纪 50 年代至 60 年代，景观设计师劳伦斯·哈普林（Lawrence Halprin）与加利福尼亚州交通部（California Department of Transportation）以及联邦公路管理局（Federal Highway Administration）协

同努力，独具匠心地实现了公园和公路的融合。20 世纪 60 年代末期和 70 年初期，生态概念开始出现，并于同一时期出现了两本很有影响力的书：伊恩·麦克哈格（Ian Mc Harg）的《设计结合自然》（Design with Nature，1969 年）以及雷纳·班纳姆（Reyner Banham）的《洛杉矶：建筑学的四种生态形式》（Los Angeles：The Architecture of Four Ecologies，1971 年）。麦克哈格提出了"绿色基础设施"概念，并主张"（绿色基础设施的）形式不能仅由其功能决定，还必须尊重其所处的自然环境。"另一方面，班纳姆将人工生态和自然生态做类比。在对洛杉矶的综合赏析中，班纳姆认为环境空间格局的影响因素既包括自然过程的不稳定性，也包括人类驱动力。在欧洲，布坎南在《城镇交通》（Traffic in Towns，1963 年）一书中反对草率的城区改造。书中提出：一如其他城市活动，交通这一概念应当具备改善其所处的环境这一功能属性。

在过去的几十年间，交通基础设施造成的区域剧变遭到了越来越多的诟病。由于城市不断扩张，交通需求不断增长，所以交通基础设施集约化的弊端也逐渐显现。显而易见，（通过交通基础设施）人们到达远距离目的地越来越容易，即使在最偏远的地方也很方便。交通基

图3　基于基础设施的"统一德国"
德国高速公路是世界上第一个设置通行限制（仅允许小汽车和摩托车通行）的高速公路网。

图4　美国的第一座沥青超级高速公路
新泽西收费高速公路（New Jersey Turnpike）采用的收费站、路肩、苜蓿叶立交和行车道尺寸已经成为高速公路设计的统一标准。

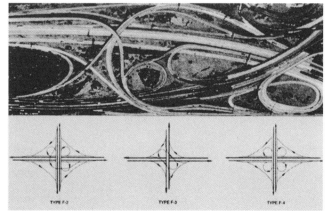

础设施规划得越多，反对的声音也越多，他们指责基础设施的建设破坏了传统意义上的优美风景。这其中，（对古建筑、乡村等）保护主义者占大多数。他们认为景观是一个需要被保护（如果还没有被完全破坏）和恢复（如果已经被基础设施侵占）的公共空间。因此，新建基础设施的决策过程变得异常困难。另一方面，为了维护自己的利益，民众反抗激烈，邻避设施（NIMBY，"not in my backyard"）抗议活动也越频繁。此外，交通基础设施设计本身也变得越来越复杂，不但必须能够满足多种模式下的要求，而且需要同时满足国际化标准，并在空间层面和社会文化层面上适应当地的特殊情况。

自20世纪90年代，人们开始努力优化交通基础设施的设计，使其不仅仅满足工程要求。巴塞罗那的高速公路、法国的多种高速列车（TGV）及电车项目，以及全球范围内交通站点（火车、渡轮、公交、飞机）的搭配使用都有效地促进了交通基础设施向城市生活领域的回归。在当今最高效的项目中，工程师已经转变为一个多团队的负责人，与景观设计师和城市设计师协同合作。与此同时，交通运输规模的不断扩大增加了对多模式交通基础设施的需求。故新一代的交通枢纽、物流中心、超级机场和集装箱码头在设计中必须处理好复杂性和容量等问题，这些工程作为城市建设的一部分对技术有着极高的要求。最后，作为一个新兴的概念，景观都市主义起源于多学科融合，倡导增强自然系统和公共基础设施之间的联系。新的城市设计策略由此演化出来，即打造与生态系统密切相关的交通基础设施网络。交通基础设施在设计时既要考虑基本功能，也要考虑美观性，这样公共工程才能有效地服务城市生活。

1　Leo Marx, *The Machine in the Garden：Technology and the Pastoral Ideal in America*.（New York：Oxford University Press，1964）.

2　Pierre Berlanger，"Synthetic Surfaces,"in *The Landscape Urbanism Reader*，ed. Charles Waldheim，（New York：Princeton Architectural Press，2006），239-265.

3　Louis Kahn as quoted by James Corner，"Terra Fluxus,"in *The Landscape Urbanism Reader*，ed. Charles Waldheim，（New York：Princeton Architectural Press，2006），30.

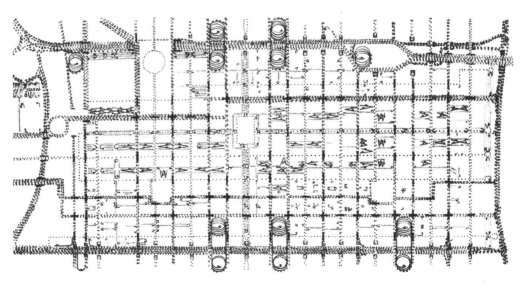

图5 "干道如同河流"
路易斯·康在20世纪50年代对费城交通的研究中，将车流类比为水流。他对应不同速率的交通流建立了一系列抽象的概念。

2.2   隐藏的技巧

在公众环保意识逐渐增强、邻避症候群时有出现的背景下，一系列项目开始实施，旨在尽可能地减小交通基础设施对景观的影响。政府投入了大量资金，用于掩饰现有交通基础设施或新建地下交通基础设施。显然，将这些有碍观瞻的交通基础设施隐藏起来的做法迎合了社会需求，其核心原理是在地面做形态的处理和精妙的设计，这种隐藏手段目的是削弱或消除基础设施对环境的影响。但这种手段却产生了一个对立的局面，地面上看似景观宜人，而地下则是完全工程化的交通基础设施。隐藏手段彻底改变了交通基础设施，同时也创造并推动了景观与社区之间的联系。由此，产生了一个两面的世界：川流不息的汽车、列车，及尾气与交通噪声，隐藏在地下世界；而地上世界则是社交场所，洋溢着美好、愉悦和休闲的氛围。这种分化也为景观行业创造了新的工作空间，景观设计师常常需要去美化原先是铁路或公路的土地，或恢复地下车库上方的土地。

隐藏技巧可大概分为两类：第一类针对城市区域；第二类针对开阔的风景区域。在城市环境中，将公路、轨道和停车场隐藏在地下不仅能够解决美观问题，而且在很多情况下能够为房地产开发和公共领域营造创造更多的空间。这些新创造的地面环境的营造灵感来源于周围的城市形态。这些区域在实现人车分离的同时，也吸引了毗邻区域的居民。建设于 20 世纪 50 年代及 60 年代的高速公路，建设时穿越了居民区，现在则需要进行大规模改造。这些项目包括巴黎的威尔逊花园（Jardins Wilson）等亮点项目，以及波士顿的"大隧道"（the Big Dig）等比较有争议的项目（图 1）。马克斯旺设计公司提出了遮盖荷兰的临近乌得勒支（Utrecht）的 A2 号高速公路的设想，这一设想能够维护城市肌理的连续性，同时为莱德谢·莱茵（Leidsche Rijin）新城额外创造 3 万幢住宅及附带的办公和商业场所的空间（图 2）。遮盖轨道和车站这一理念既能缝合破裂的城市区块，又能创造新的城市和经济增长点，已经在多个欧洲城市得到了法律许可。最后，越来越多的城市停车设施安置在地下，在很多情况下，这些地下停车场以前是废弃地，现在地面部分成为娱乐休闲场所，同时设有入口进入地下停车场。

在更加开阔的乡村，隐藏理念则发挥了另一种作用。为缓解基础设施对景观造成的巨大影响，该理念通常有目的性地平衡土方工程，并与周围环境相协调。随着世界范围内汽车数量的不断增长，

图 2   分段处理

马克斯旺设计公司设计的荷兰乌得勒支附近的莱德谢·莱茵 A2 号高速公路的隐藏项目，致力于维护城市肌理的连续性，同时创造了 3 万幢住宅及附带的办公和商业场所的空间。项目计划分段采用筑堤形式抬高公路两侧地面，使公路成为隧道并在上方建设城市。由于爆破风险技术法规的限制，这一项目并没有延续最初的构想，而是仅将两小段公路采取适应性方案改为隧道，并专注于这两段城市肌理的缝合。

图1　隧道形式的快速干道

波士顿中央隧道工程（即人尽皆知的"大隧道"）将城市快速干道由原先极具争议的"绿色怪物"——一座7.8英里长（12.55公里）六车道的高架干道改成了八车道的大型隧道。然而，"大隧道"仅仅是一项顶尖的交通基础设施，缺乏美观性。腾出的新地块被分割成小块空间，用作市场货仓、纪念碑以及文化集会场所，和奥姆斯特德的翡翠项链（Emerald Necklace）不能相提并论。地块改造应当综合营造草坪、硬质铺装、表演空间和水景观等目的，共同构成市中心的美丽蓝图。

改造前

改造后

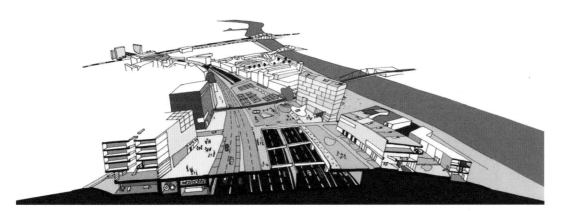

图 3   生态桥梁

连接瑞士的伊韦尔东和索洛图恩的 A5 号国家公路跨越了拥有多种自然和生态资源的风光带。这一公路包含 22 个长度在 180 米至 2850 米不等的隧道。最难以实现的区段（建成于 2002 年）位于索洛图恩和比尔（Biel）之间，长 6420 米，穿越大片开阔草原，当地地下水位接近地面，洪水偶有发生。密特隆景观公司（Metron Landschaft）设计了不同的开放区段和隧道，最长的隧道长 1820 米，位于维提农庄（Witi de Granges）下的维提隧道（Witi tunnel）。维提农庄是一个重要的国际性鸟类保护区和娱乐区，因此这一区段将公路设在地下，同时在设计中考虑了野生动物的迁徙和噪声防治。

公路建设仍是政府和交通部门的一项核心任务。在许多国家中，政府花费大量资金来处理因新建公路或铁路的形象问题（尤其是在保留田园风光的乡村地区）而引发的公众诉讼。随着环境问题获得越来越多的政治支持，可持续理念日渐深入人心，毫无疑问，针对大型基础设施项目，未来会有更多积极的缓解措施和经济补偿。生态桥梁，例如连接瑞士的伊韦尔东（Yverdon-Les-Bains）和瑞士的索洛图恩（Solothurn）的 A5 号国家公路，逐渐越来越普遍（图 3）。在丹麦，厄勒（Ørestad）项目创造了一个全新的交通网络。新建的公路、铁路隧道将措恩比镇（the town of Tårnby）一分为二，给建筑师提供了一个设计机遇。消除交通基础设施造成的裂痕成为整合城镇肌理工作的一部分，建筑师用一个巨大的公共平台遮盖起来，营造了新环境。在乡村建设高速铁路尤其是一个敏感的议题，民众要求项目要么减轻对地面的破坏程度，要么将很大量的线路变为隧道形式。在欧洲，许多项目已经明智地采取了这一策略，它们中有的造价适中，有的造价高昂，例如荷兰绿色心脏（Green Heart of the Netherlands）下建设的 7 公里长的深埋隧道（图 4）。在过去的几十年间，人们建造了许多叠层式地下停车场，将地面变为花园。毫无特色的商业园区在城市外围大量泛滥且不断增多的同时，建有复合式停车场的创新型园区开始大量涌现。典型案例为谷歌的北查尔斯顿园区 [Google's North Charleston Campus，最初为硅图（Silicon Graphics）建设]，它实现了私人停车场和公园的融合，成为隐藏策略的典型代表。

图 4　大深度钻孔
绿心隧道（The Green Heart Tunnel）位于荷兰莱德多普镇（the town of Leiderdorp）和哈泽斯沃德村（the village of Hazerswoude）之间，直径 14.5 米，长 7 公里，埋设深度为"正常"地下水位以下约 30 米，这一隧道用于高速列车通行。大埋深是为了保护当地的泥炭草原——兰斯塔德的绿色心脏（Randstad's so-called Green Heart），但同时因为埋深大而造价昂贵。这片草原是荷兰仅有的未被开发利用的景观之一。

2.2.1 案例 1 精妙的遮蔽

威尔逊花园

普莱讷圣但尼，法国

建筑师：贝努瓦·斯克里布、伊芙·利昂、艾伦·莱维特
景观设计师：米歇尔·高哈汝
修建时间：1994—1997 年（设计），1997—1998 年（建设）

威尔逊花园是当代道路遮蔽设计的代表作品：将地下充满污染的机动车世界遮蔽起来，与地上新建的安静的行人世界形成鲜明对比，这两个世界是完全分离的。这个项目也是城市复兴项目之一。A1 号公路（巴黎—里尔）位于圣但尼和欧贝维利耶（Aubervilliers）之间的巴黎北郊，这段公路被遮蔽后重新成为荣耀一时的中轴线。最初，圣但尼的威尔逊总统大道（Avenue du Président Wilson）曾是皇家道路，两边列植着庄严的树木。但 1965 年，沟槽式的公路打破了这一地区的城市肌理。因此，遮蔽平台建成后，当地居民举行了隆重的庆祝活动。

新建的景观平台长 1300 米，宽 38 米，重新复原了城市肌理，同时也创造了更大的公共空间。在复原过程的早期阶段，地面的设计完全按照技术方案。混凝土平台上的覆土要满足地面活动情况下荷载最小。平台上布置了一些相连的花园以及地面交通，这一公共空间重组了一度支离破碎的工业区，有机连接了居住、办公、商业区域等。作为普莱讷圣但尼工业区复兴政策的一部分，威尔逊花园重建了这一区域的景观，并提升了公共空间品质。威尔逊花园还打造了一系列横向通道，连接与之平行的运河与铁路。这种用线性平台遮蔽快速干道的手段开创了一种地中海模式

（Mediterranean model），行人可在被遮盖的城市干道上漫步。草坪被划分成三个区域：两个公共广场以及一个停车区域，车辆可向南行驶停泊在樱桃树间，或向北停泊在柳树之间。中央被遮蔽的下沉道路两侧各布设了 14.5 米宽的次要道路，从外向内依次设置了人行道、观果树木、连续的泊车道、两条车行道以及银椴树和常春藤组成的中央隔离带。

伊芙·利昂和艾伦·莱维特设计的通风杆和紧急出口划分了公园不同的氛围和功能区，同时规则的建筑与随机布置的树木和灌木也形成了强烈对比。

Elegant Covering

JARDINS WILSON

Plaine Saint-Denis, France

Architect: Benôit Scribe; Yves Lion, Alan Levitt
Landscape Architect: Michel Corajoud
Date: 1994-1997（design）, 1997-1998（construction）

改造前

改造后

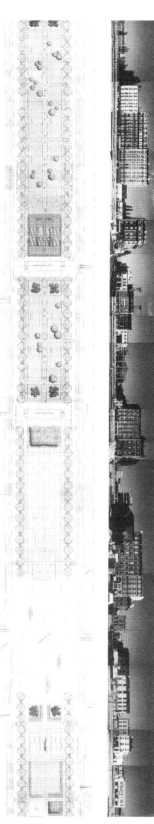

2.2.2　案例2　袖珍公园（停车场）

塞莱斯坦广场

里昂，法国

建筑师：米歇尔·塔尔热
景观设计师：米歇尔·德维涅和克里斯廷·道尔诺基
室内设计师：威尔摩特建筑事务所（让·米歇尔·威尔摩特）
艺术设计师：丹尼尔·布伦
修建时间：1994—1995年

在欧洲，地下停车场随处可见。基于恰当、实用且美观的工程设计，将停车场转移至地下是里昂城市美化政策的一部分。在城市规划部部长亨利·夏伯特（Henry Chabert）和市长米歇尔·努瓦尔（Michel Noir，兼建筑师）的指导下，里昂于20世纪90年代初期开始实施这样一个具有前瞻性的计划，致力于提升城市及其周围环境面貌。这一综合大胆的计划包含多个子项目：半岛项目（the Plan Presqu'ile，历史中心的维护与振兴）、蓝色项目（Plan Bleu，整治罗讷河和索恩河的河岸）、绿色项目（Plan Vert，美化和创造公园和公共空间）以及光景项目（Plan Lumiere，修饰夜间景观）。将停车场转移至地下是这一计划的重要内容之一，它能够重新组织交通流线和公交线路。在历史中心，拥有地下停车场已经成为行人前往一个广场的先决条件。该地总计已建设了12000个地下停车位，同时翻新了许多广场。而地下停车场仅是里昂先进交通政策的一部分，这一政策还包含停车换乘设施的建设以及轻轨网络的覆盖。

塞莱斯坦广场位于半岛（Presqu'ile）的核心位置，是18世纪的塞莱斯坦剧院的入口广场，同时也是城市密集建筑中的一片绿洲。广场于1995年进行了修葺，但仍是同类广场中的典范。事实上，无论是地面市民空间的设计，还是地下车库的设计都值得关注。景观设计师认为，前者需要有"宽敞的广场和私密的花园"，它的基本要素是，周边用白色石灰石铺装，高出马路两级的台阶，可分离车辆，由水和木材及多样的植被（包括杜鹃花、木兰等）组成的矩形花园，可以调和单调感的广场。在地下车库设计中，米歇尔·塔尔热的旋转楼梯参考了里昂传统住房中的楼梯，并借鉴了丹尼尔·布伦的艺术品，创造了圆柱形的空间。在旋转楼梯的底部安置了一个转动的斜交镜，可以反射出带黑色条纹的拱廊。设立在广场中央的城市内窥镜将地上的公共空间和地下车库联系起来，并提供了一个观察车库的独特视角，这是隐藏设计的小技巧。

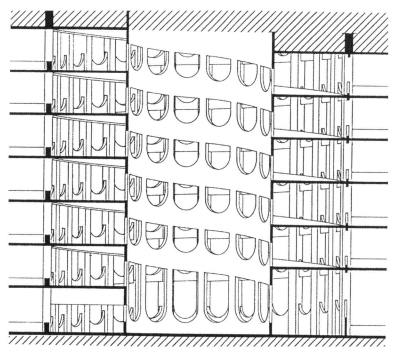

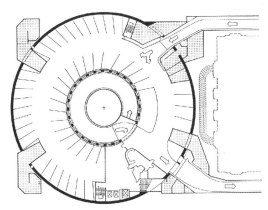

Pocket Park（ing）

PLACE DES CÉLESTINS

Lyon，France

Architect：Michel Targe
Landscape Architect：Michel Desvigne and Christine Dalnoky
Interior Architect：Wilmotte et Associés SA d'Architecture（Jean-Michel Wilmotte）
Artist：Daniel Buren
Date：1994-1995

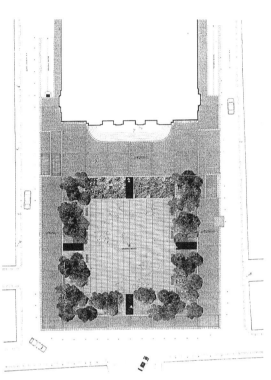

2.2.3 案例 3 基于土方工程缝合

措恩比车站

措恩比，丹麦

建筑师：KHR 建筑事务所
修建时间：1994—1998 年

措恩比（Tårnby）车站是衔接 16 公里长的厄勒跨海大桥（Øresund Fixed Link，建于 1995 年至 2000 年）地面工程的一部分，该大桥在建成时是欧洲最大的工程项目之一，同时也是全世界最大的斜拉桥。厄勒跨海大桥的建设是为了提升瑞典和丹麦之间的通行能力，进而促进厄勒地区的经济文化合作。大桥可同时通公路和铁路，它将位于海峡两岸的丹麦哥本哈根与瑞典马尔默（Malmö）连接起来。同时，两国达成一致，共同投资建设必需的地面工程，并将大桥纳入现有的铁路与公路网中。丹麦方面的地面工程为一条长约 12 公里、从厄勒海岸道向哥本哈根中央车站（Copenhagen Central Station）的电力铁路。铁路分别在卡斯特鲁普（Kastrup）的哥本哈根机场（Copenhagen Airport）、措恩比和厄勒城市开发区设置了车站。

如果说宏伟的厄勒跨海大桥的特征是展现，那么与之相连的长 9 公里、穿越阿迈厄岛（the island of Amager）的公路、铁路隧道的主题则是隐藏。隧道的线路将措恩比镇社区一分为二。设计方在公路、铁路隧道上方设计了一块长 680 米的遮盖平台，将被隧道切开的城市肌理巧妙地缝合起来。和威尔逊花园类似，混凝土平台的上方覆土，成为一个纵向的花园，同时设有入口进入地下的轨道交通站台。其余部分用绿色植物覆盖，连接了位于轨道上方的居民区及新开发的商业区。这种人造地形虽然有一定的坡度，但是足以很好地衔接两侧的城市肌理。开阔的空间是一个交通枢纽，其换乘中心包含一个公交站台和一个 7 米深的地下站台。站台的地面部分由三座长方形的低矮建筑和一个旅客中心组成。地面建筑是人们进入轨道站台的入口，同时，为了让阳光能够射入站台，它采用了天窗设计。建筑师充分并巧妙地利用了交通基础设施造成的裂痕，将裂痕转变为城镇的核心地带，把乡村街道和新建商业区这两个完全不同的区域连接起来。

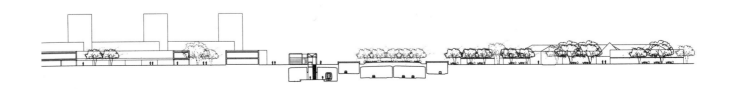

Earthwork Stitch

TÅRNBY STATION

Tårnby，Denmark

Architect：KHR arkitekter AS

Date：1994–1998

2.2.4　案例 4　绿色车库

硅图北查尔斯顿园区

芒廷维尤，加利福尼亚州，美国

建筑师：Studios 建筑事务所
景观设计师：SWA 集团
修建时间：1994—1997 年

Studios 建筑事务所为位于美国加利福尼亚州芒廷维尤的硅图北查尔斯顿园区（Silicon Graphics North Charleston Campus）（2004 年被谷歌收购作为其公司总部）设计了一个可容纳 1100 个停车位的车库，改变了人们对办公场所停车库呆板的印象。在这个案例中，步行景观公园将大型车库隐藏在地下。谷歌总部的设计是北美郊区企业园区设计的基准。这个园区是在距离旧金山港（San Francisco Bay）11 公顷的棕色地段上发展起来的，它包含一个私人的研发园区和一个 2 公顷的公园。

这一场所的建设基于芒廷维尤城的公私合作关系。园区的设计有两个值得关注的创新点：首先，园区在设计中模糊了私人区域和公共区域之间的界限，营造了强烈的统一性，建造时将研发园区和公园视为一个整体的景观；其次，彼此相连的大体量建筑群围绕着地面庭院和花园而建，1700 个地下停车位大部分都位于建筑群地下。在园区的东部和西部，顺应自然地势营造景观，使东面的公园穿过研发园区和西面的沿河风光带完美地连成一体。其中，研发园区主要由三个花园构成，每一个花园的楼梯间直通地面，使地下车库能够自然通风。"绿色车库"位于公园的下方，层高（11 英尺即 3.353 米）比常规略高。其余地面停车位也用一种新方法隐藏起来。车位之间安置了成片的由杆子支撑的太阳能板（总共 9212 块），既能发电又能遮阴，这一 1600 万瓦的太阳能系统将满足谷歌园区 30% 的电力需求。

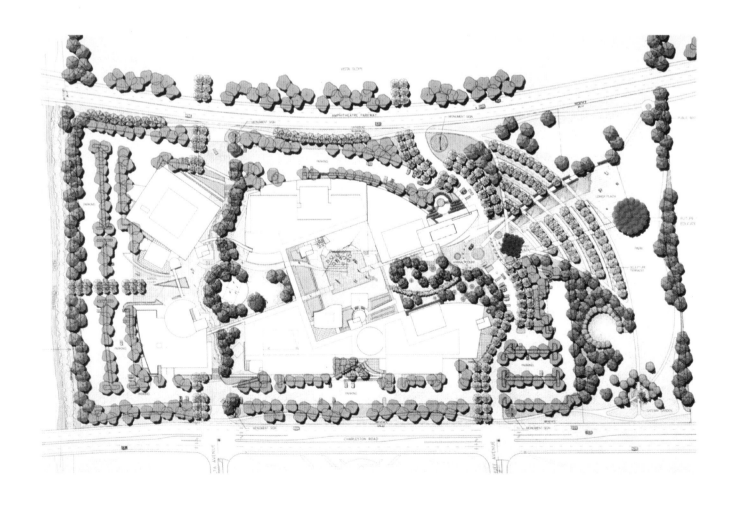

Green Garage

SILICON GRAPHICS NORTH CHARLESTON CAMPUS

Mountain View，California，USA

Architect：Studios Architecture
Landscape Architect：SWA Group
Date：1994—1997

2.3   通过伪装而融入环境

有目的性的伪装策略来源于军事，即被人们熟知的 CCD（伪装、隐藏和欺骗），这三种情况下物体会和周围环境在视觉上融为一体。处理位于高密度城市空间或环境脆弱地区的基础设施项目时，这种"融入自然"（blending with nature）的处世哲学同样值得借鉴。历史上应用这一伪装策略的典型案例是 20 世纪 50 年代里约热内卢的一个海滨高速公路建设项目，罗伯托·布勒·马克斯（Roberto Burle Marx）设计的弗拉明戈公园（1954）将繁忙的快速干道打造成了公园林荫道，将文化基础设施和道路基础设施在空间上紧密地结合在一起。马克斯在公园设计时既营造了景观又引导了车流。科帕卡瓦纳海滩门户空间（the threshold space of Copacabana）的设计最能直接反映马克斯的伪装策略，沙滩栈道和沿海林荫大道旁的停车区域均采用了大面积的彩绘（图 1）。

伪装策略和隐藏策略具有一些共同点。当一个新建项目完全融入周围环境时，人们就难以发现它了。故伪装也是隐藏的一个重要表现形式——并非打造（地上、地下）两个世界，而是在建设交通景观时遵循其所处的环境，使其隐匿在环境中。在这种策略下，原生景观的特征同时也得到了强化。但是，这种效果是不可能完全得到实现的。所以，这种策略更多地被视为理想目标。根据伪装效仿的对象，从根本上可以分为两种模式，一是外观形态的效仿，二是对景观结构特征的效仿。前者是在复制，存在一味屈从于原有景观的可能性；后者则可以归为吸纳策略，其核心是强调原生景观的结构或重新编排原生景观的营造过程。

吸纳策略致力于将一个新建的项目整合进该场地中，并形成一种一直存在的假象。在挪威，建设新奥斯陆机场（the Oslo airport）时，设计师将原生的森林环境巧妙地再利用。难以置信的是，无论是俯视或是近距离观察，巨大的基础设施外形完全嵌入附近的常绿森林中。此外，伊西塞纳河谷站（Gare d'Issy-Val de Seine）的车库项目虽然规模较小，但同样采用了吸纳策略。这一复杂结构嵌入已建的 RER（巴黎快速铁路网交通系统）线路护坡中，其屋顶用作一条新的电车轨道的站台。这项工程既是大型泊车设施，也是一段护岸。在尼斯（Nice）有一项类似但至今仍未完工的项目——港口码头项目。该项目试图将码头嵌入城市地貌中，既作为城市的公共观景平台，也作为从海上观景的视觉焦点。此外，码头包含一段

图 1   欢乐的游乐场
罗伯托·布勒·马克斯设计的马赛克图案位于城市建筑群和沙滩之间，因在热带景观中融入艺术元素而享有声誉。该项目建成于 1970 年，这一动态的、色彩丰富的石头马赛克表现形式由靠近城市带的立体抽象派转变为了靠近海洋的重新解读的葡萄牙波浪形式。西餐厅延伸出去，设立在人行道上方，与停车场和海滨比基尼沙滩融为一体，巧妙地掩饰了繁忙的公路。

图2　人工观景平台

雅克·费尔叶（Jacques Ferrier）为旅客和车辆设计的尼斯港口码头有效地伪装了地面公共平台。该码头是一幢横向的楼房，向海洋和城市双向开放，并重新连接起城市和海洋。码头平台设有候船室和咖啡厅，同时也是一个海上观景平台。平台上种植了地中海松树，部分覆盖了登船梯，同时延伸到了城市一侧。交通基础设施被伪装成了一个巨型的滨海休闲空间。

图3　通过土方工程隐蔽

在英伦海峡海底隧道轨道设计时，景观设计师重新利用挖出的土石堆坡，从而使新的轨道线路融入环境，减轻对沿线景观的影响。为了恢复大部分的田园景观（尤其是平缓的自然坡度），设计师将轨道线路融合在景观中。同时，大面积阔叶林和草地的种植也促进了轨道线路在景观中的融合。

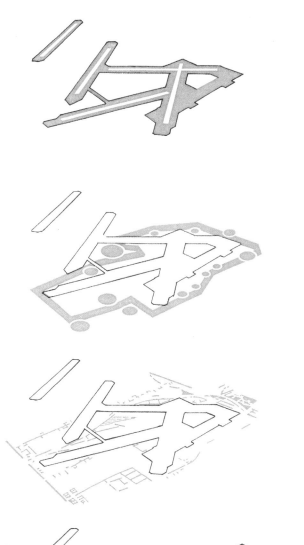

图 4　淹没在树林中

West 8 建筑事务所巧妙地将阿姆斯特丹的斯希普霍尔机场隐藏在其周围种植的桦树林中。桦树林树干笔直纤细、分枝自由，大型鸟类难以在其上筑巢，迁徙类鸟类也不喜欢吃它的种子。桦树林下方最初种植了三叶草，三叶草能肥沃土地，同时也能用于酿蜜。但一年之后，草地替代了三叶草。每一年的植树季，都会新种 25000 棵树苗。一段时间过后，桦树林范围扩大，成为与建筑、广告牌和基础设施相呼应的绿色部分。

图 5　地方服务站

位于英国蒂贝（Tebay）M6 号高速公路上的南威斯特摩兰郡服务站（Westmorland South service station）迎合了湖泊风光和当地特色。种有苏格兰松和桦树的土堤将服务站与机动车分开，土堤的周围是原始粗犷的野餐区域。加油站和停车区域坐落在一个浅坑中，从而减小对景观的影响（尽管一旦离开高速公路还是能看到所有设施）。加油站外部采用石头墙壁、石板屋顶，内饰大面积原木，酷似一个田园小舍，身处其中可俯瞰沼泽地和远处的山峦景色。

图6　市民工程的隐匿

齐默尔—古苏尔—串拉斯卡（Zimmer Gunsul Frasca）建筑事务所将美国华盛顿州埃弗里特的一座多模式交通站融入早期有纪念意义的街道外立面中。通过外立面的设计，设计师希望将交通站打造成城市地标。伪装策略不仅反映在外立面的统一上，还反映在一些非常规元素的应用中。车站包含了大学教室、职业发展中心、社区聚会场所等，还陈列了丰富的当地艺术品。

新堤防，不仅能够满足技术要求，而且通过伪装和滨海人行道融为一体（图2）。此外，另一种更常见的视觉处理手段是通过大面积的土方工程或植被遮蔽基础设施，以减轻对环境的影响。英伦海峡海底隧道轨道线路 [the Channel Tunnel Rail Link，现在被称为高速 I（HSI）] 位于英国的一侧，利用挖出的土壤重新造坡，从而在视觉上遮蔽轨道交通，减轻对环境的影响（图3）。彼得·拉茨（Peter Latz）设计的基希贝格（Jxirchberg）高原在保留山地草原和林地花园的前提下，发展成为一个高度城市化的区域。通过植被和艺术品的装饰，一条普通的公路转变为交替种植着大块本土植被的林荫道。类似的，阿德里安·高伊策（Adriaan Geuze）通过在建筑周围的空余空间种植桦树，将斯希普霍尔机场（Schiphol Airport）融入环境中（图4）。

第二种策略是一种更明显的视觉错觉，通过有意识地模仿来伪装基础设施或建筑。通过伪装融入环境能够使一个有形的物体在其所处的环境中难以分辨。相关范例非常多，从新加坡高密度城市区直接利用植被遮蔽混凝土基础设施（用当地标志性的繁茂热带植物来打造这一城市的座右铭"一座卓越的热带城市"），到更加精妙的案例。例如，位于英国南威斯特摩兰郡（Westmorland South）M6号高速公路上的一座造型类似自然小屋的服务站（图5），以及位于美国华盛顿州埃弗里特的一座火车—公交站。它们和民用住房高度一致，并在功能上实现了集教育、购物和社区设施于一体的目标（图6）。此外，迈阿密南海滩车库也是伪装策略的典型案例，利用空中花园和当地藤蔓将巨型的车库伪装起来。

2.3.1　案例 1　森林机场

奥斯陆机场

加勒穆恩，挪威

建筑师：Aviaplan AS/Narud Stokke Wiig 建筑规划事务所
景观设计师：Bjørbekk & Lindheim
修建时间：1993—1998 年

伪装一个机场大小的基础设施工程听起来好像是天方夜谭。但是，位于加勒穆恩市最北边的 13 平方公里的新奥斯陆机场却完成了这项似乎不可能的壮举。机场基础设施建设在针叶、落叶混交林包围的开阔空间，完美地融入当地的自然景观中——阿克什胡斯郡乡村（Akershus county）平缓起伏的沼泽林地风光。在挪威，人工基础设施嵌入自然环境中已经成为一种约定俗成的传统。所以，新机场的设计同样遵循了这一传统。挪威议会要求新机场要能"唤醒挪威"（evoke Norway），规定机场在运用高科技的同时也要展现挪威本土特色（byggeskikk）。设计师们进行形态设计时把议会指令视作指南，具体包含以下理念："尊重自然、亲近自然、开放平等的社会以及充分利用当地资源。"Aviaplan 事务所完成了一套全方位的景观设计方案并提出了机场可持续发展的方针，兼顾了建筑及其周围空间的协调。他们的景观营造方案涉及了环境和景观的方方面面：植被、土壤、挪威景观特色以及光和色彩等美学要素。指南要求尽可能地保存现有的景观特色，同时提出未经允许，每砍伐一棵树将被罚款 6 万 NOK（挪威克朗）（约 4.8 万元人民币——详者注）。

机场位于东北面深色常绿林和南面农场草原之间的交界地带。航站楼面朝北面的森林，外立面采用暖色木材和大面积的玻璃幕墙；而南面的辅助建筑群、道路和一条公路隐匿在桦树和枫树混交林中。建筑和跑道的周围布设了维护成本较低的花圃，墙壁与周围环境融为一体，营造了一种精致且富有艺术气息的交通景观。

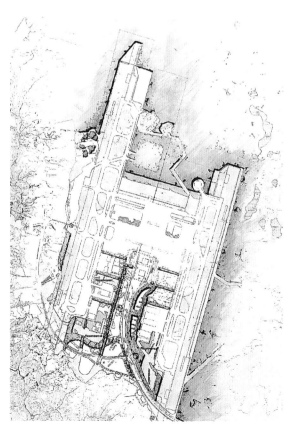

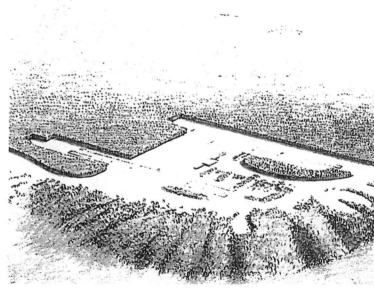

Wooded Airport

OSLO AIRPORT

Gardermoen，Norway

Architect：Aviaplan AS / Narud Stokke Wiig Architects & Planners
Landscape Architect：Bjørbekk & Lindheim
Date：1993-1998

2.3.2　案例 2　车库作为挡墙

伊西塞纳河谷站车库

伊西莱穆利诺，法国

建筑师：阿特利尔建筑师事务所

修建时间：1995 年

伊西塞纳河谷站车库位于多种交通方式的交会点上，嵌入 RER（巴黎快速铁路网交通系统）线路开挖的护坡中，既是一个能容纳接近 300 辆汽车的 3 层 6650 平方米的车库，也是未来塞纳河谷电车轨道（Val-de-Seine tramway）的地基。工程建设时 RER 线路已经开始运行，结构强度对工程技术提出了很高的要求。结构需要承受三种外力：东侧 RER 线路施加的横向应力、电车急刹车情况下电车车站沿着车库南北轴向传递的应力，以及地下水向上施加的应力。

掩体形式是这一结构的典型特征。其采用桁架结构，上方浇筑混凝土盖板，建筑风格和伊西平原（Issy-Plaine）站保持一致。车库建筑长 148 米，宽仅 15.5 米，外立面高 5.7 米（对应两层车库），朝向西侧。外立面采用柱子和横梁的形式，中间嵌入透明的玻璃砖，方便车库采光。深切形式的入口以及规律排列的柱子协调了外立面的单调性。北侧的坡道和中间、南侧的楼梯将三层车库和电车站台连接起来。将起挡墙作用的车库建筑嵌入火车、电车的土方工程中，故结构和建筑浑然一体，交通基础设施和景观巧妙融合。

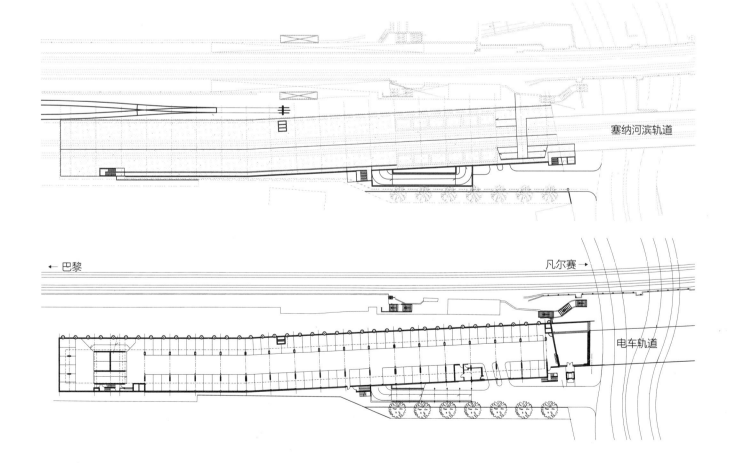

塞纳河滨轨道

← 巴黎　　　　　　　　　　　　　凡尔赛 →

电车轨道

Parking as Retaining Wall

PARC DE LA GARE D'ISSY-VAL DE SEINE

Issy-les-Moulineaux，France

Architect：Atelier de Midi architectes

Date：1995

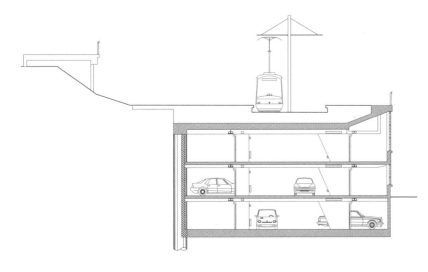

2.3.3　案例 3　还原田园风光

卢森堡
景观设计师：拉茨联合事务所的（彼得·拉茨）
修建时间：1993—2008 年

基希贝格高原

基希贝格高原（Plateau De Klrchberg）的设计在多个尺度上都运用了伪装策略。在区域尺度上，人们把基希贝格高原视为一个有人居住的公园进行城镇化建设，将道路和雨水处理等大规模的基础设施融入景观中。在 20 世纪 50 年代早期，卢森堡试图在距离城市中心仅半公里的跨越阿尔泽特河（Alze tte River）的砂岩高原上建造新成立的欧洲经济共同体（European Economic Community）的总部。基于实用主义和小汽车主导模式的原因，这一计划建设了一系列分散的办公建筑。随着这个 360 公顷的区域城市化水平不断提高，新的问题开始出现，于是基于景观恢复的区域修复不得不开始实施。

区域修复的首要任务是将大规模的公路转变为宽阔的城市林荫道，在其中间和两侧均种植行道树。林荫道宽 60 米，密植树木，总长 3.5 公里。林荫道从东面的环状交叉路口 [建有理查德·谢拉（Richard Serra）设计的 20 米高的不锈钢雕塑] 延伸到西面的魏克尔街（Rue Weicker），通过道路景观将原本独立的区域连接起来。区域修复这一新的、开放的设计理念一方面体现在林荫道的设计上，另一方面则体现在将 65 公顷的草原、林地作为雨水管理设施的规划上。以往，雨水通常排入地下的雨污管道中，而现在通过开敞的沟渠和滞留池，雨水在景观中即可以得到很好的净化。雨洪管理成为基础设施景观的重要组成部分。功能性的基础设施工程被有效地修复成一个生境网络，生态成为景观艺术的一种表现形式。

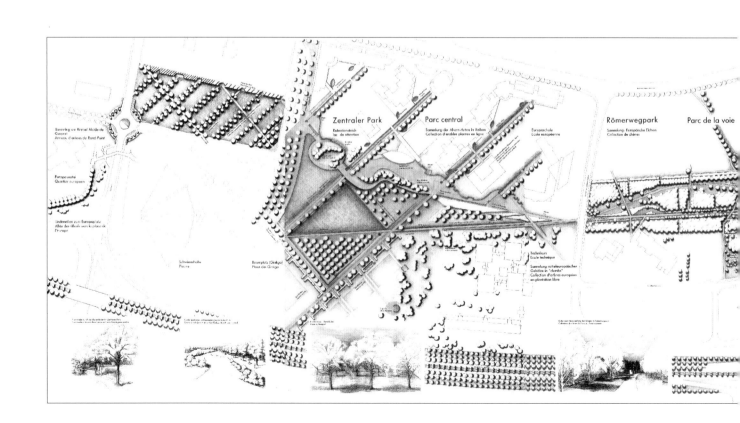

Restituting the Countryside

PLATEAU DE KIRCHBERG

Luxembourg

Landscape Architect：Latz + Partner（Peter Latz）

Date：1993-2008

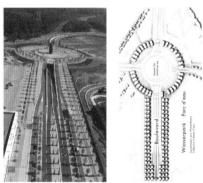

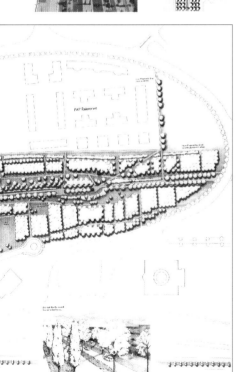

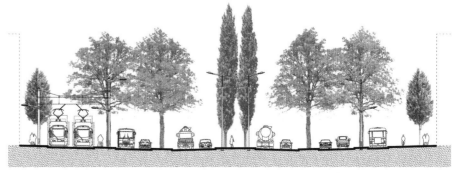

2.3.4   案例 4   格子车库

巴莱瓦莱车库

迈阿密海滩，佛罗里达州，美国

建筑师：Arquitectonica

修建时间：1993—1996 年

伪装策略是 Arquitectonica 建筑设计事务所常用的设计策略之一，此事务所因对新城市主义的贡献而知名。虽然后现代主义审美容易受到抨击，但是它还是常常证明自己比其他当代艺术介入更容易被接受。巴莱瓦莱车库坐落于 20 世纪 20 年代著名的迈阿密南海滩艺术街区中。车库面积 19140 平方米，共 5 层，有 650 个停车位，被垂直绿化遮蔽。车库外立面由网格状的玻璃纤维组成，上面攀爬着本土热带植物藤蔓，仿佛一件随风起伏的绿色铠甲。

除了伪装策略的成功应用，这一工程也加速了南海滩内陆区域的城市复兴进程。20 世纪 80 年代中期，这一区域 [已被收录于国家历史区域名录（the National Register of Historic Places）中] 沿滨海大道再度发展，但短暂的成功之后，它又迅速地衰落。在复杂的政治背景下（面临历史保护学家、反对发展人士和无数特殊利益相关群体的反对），这一工程创新性地提出了政府 – 私人合作关系的理念，成功促进了当地的新发展。这一车库兼购物场所项目坐落于距离海滩两街区处，确保了城市的收入来源，为来街区游玩的旅客（每天超过 20000 人）提供了必需的停车位，并通过鼓励内陆发展，减轻了沿海岸整个街区重建工作的压力，同时为城市创造了稳定的税收。自从巴莱瓦莱车库开始营业，在其影响半径内的三个街区中，有 30 多个产业得到了振兴，车库本身也成为了这一新兴零售街区的中心。

Parking Lattice

BALLET VALET PARKING GARAGE

Miami Beach, Florida, USA

Architect: Arquitectonica
Date: 1993-1996

2.4　融入新的混合景观

　　融合策略涉及两种不同事物，或不同元素的整合。融合是一种合并的状态，将不同的内容整合到整体中。在科学里，混合物由不同的成分组成，它们的基本元素存在互补性，结合在一起可以产生单一元素所不具备的结构或功能。在一个融合的景观工程中，设计灵感通常来源于现有的地域环境，但是工程建成后，地域环境也会受基础设施的影响并成为其中的一部分。外来元素融入环境之后往往也会改变现有的环境。一个新工程无法避免地会改变周围的环境，在这种情况下，整合的概念并不是把新工程粉饰得和环境一致，而是重新打造现有的环境使其成为新的混合景观。通过这种方式，基础设施虽然很显眼，但是并非孤立于环境中。这种新的营造方式需要利用各种技术支持，致力于打造包含多种元素的独特景观。这种纲领性的要求一方面需要对车流和交通进行限制，另一方面也需要对地形地貌进行控制，同时这一新混合景观的营造也必须适应现有城市的生活方式。

　　融合成为新混合景观这一理念在公路美化中得到了广泛的应用。总的来说，有两种方法实现这一策略：第一种方法侧重对基础设施的接纳，运用各种技巧将道路及其周围环境打造成为一个更加完整、丰富、综合的（城市）景观。很多案例通过这种方式减轻了基础设施对景观的影响。其中一个典型案例是位于美国肯塔基州的路易斯维尔（Louisville, Kentucky），对乔治·哈格里夫斯（George Hargreaves）设计的立交桥的地面部分进行的改造，景观的营造将城市和俄亥俄河（Ohio River）连接起来。一系列狭长草坪，既有防洪作用，又拓宽了公共区域，将立交桥这一有碍观瞻的空间转变为市民休闲区。遵循相似的思路，巴塞罗那建筑师巴特列和罗伊格（Batlle and Roig）设计了一系列工程，包括众所周知的拉特里尼塔公园（Parc de la Trinitat）。该公园充分利用分层和通道，将基础设施和城市融为一体（图1）。位于圣库加特山谷（Sant Cugat del Valles）的里埃拉公园（Park de la Riera）是他们近期的作品，他们将公路设计成城郊公园的观景平台，将以前的农村地区和公路融为一体（图2）。第二种方法则侧重对基础设施的积极改造，致力于减轻交通对景观的影响，把道路变为新复合体的一部分。这种方法的典型案例是赖辰和罗伯特（Reichen and Robert）设计的位于雅典滨海区的法力龙港（Faliron Bay）大规模整治工程。建于20世

图1　立交桥公园

作为1992年巴塞罗那奥运会的配套工程之一，恩里克·巴特列（Enric Batlle）和琼·罗伊格（Joan Roig）设计的位于巴塞罗那东北部的 Nudo-de-la-Trinitat 已经成为景观都市主义的代表性项目。这一项目通过将城市生态和道路融合成为一个新的混合景观，实现了城市和道路的和谐共存。这一环形立交桥中建设了公园和运动场，将建造工程、城市生活和景观营造融合在一起。流水、小径、运动场、停车库以及草坪等的布置共同促进了高速公路和景观风貌的融合。

图2　模糊交界区域

里埃拉公园（Riera Park）即圣库加特山谷（San Cugat del Vallès）中央公园，位于巴塞罗那以北20公里处，将通往城市的主干道打造成为一条公园道路。巴特列和罗伊格规划设计的道路网络和未来建设布局充分尊重了区域地形。公园沿着邦巴河（Bomba River）河岸顺应地形建设了一个步行栈道，并通过台阶将公园和道路连接起来。巧妙地削弱了基础设施和景观之间的差异。

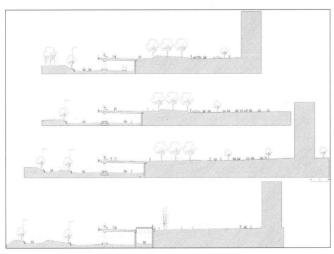

图3　郊区的纽带

帕特里克·迪盖设计的巴黎社区大道（Boulevard Intercommunal de Paris, RN170）是一条3.4公里长的快速干道，嵌入巴黎西北面瓦勒德瓦兹（Val d'Oise）地区圣格拉蒂安（Saint-Gratien）的城市肌理中。同时，这条干道沿着圣格拉蒂安的埃尔蒙街（rue d'Ermont）的马雷住宅区（Marais residence）设置了一个570米长的半覆盖区段，沿线布置了隔声屏、地面公园和人行道等。这项工程将公共空间营造作为道路设计的核心策略。此道路创造了一种多样的郊区景观形式，统一了原本分散的地块，重新构建了沿线的邻里社区。林荫道成为郊区创造了强有力的纽带，在适应地形状况的同时满足了社区需求。

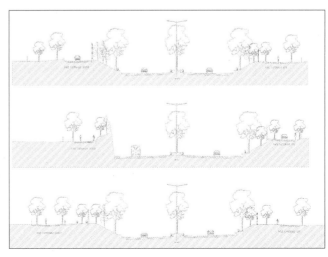

纪 60 年代的城市快速干道被移除并重建成下堑式，腾出的空间用于建设新的木栈道、人工河以及休闲娱乐场所。两侧的建筑及带状公园起到了美化景观、减少噪声的作用，将海洋记忆重新带回人们的日常生活中。当然，这两种方法也可能在同一个项目中同时使用。由帕特里克·迪盖（Patrick Duguet）设计的位于巴黎西北部的社区大道（Boulevard Intercommunal）就是这样的例子（图 3）。这种策略既没有把基础设施生硬安插在环境中，也没有把基础设施隐匿在环境中，而是在道路规划时就以公共空间营造作为导向和核心，两侧公共空间和半覆盖平台与道路沿线不同的城市氛围十分协调。

通过修整场地、创造人工地形来减小自然景观和人工基础设施之间的差异，显然是融入新复合体的另一方法。通过打造包含多种元素的、复杂的、多样化的地形，构造一个多功能的结构，从而模糊内部与外部、地表和屋顶、实体和空间以及交通和建筑之间的差异。扎哈·哈迪德（Zaha Hadid）的大部分作品也运用了这一理念，其中一个典型案例是位于斯特拉斯堡（Strasbourg）的奥埃南终点站（Hoenheim Terminal）。基础设施、景观以及建筑彼此交融，静态的结构却释放出神奇的力量，并产生了动感。位于瑞士巴登－吕蒂霍夫（Baden-Rütihof）的特伦博尔德（Twerenbold）省际旅游公司公交站也运用了相似的策略，公交站仿佛是现有地形结构的不规则延伸，候车和车辆停靠区域采用折线形式的钢结构屋顶（图 4）。圣费利乌（Sanfeliu）、马尔托雷尔（Martorell）和拉米奇（Lamich）针对巴塞罗那郊区住房项目提出的停车理念也反映了这一策略。他们将停车场视为新的地面形式，同时在处理人工场地时考虑了车辆排列的影响，规则排列的车辆形成了波浪形的地面景观。

最后，步行系统的设计中也运用了融合的理念，例如衔接托莱多（Toledo）历史城区及其下方停车场的自动扶梯。马丁内斯·拉佩尼亚（Martínez Lapeña）和托雷斯（Torres）设计了一个嵌入山坡的自动扶梯，将步行基础设施融入地形中。此外，迈克尔·范·瓦肯伯格（Michael Van Valkenburgh）通过打造匹兹堡（Pittsburgh）阿勒格尼河（Allegheny Riverfront）沿河公路和河堤之间的剩余空间，成功地将城市和自然水景融合在一起（图 5）。

图 4　不规则的折线
由建筑师克纳普基维茨（Knapkiewicz）和菲克特（Fickert）设计的位于瑞士巴登－品蒂霍夫的特伦博尔德省际旅游公司公交站依附于既有盖形（shed-like）建筑。从地面升起的盖形屋顶遮蔽了公交泊车区和通透的候车区域，并包围了部分现有建筑。屋顶采用大规模折线式钢架结构，其上覆盖绿色 PVC 薄膜。光线作用和几何形状增强了车站在现有城市脉络上的延续性。

图5　连接滨河地带

阿勒格尼河（Allegheny River）和两侧高速公路之间的两条狭长区域被迈克尔·范·瓦肯伯格巧妙地利用起来，打造成为一个两层的滨河公园。下层的公园种植了耐淹的树种，而高于其上8米的上层公园则是一个城市步行道，绿化和装饰均采用匹兹堡当地植物和材料。下层公园原生态的自然环境适应河流水情，而上层公园则是城市肌理的一个延伸。1911年，小弗雷德里克·劳·奥姆斯特德（Frederick Law Olmsted Jr.）提出了阿勒格尼滨河公园的构想，80年后这一构想终于真正得到了实现。

改造前

改造后

2.4.1　案例 1　驯服公路

路易斯维尔，肯塔基州，美国
景观设计师：哈格里夫斯联合事务所
修建时间：1999—2009 年（完成第三阶段）

路易斯维尔滨水公园

在美国肯塔基州的路易斯维尔，乔治·哈格里夫斯（George Hargreaves）成功将复杂的公路立交桥融入公共滨水公园中，重新连接了闹市区东缘和俄亥俄河。此地以前是棕色地带，建有垃圾场、采砂坑和工厂等，铁路轨道曾一度切断了其与城市脉络的联系，而现在则转变成为城市重要的公共空间之一。这一项目既满足了工程上的需求，也考虑到了景观的营造。设计方案提出打造一系列沿河休闲空间，同时种植本土亲水植物，兼顾调节和减缓小型洪水。整个工程能够防御一定等级的洪水，同时让人们可以从城市欣赏河流。

滨水公园由一系列多变、灵活的空间组成：一个运行的码头、节庆广场（Festival Plaza）、眺望平台、林肯纪念碑（Lincoln Memorial）。公园的中心是一大片草坪（Great Lawn），位于高架桥下面，将城市脉络和河道直接联系起来。依据高程，设置了不同的公园分区，其中一些分区可以在洪水期被淹没。故公园的一些区域会随着河流水位的涨落浮出水面或部分沉入水下。这一项目通过土方工程的建设改造了一些微地形，这是哈格里夫斯联合事务所作品的一大特色。从堆高的草地上俯瞰，人们可以欣赏河流和城市的壮观景色。高起的地形围合出一些更为隐蔽的空间，城市里的人们可以通过这些区域到达滨水景观带。通过对自然过程的调控，这种形式解决了很多实际问题（如防洪），创造了有示范意义的滨河景观。

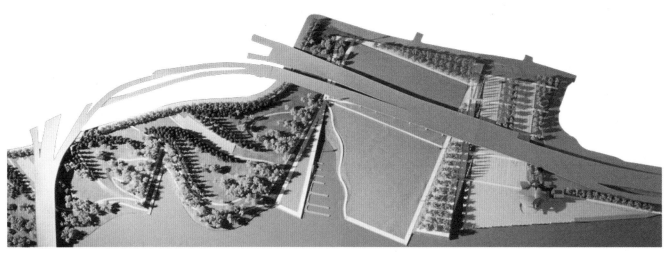

Domesticating the Highway

LOUISVILLE WATERFRONT PARK

Louisville，Kentucky，USA

Landscape Architect：Hargreaves Associates

Date：1999–2009（completion phase 3）

2.4.2　案例 2　横向连接

法力龙海岸

雅典，希腊
城市和基础设施设计师：赖辰、罗伯特联合事务所
修建时间：1999—2004 年

　　作为基菲索斯和伊利索斯河（Kifissos and Illissos rivers）的入海口，以及比雷埃夫斯古镇（Piraeus）的海上入口，法力龙港（Faliron Bay）拥有 6 公里长、对雅典具有重要战略意义的海岸线。在被比雷埃夫斯港取代之前，法力龙港是雅典的第一座海港。19 世纪 70 年代，法力龙发展成为一个滨海旅游胜地；在 1896 年第一届现代奥运会举办期间，法力龙港是单车和网球的比赛场地，同时其临近区域是射击和游泳比赛的场地。20 世纪 70 年代，波塞冬滨海快速干道（Poseidon Avenue）建成，不但造成空气污染、噪声和视觉污染，也割裂了城市肌理和海岸线。同时，因为快速干道阻碍雨洪排入大海，城市洪水发生的概率和强度也有所增加；而在两条河流上开辟的运河也使河口开始退化；倾倒在河中的建筑废料在海岸线上形成了一个荒芜的小岛。

　　2004 年，雅典奥运会的举办为这一区域的振兴带来了机遇，这一区域被指定为三大集中建设运动场的区域之一。奥运会后场馆的再次利用将会为这一区域带来第二次发展机遇。到 2010 年，雅典已完成体育赛事设施的适应性再利用，这一区域也成为一个大型的海洋教育和娱乐基地。这一项目主要归功于赖辰和罗伯特联合事务所的城市设计策略。最关键的一点是将波塞冬大道向南移动，并在其上方建设连接城市和海岸的人行通道，打造成人工景观向自然景观的过度区段。这一措施减少了机动车辆对滨海环境的影响，使公路融合成为整体景观的一部分。公路线改道的同时，开挖了三条大型运河（目的是排泄雨洪、为小船遮蔽风雨），并在海岸和内地之间打造三条通道，这些举措使城市居民有了更多接触海洋的机会。最主要的一条人行道长 800 米、宽 50 米，与历史上著名的辛格罗（Syngrou）大道并行，一直延伸到水边成片的棕榈树林和咖啡休闲区中，发挥了跨越交通枢纽的桥梁作用。公共开敞空间的营造作为一种手段，促进了空间的整体性，进而也带动了社会和文化的融合。

Transversal Articulation

FALIRON COAST

Athens，Greece

Urban and Infrastructural Designer：Reichen et Robert & Associés

Date：1999-2004

2.4.3　案例 3　折叠的空间

北奥埃南终点站

斯特拉斯堡，法国

建筑师：扎哈·哈迪德建筑师事务所
修建时间：1999—2001 年

　　斯特拉斯堡（Strasbourg）的轨道交通发展非常完善，从城市周边进城的人员可以将车停在公共交通的终点站，换乘公共交通工具进入市区。艺术家和建筑师设计的交通线路上的一些关键节点，将传统的实用主义的停车换乘设施升级为宽敞的、有吸引力的公共空间。扎哈·哈迪德建筑师事务所作品的典型特点为流线形结构，通过对地表结构进行雕塑般地塑造，将建筑结构和地面融为一体。扎哈·哈迪德设计的位于 B 线北终点站的轨道车站——奥埃南终点站，

以及一个可容纳 800 辆车的停车场，也是融合成新混合景观的典型案例。这个案例通过地面、墙面、光线和空间之间的整合，建立了不同尺度上动态和静态元素之间的相互关联。在斯特拉斯堡城市边缘，不同的交通线路（公路、公交、轨道）在此交会，终点站建筑物仿佛一系列线条和空间的重叠。引导线将车辆和乘客引入一个围合的车站空间，车站由地面停车场、天棚形式的屋顶以及围墙组成，呈现出一个伸长的、被折起的地面空间。

　　停车场地面坡向车站，构造了

一系列简洁、有力、雕塑般的景观。地面象征一个地磁场，黑色的柏油场地上根据场地边界刷上了略有弧度的白色分隔线。根据场地的坡地设置了不同高度的垂直路灯：在坡度较陡的地方路灯较高，而坡度渐缓的地方路灯较低。塑造景观形式采用留白的手法，将新建的地面平台融入已有的场地条件中。基础设施融入景观中，打造了一种新的人工景观，同时强调了开放景观、公共内部空间以及交通流之间的转换。

Folded Space

HOENHEIM-NORD TERMINUS

Strasbourg，France

Architect：Zaha Hadid Architects

Date：1999-2001

2.4.4   案例 4   车辆波浪

维内达停车场

巴塞罗那，西班牙

建筑师：卡洛斯·圣费利乌·科尔　特斯、贝尔纳特·马托雷尔·佩纳　路易斯·拉米什·阿
　　　　洛卡斯

修建时间：1999 年

维内达停车场通过位于居民区的人工景观完美地与公园结合在一起。该项目将停车场营造成一种新的景观，它根据车辆停放的秩序性打造了一个同样有序起伏的地形景观，从而弱化了车辆在景观中的视觉影响。位于巴塞罗那东侧的维内达区（The district of Verneda）是一个独立的住宅区，这一区域公共空间混乱、地面停车空间极其缺乏。对此，卡洛斯·圣费利乌·科尔特斯（Carlos Sanfeliu Cortés）、贝尔纳特·马托雷尔·佩纳（Bernat Martorell Pena）

和路易斯·拉米什·阿洛卡斯（Luís Lamich Arocas）采用了一种简单却明智的策略，通过地面形态的营造将一个大规模的地面停车场和由绿植及阶地构成的公共开敞空间整合到一起，将公共空间与住宅区的餐馆相连。

通过铺砌成排、且排与排之间相互平行的地形起伏地块，这一项目营造了一种复杂的地面形态，这些起伏地块的纵截面彼此不同。设计师基于不同的需求，组织打造出了不同的空间区域，沿着起伏区域的长宽两侧布置了两块停车区域，通过不同材料色

彩的配置强化了地面起伏。项目在土方工程建设中采用了三种不同的铺砌材料，其中低于 80 厘米的起伏地块采用钢板结构，而更高的地块采用钢筋混凝土材料，人行区域铺设彩色混凝土，周围铺设水泥灰，停车场地面铺设加强混凝土，同时表面涂上硫酸铁。此外，一条南北走向的道路穿过了这个地形起伏的区域，在它的周围是一条单行道。根据起伏地块的几何形状，设计师种植了常青藤作为地表绿化，同时还种植了其他两种园林树木：洋槐和黄檀。

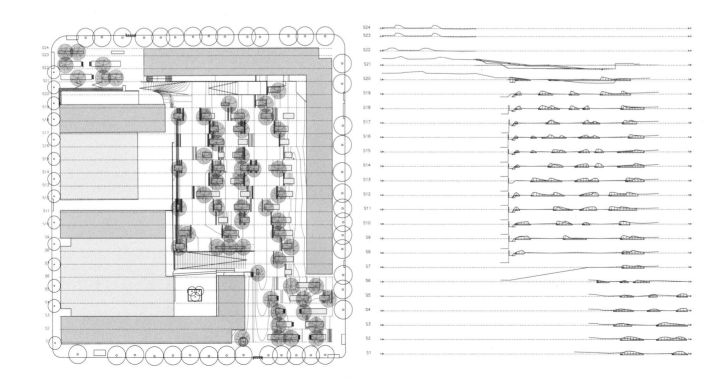

Car Waves

VERNEDA PARKING LOT

Barcelona，Spain

Architect：Carlos Sanfeliu Cortés，Bernat Martorell Pena，Luís Lamich Arocas
Date：1999

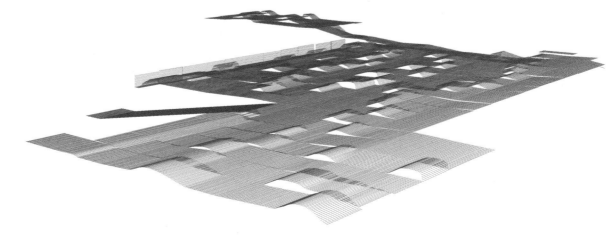

2.4.5 案例 5 精妙的上山道

托莱多自动扶梯和停车场

托莱多，西班牙

建筑师：马丁内斯·拉佩尼亚 – 托雷斯建筑师事务所
修建时间：1997—1998 年（设计），1998—2000 年（建设）

西班牙历史名城托莱多（Toledo）坐落于坡度陡峭的山丘上，这为设计师提供了一个将行人和地形相结合的设计机遇。马丁内斯·拉佩尼亚和托雷斯（Martinez Lapena and Torres）巧妙地将自动扶梯嵌入位于中世纪城墙和历史城区中心之间罗达德罗山（Rodadero）陡峭的山腰上。自动扶梯蜿蜒盘桓在山上，既可便于游人上山，又可为游人提供遮蔽、阴凉的公共空间，方便游人观景。

欧洲历史名城中心城区的车流量不断增大，托莱多也不例外，故托莱多努力限制车辆的进入。因此，托莱多在罗达德罗山山脚下（Paseo de Recaredo）设计了一座可容纳 400 辆车的车库，同时采用自动扶梯将游客送达高处的古城区。车库和山顶之间的高差为 36 米，其间设置了 6 段嵌入山体的自动扶梯。从车库至古城区的这一段路程是旅程的开始，游客首先进入位于城墙下方的一个隧洞中，然后乘坐嵌入山体的曲折自动扶梯到达山顶。这一结构外设混凝土挡墙，一直绵延到山顶，形状如同山腰上的切口或是裂缝。倾斜的檐口遮蔽

了电梯，电梯坡度没有完全依据山体的坡度，而是略有抬升，目的是为电梯上的旅客创造一个更开阔的视角，以便于更好地欣赏塔霍河（Tajo）和新托莱多的美景。这一工程的一大亮点是，到了晚上，灯光会将这一嵌在山体上的自动扶梯点亮。工程采用赭色混凝土整体浇筑而成，与老城区建筑色彩一致，弱化了对景观的影响。工程通过将行人和地形结合，同时限制旅客的流量，从而缓解旅游业对老城区的压力。故这一设计是融入新混合景观策略的典型代表。

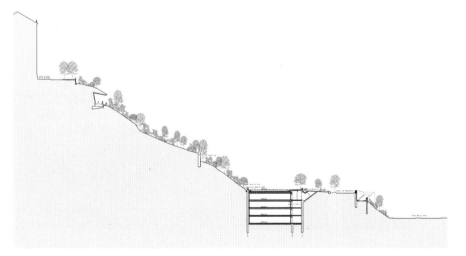

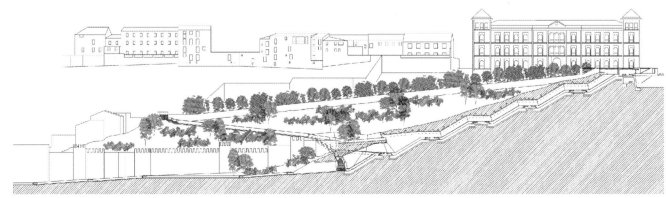

Choreographed Ascent

TOLEDO ESCALATORS AND CAR PARK

Toledo，Spain

Architect：Mart í nez Lapeña-Torres Arquitectes
Date：1997-1998（design），1998-2000（construction）

2.5   并入巨构

　　"巨构"（megastructure）这一术语由日本建筑师桢文彦（Fumihiko Maki）于 1964 年提出，最初的定义是一个可以实现多种城市功能的巨型框架。技术的发展使这一设想成为可能，同时这一建筑形式也成为"人造景观的特性"（human-made feature of the landscape）。[1]1976 年，雷纳·班汉姆（Reyner Banham）重释了这一术语，他认为巨构"大体上可以理解为是一个规模巨大的结构体系，同时允许更小的结构单元不断地'嵌入'（plugged-in）"。[2] 随着时间流逝，巨构的概念也在不断演变。今天，它一般是指由几个相互独立的子系统构成，各个子系统的扩展不会影响其他子系统的概念。巨构不涉及层级概念，组成巨构的各个子系统均促进了建筑整体特性的形成。各子系统不受彼此影响，但是它们之间仍有动态联系。从这个角度理解，巨构是一个叠加形成的系统，具有高度的可变性，功能模块和外部环境的变化都可使它发生全局性的改变。

　　在"融入新的混合景观"（参见第 2.4 节）的典型案例中，他们常把基础设施融入一个新的场景，这种策略反映了一种融合的景观设计理念，采用多样的面材肌理和装饰手段，以弥补自然元素（岩石、植被等）的缺失。所以仅通过城市和建筑设计，同样也可以达到这种融合的效果，基础设施成为一种因专业功能而具有特殊形式的巨型、复杂构筑物或建筑物。这种巨构能够完美地按流线改变子项模块，即使在完全融入特定环境的情况下，这种巨构基本上仍然是一个模块化的工程，仍需要满足复杂框架下的所有需求。

　　在欧洲，通过改造现有巨构来实现老旧基础设施及其他设施更新换代，带动了大量相关工程的建设，形成了整个城市片区形态上的重组。位于荷兰布雷达（Breda）的沙斯军营（military Chasse barracks）也开始重新规划，目的是打造成为一片园区式的城市组团（a campus-like urban archipelago）。大都会建筑事务所（OMA）（城市设计）和 West 8 事务所（景观设计）通过建设巨型地下车库，实现了中央广场（main square of development）人车分离。巴塞罗那的加泰罗尼亚大道（Gran Via de les Corts Catalanes）的基础设施建于 20 世纪 60 年代，阿里欧拉和菲奥尔（Arriola & Fiol）对东段进行了改造，不仅重新规划了交通，布置了轨道交通和停车空间，还重新连接了周围的社区，设置了隔声屏障，打造了沿线的市民公园。

图 1　公路广场

西班牙城市设计师胡安·布斯盖兹设计的位于海牙的格劳秀斯小广场（Grotiusplaats）是 Utrechtsebaan 快速干道巨型结构的一个组成部分。快速干道在法院和皇家图书馆之间造成了大面积的裂痕，通过覆盖部分干道来缝合这一裂痕，创造一个新的公共空间，同时也营造了城市发展的新亮点。布斯盖兹用透明的"雪白翅膀"（alabaster wings）遮盖了一半的干道，同时也方便光线进入下方的交通干道。

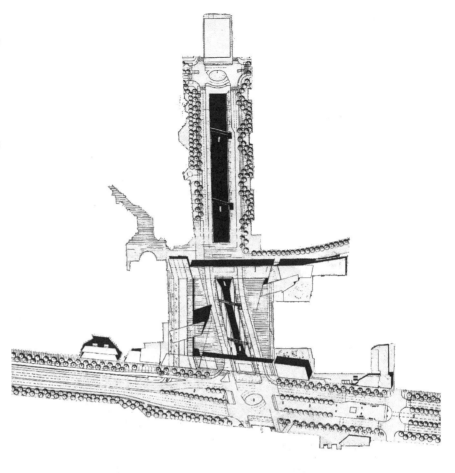

图 2　车站并入机场

由 BRT 建筑事务所设计的光滑管状太空飞船形式的火车站在并入法兰克福机场后，扩宽了德国最大机场的面积。主体长 700 米的车站飘浮在成八字形向两端延伸的铝棚上，铝棚的下方是半沉式的轨道。车站靠近高速公路，采用钢框架腔体结构，面积 38000 平方米。一个穿过会议中心区的人行桥将车站和机场出口及入口航站楼连接起来。人行桥上设置自动扶梯，自动扶梯下方是 60 米跨的通道。人行桥顶部随机设置通光孔，阳光从中射入，可以给人留下深刻的印象。结构表现和流体形态是 21 世纪巨构的代表特征。

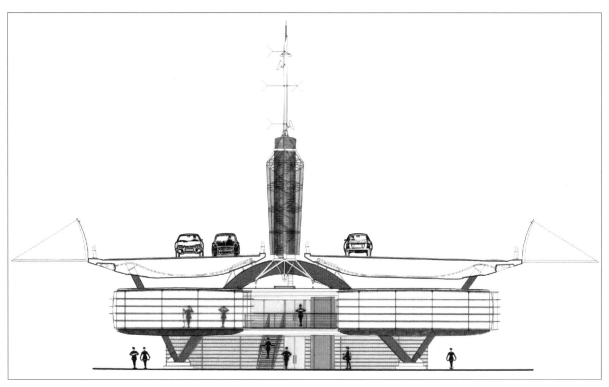

图 3　高架桥的综合延伸

欧蒂娜·戴克和伯努瓦·科尔奈特（Odile Decq & Benoit Cornette）在一座高架桥下方设计了一个封闭的服务性建筑，将原本无用的空间打造成为高架桥下方公园中一个富有现代气息的元素。建筑外表光滑，悬浮在楠泰尔 A4 高架桥下方，即拉德方斯隧道出口处。其地下设有停车场和设备间，使高架桥下方可以通畅通行。高速公路速度的动态性将以往相互分离的物体像鸟巢一样融合在高速公路的下方，飘浮在大地上。

在都灵（Turin）和海牙（Hague），新建基础设施需要对现有的结构进行更彻底的改造，将其整合进新的巨型结构中。在都灵，由于去工业化进程和高速铁路的技术要求的限制，这座城市将 12 公里长的铁路完全埋在地下，同时建设了一座新车站。这一策略的核心是复兴废弃地块，同时将一些边缘地段整合进中心区域。由此形成的复杂融合的林荫道，将一度分散的后工业化碎片串联起来。在海牙，胡安·布斯盖兹（Joan Busquets）将公路隧道上方透光的天井视为新城市空间的开端（图 1）。在所有这类案例中，交通设施作为城市环境中的核心元素，已经成为综合性的城市工程。交通重组成为打造和谐有序城市景观的手段之一，这一手段需要工程和建筑方面强有力的配合。

法兰克福机场（Frankfurt Airport）的 ICE 火车终点站，与楠泰尔（Nanterre）A4 高架桥下方的高速路控制体，这两个案例反映了将基础设施打造成为巨构手段的另一种建筑学导向的趋势（图 2、图 3）。新加入的部分特征明显，但其视觉营造遵从交通流、速度和运动等概念。另一个案例是位于马焦雷湖（Lake Maggiore）的精心设计的公路立交与步行风景道的交叉口，它证实了将一座单一的公路立交桥转变为一个复杂的巨构入口门户的可能性。

1　Fumihiko Maki，*Investigations in Collective Form*（Washington University，School of Architecture，St. Louis，Missouri，1964）.
2　Reyner Banham，*Megastructure：Urban Futures of the Recent Past*（London：Thames and Hudson，1976）.

2.5.1　案例 1　停车广场

沙斯地区

布雷达，荷兰
建筑师：大都会建筑事务所
景观设计师：West 8 事务所
修建时间：1996—2000 年

沙斯地区（Chassé Site）坐落于布雷达（荷兰中等规模城市）市中心。这里过去是军营，核心区人口密度较低。大都会建筑事务所致力于将这片棕色地带打造成为高密度城市化区域，它建设了 1117 幢住房及一个可容纳 670 辆汽车的地下车库。项目由一系列组团式建筑群组成，将建筑群和公共开敞空间整合在一起，这些建筑群由不同的建筑师从多元视角出发设计而成。这一地区有两处主要的人行开敞空间：公园和广场。公园铺设了草坪，其上种植橡树，同时布置不规则的步道，与广场的硬质地面形成了鲜明对比。

沙斯地区整体的发展纲要是打造一个城市绿地，禁止机动车通行。所以，该地区建设了一个大型停车场，把地面打造成了"广场"，广场材料由一系列黑白三角形花岗岩石板拼接而成。石板之间留出较宽的缝隙，填上沥青，突出石板的轮廓形状，同时三角形石板又由更小的黑白相间的三角形石板拼接而成，营造了一种视觉上的立体感。而地下车库被打造成为一个宽敞明亮的空间，13 个天井和一个位于入口处的玻璃天窗将地下空间和地上空间连接起来，不仅方便采光，同时将地下车库和地上广场空间融合在一起。车库本身的设计也很有趣，斜坡涂上了 7 种色调的蓝色聚氨酯，而墙壁则覆盖了波浪形的电镀钢板。

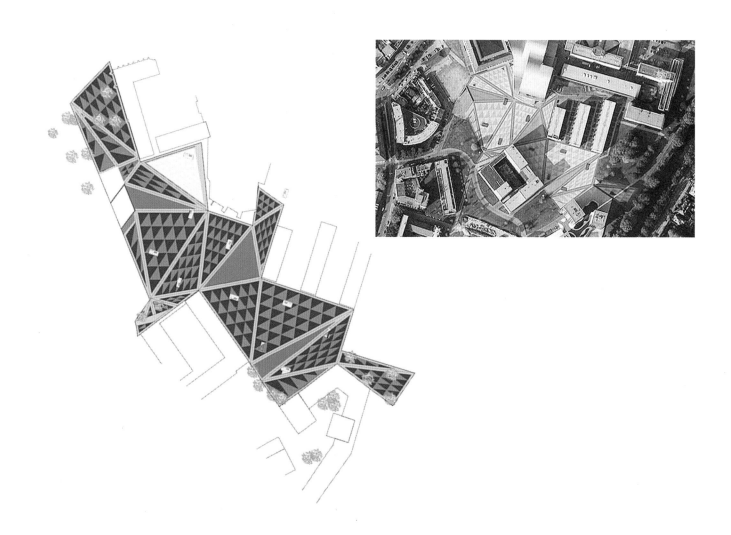

Parking Square

CHASSÉ SITE

Breda，the Netherlands

Architect：Office for Metropolitan Architecture（OMA）
Landscape Architect：West 8
Date：1996-2000

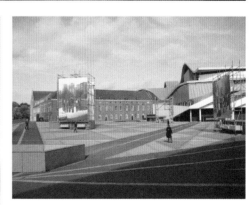

2.5.2 案例 2 多层道路

加泰罗尼亚大道

巴塞罗那，西班牙

建筑师：阿里欧拉和菲奥尔建筑师事务所
修建时间：2002—2006 年

20 世纪 60 年代，巴塞罗那在城市化进程中修建了大量的道路基础设施。自 20 世纪 90 年代起，和其他欧洲城市一样，改善道路对环境造成的破坏成为巴塞罗那公众关注的焦点问题之一。建设加泰罗尼亚大道（Gran Via de les Corts Catalanes）是这座城市 1976 年大都会计划的一部分，该计划目的是促进城市化水平较低区域的建设发展。这一计划在塞尔达（Cerdà）棋盘式扩建区（gridiron Ensanche）中修建了一条下沉式中央干道，两侧是绿色的草坡，同时还在地面上设置了侧向入口。干道上每隔 400 米设置天桥，连接滨海和临山两侧。

今天，加泰罗尼亚大道的东段，也就是为人们熟知的 A19 号公路，已经成为这座城市的主要入口之一。这条路曾经噪声和污染严重，并切断了城市肌理。阿里欧拉和菲奥尔建筑师事务所针对这些问题，对这一巨型结构进行了改造，从而减小了交通流对城市景观的影响，缝合了道路两侧的城市肌理，并打造了新型公共空间。他们将此交通干道改造成一个多层道路，并且断面结构随道路区段而变化。主要空间设计了位于交通干道上方 3.5 米处、从道路两侧延伸出来的悬臂式便道，便道边缘安装有专门设计的隔声屏，它能够有效减少干道对周围居民产生的噪声和空气污染的影响。在地面层，将多层道路两侧的道路设施整合进一个带状公园中，横向的倾斜断面减小多层道路和两侧城市肌理之间的视觉差异，纵向上保证加泰罗尼亚大道的景观连续性。这条多层道路的下沉式快速干道被部分覆盖，同时人行道的设置在横向上延伸到了垂直街道上。在快速干道的南侧，即南面滨海一侧便道的下方铺设铁轨，将四个站台融入新营造的条带状公园的地面形态中。在北面临山一侧，建设了 400 米长的双层停车场。这一多层道路将交通分流为三个层次：中央下沉式快速干道；两侧位于抬高区域之上的道路，包含一个条带状公园，内设中央干道入口、停车场入口和公交站，以及设有自行车道的便道。道路两侧公园绿化采用同一树木品种的 6 种变种，打造了类似林间的散步长廊，凸显多层道路林荫道的特性。公园建造了一条抬高的人工河，将其中的四个水池连接起来，每个水池中都设有一个喷泉，此外，公园中的长椅也是经过精心设计的，这些做法的目的都是将公园打造成一个舒适的室外空间。

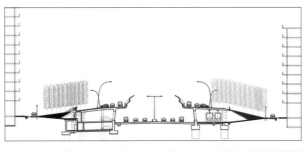
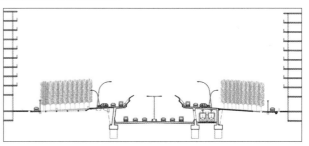
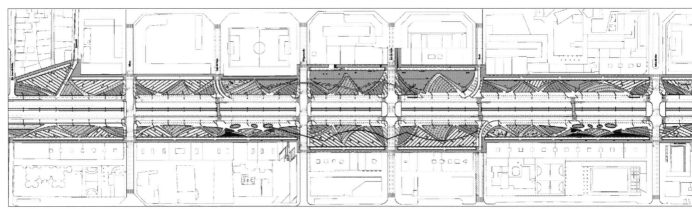

Multilayered Roadside

GRAN VIA DE LES CORTS CATALANES

Barcelona，Spain

Architect：Arriola & Fiol arquitectes

Date：2002-2006

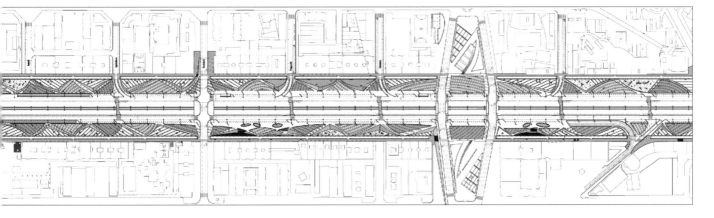

2.5.3　案例 3　多层交通干线

波尔塔·苏萨 TGV 车站

都灵，意大利

建筑师：AREP 团队（Jean-Marie Duthilleul 和 Etienne Tricaud），以 及 Silvio D'Ascia 和 Agostino Magnaghi

修建时间：2003—2008 年

　　已建成的巴黎 - 罗马 TGV 线路促进了都灵城中心区结构的全面修整。尽管在冬奥会举办时这项工程仍未完成，但 2006 年都灵冬奥会确实促进了这一浩大工程的落实。所以，这项工程一建成便成为这座城市再发展的关键。工程将所有的火车轨道转移到地下，同时增加轨道的数量，在轨道上方建设一条南北走向、12 公里长、6 车道、两边列植橡树的主干道，用于缝合道路两侧的城市肌理，并构建了四个再发展新区。整个工程通过振兴铁路沿线大量的工业棕地修复工程，为城市创造接近 3000 万平方米的公共空间。这项浩大的工程还包括拆除一座钢结构铁路桥，以及建造一个大都市线路 1（Metropolitan Line 1）环形立交。

　　作为整修和更新铁路系统的一部分，工程还建设了 7 座新车站。波尔塔·苏萨（Porta Susa）车站位于城镇历史中心，建于 19 世纪，是北部主要的车站。工程实施后，现在的波尔塔·苏萨车站向南移动了 500 米，取而代之的是新波尔塔（Porta Nuova）车站，并且该车站成为都灵主要的车站和联运中心，进一步成为主干道的核心。它打造了一个 380 米长、40 米宽的玻璃屋顶，将城市、老车站和新联运购物广场连接起来。

　　从略微倾斜的广场开始，道路被分成了两部分，一部分倾斜下降 10 米，伸入站台层，而另一部分则保持为水平街道。它们共同构成了火车、地铁、有轨道电车、汽车以及出租车乘客的交会处。这两部分在一幢可容纳两家酒店和一些办公室的 100 米高的塔楼——道路轴线的终点会合。复杂的道路结构将不同高度的交通方式连接起来，维护并加强了现场的交通要道。透明的车站设计突出了南北走向的主干道，建筑师注重流线感和透明性，所以主干道沿线采用统一的照明设备。

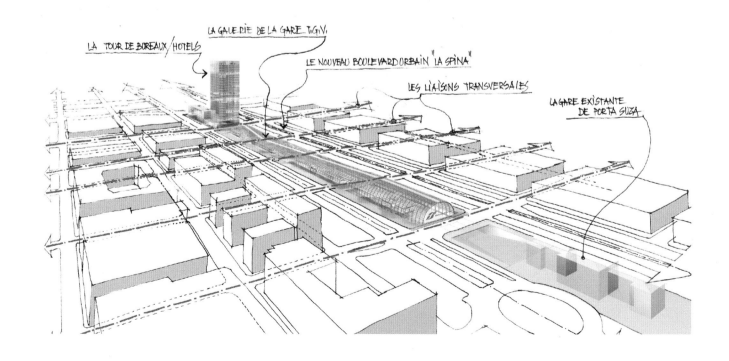

Multilayered Spine

PORTA SUSA TGV STATION

Turin，Italy

Architect：AREP Group（Jean-Marie Duthilleul and EtienneTricaud），with Silvio D'Ascia and Agostino Magnaghi

Date：2003-2008

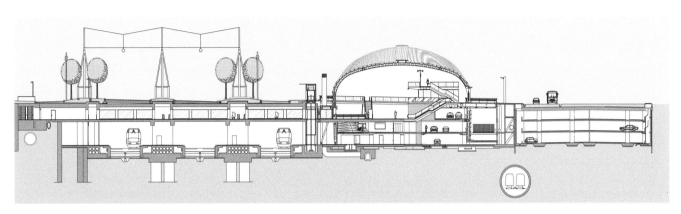

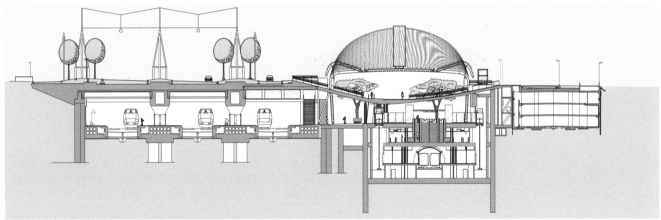

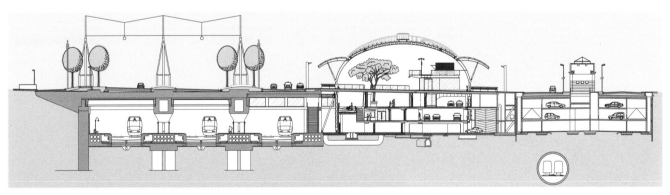

2.5.4　案例 4　地标性的通道

巴韦诺，意大利
建筑师：奥尔多·恩里科·波尼斯
修建时间：1992—1995 年

巴韦诺立交桥

连接米兰－辛普朗（Milan-Simplon）公路出口和辛普朗主干道（Simplon trunk）的巴韦诺立交桥（Baveno Bridge）坐落于壮丽的马焦雷湖（Lake Maggiore）的提契诺景观中，奥尔多·恩里科·波尼斯巧妙地扩展了立交桥，沿湖打造了一条与机动车道完全分离的人行道。通过这种方法，他将立交桥处理成一个巨大的地标性交通建筑。交通流（包括当地交通、公路交通、人行流动）对环境非常敏感，所以新入口的坡道设计综合考虑了地形和植被两种因素，同时辛普朗主干道穿过了位于米兰－多莫索拉站（Milan-Domedossola）铁轨下方的隧道，与米兰－辛普朗公路在立交桥处交会。车辆在离开公路后途经新建的立交桥，然后沿着滨湖主干道向南或向北穿过隧道继续行驶。

立交桥的建筑表达形式明显受到了当地提契诺学派（Ticino school）的影响。这一五跨立交桥的横梁和中央平台由柱子和塔式结构支撑起来，这些柱子和塔式结构外表面覆盖粉色和灰色相间的巴韦诺石材。它们的外形像扁平的音叉，两个扁平的竖直结构在基部（地面、湖面或湖底）合为一体。为完善主干道的人行功能，设计师打造了一个悬浮在空中的人行天桥，通过钢缆固定在音叉形状的塔式结构上，金属结构和木质桥面与马焦雷湖栈道明显区分出来，开敞的形式也方便行人全方位地欣赏美景。

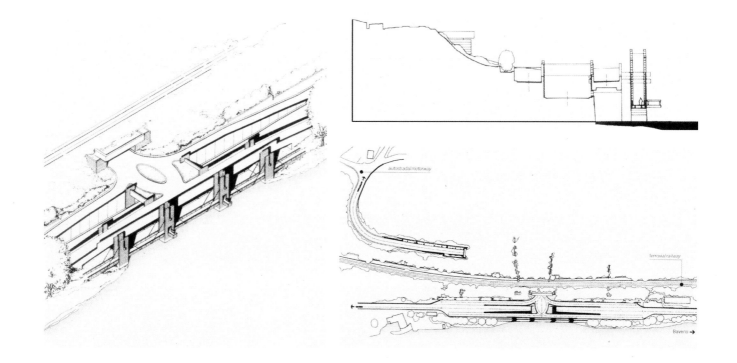

Iconic Passage

BAVENO BRIDGE

Baveno，Italy

Architect：Aldo Enrico Ponis

Date：1992-1995

2.6　超越而自成一体

正如很多人说的那样，建筑学的过错在于其本质仍是人造的结构。人类的标志性文明均是挑战自然的防御性行为。人类无所顾忌地干预自然，炫耀一切征服自然的人工行为。随着城市生活的进步，土地不仅是位置的含义，它逐渐有了地域的概念，具有有序、易达和层次性等属性。基础设施建设，本质上是土地的殖民者，赞扬人类通过创新、工程和基础设施建设等手段征服和改造自然的例子更是不胜枚举。虽然脱离所处环境打造的工程项目对技术的要求极高，但它们通常有着壮观的视觉效果。

一些交通基础设施视觉效果如同悬浮于自然景观中，未对环境造成影响。从这个角度看，基础设施和环境也可以保持一种和谐关系，同时按一定准则确定造型。这种设计理念旨在原生态的自然景观中打造不受环境影响、自身造型优美的工程结构。如果设计得巧妙，基础设施甚至能将环境的壮观凸显出来，即把基础设施作为一个宏伟的参照，凸显壮丽的自然风光。20 世纪初期出现了一股建筑学和土木工程交叉的新潮流，建筑学在桥梁建设中的应用产生了许多工程界的艺术精品。采用钢筋混凝土结构的瑞士桥（Swiss bridge）造型优美，其设计师罗伯特·马拉尔（Robert Maillart）在设计时进行了严格的数学计算、充分的预算评估和周全的结构风险分析，同时兼顾了结构的美观性（图 1）。毫无疑问，瑞士严谨的传统得到了传承，这一点也反映在同时代的桥梁工程师安德烈·德普拉泽斯（Andrea Deplazes）和克里斯蒂安·梅恩（Christian Menn）设计的瑞士的桑尼伯格弧形斜拉桥（Sunniberg Bridge）上（图 2）。建筑师越来越多地参与到桥梁的设计中，例如，由诺曼·福斯特（Norman Foster）设计的位于法国米约（Millau）的壮观立交桥，以及由本特姆·克劳威尔（Benthem Crouwel）设计的位于荷兰水道（Hollandsch Diep）航道上方的铁路桥（图 3）。在这些案例中，桥梁的设计强化了自然景观的壮丽，当一条水平线横跨峡谷时，空间的尺度感也就被扩大了。

当一个工程试图彰显与周围环境的差异时，便会用到分拆这一策略。这样的案例不在少数，很多基础设施项目追求自身完美，从而脱离了所处环境。如何处理好功能、技术和美观之间的关系，一直是建筑师们思考的问题。工程建筑师圣地亚哥·卡拉特拉瓦（Santiago Calatrava）的作品即例证了这一方法。他的作品通常

图 1　混凝土结构的革新

瑞士的土木工程师罗伯特·马拉尔（Robert Maillart，1872—1940 年）是公认的桥梁建筑革新鼻祖。他于 1930 年设计的萨尔基那山谷桥（Salginatobel Bridge）是世界工程界的一座里程碑，其结构精妙、造型美观。大桥横跨于萨尔基那山谷，桥长 133 米，采用三铰弧形、空心箱梁混凝土结构。马拉尔创新性地采用了非常简单的设计，这样既可以充分利用材料强度，同时又可以在严峻的环境中凸显出结构美。

图 2 工程美学

由瑞士建筑师安德烈·德普拉泽斯和著名工程师克里斯蒂安·梅恩设计的桑尼伯格大桥是一座四塔斜拉桥，全长 526 米，高度在 50—60 米之间，是瑞士阿尔卑斯山脉（Swiss Alps）最大的桥梁之一。桑尼伯格大桥坐落于普赖蒂高（Prattigau）峡谷中，是克洛斯特公路（Kloster bypass）上唯一一项重要结构性工程。大桥位于兰德夸特河（Landquart River）上方，桥塔超乎寻常地低矮，桥面的位置靠近桥塔顶部，桥面很薄边缘略厚。桥面弧度的设计需要综合考虑其作为标志性建筑的美观性、结构性以及生态影响三个方面。塔桥向两侧路面方向略微张开，同时在侧面向上向外倾斜，解决了结构难题的同时也实现了美观性。

图 3　通过差异性营造实现超越环境

位于荷兰多德雷赫特以南水道上的铁路桥是荷兰高速铁路（HST）最长的一座桥梁，也是最具标志性的结构工程。这座桥梁不同于一般的铁路桥，它采用了柔和的拱箱结构（arching box structure）。这座桥梁由本特姆·克劳威尔和奥雅纳工程顾问公司（Ove Arup & Partners）设计，全长将近 2 公里，依靠 11 个 Y 形桥塔支撑，桥塔上的三角形空隙晚上会有灯光点亮。这一铁路桥位于老铁路桥和 A16 干道上一个更为现代化的公路桥之间，其设计旨在打造荷兰丰富多元的水景。在火车经过铁路桥的 24 秒内，乘客可以欣赏到这一美景，而铁路桥之后的铁轨沿线种有遮掩式灌木，或设有隔声屏、堤防等。

图4　特点鲜明的构造

毕尔巴鄂的新松迪卡航站楼的结构
形式鲜明地反映了设计师卡拉特拉
瓦的设计理念。通向 8 个登机门的
大厅采用钢结构，流线形的屋顶向
飞机场一侧抬高，贵宾室、餐厅和
候机区域设置在靠近飞机场一侧，
方便乘客俯瞰跑道和停机坪。大厅
三角形的设计能够引导乘客通过横
向通道到达登机门，而北侧略有弧
度的入口则能够充分利用 36 米宽的
到达区域。机场东翼和西翼的混凝
土结构外层覆铝。同时，机场还设
置了一个 100 米长的地下通道，通
向一个半下沉式的可容纳 1400 辆
汽车的四层车库。

图5　大圆盘

由 AREP 建筑事务所（也负责了法国铁路的建筑设计）设计的上海高铁南站，是世界上第一座圆形的火车站（直径 270 米）。这样设计是为了提高运营效率和交通流动性，同时让日均 8 万至 10 万流量的旅客能够在最短的距离内到达候车区并直接进入站台。这一飞船形状的工程在夜晚时灯火通明，仿佛飘浮在环境之中。通过在高铁站广场和候车区域前设置环形立交桥，设计师实现了中国人所说的"无缝衔接"（zero connection）。位于透明屋顶下的环形公共区域已经成为一个成熟的生活时尚中心，进一步反映了高铁站的高度自治性。

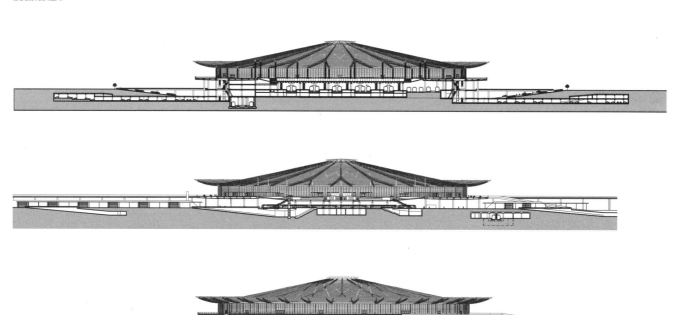

设计成全白色，辨识度高，彰显其独立性和人造属性，故而，建筑的地标性使其自身超越了环境。位于毕尔巴鄂（Bilbao）的松迪卡（Sondica）机场和位于里斯本的奥连蒂车站（Oriente Station）是他在外立面装饰方面的代表作品（图4）。卡萨尔德卡萨斯地区公交车站（Casar de Cáceras Subregional Bus Station）壮观的弧形结构采用白色混凝土结构，打造出雕塑般的效果，也体现了这一设计手法。中国新上海南站异常直白的设计和西班牙的精妙设计形成鲜明对比，它将换乘枢纽和娱乐中心的屋顶设计成UFO形状（图5）。尽管方法不同，但这两类案例中，交通基础设施都极具自身特点，并鲜明地独立于所处的城市肌理中。将交通基础设施打造成标志性建筑已是几个世纪以来的一个传统。门户地位的荣耀使它们在建设时倾向于凸显自身特点，进而超越环境。这些代表性案例风格各异，有复古风格的，例如高科技的新哥特式（neogothic）华盛顿国家机场（Washington National Airport）；也有怪诞风格的，例如荷兰莱茵河畔阿尔芬（Alphen aan den Rijn）镇的一个极具个性的透明圆形自行车库形成的青苹果乐园（Fietsappel）。

2.6.1　案例 1　飘浮在风景之上

米约高架桥

米约，法国

建筑师：福斯特联合事务所
桥梁工程师：米歇尔·维洛热
景观设计师：第三景观事务所
修建时间：1993—2005 年

坐落于塔恩峡谷（Tarn Valley）的米约高架桥全长 2.4 公里，连接了法国南部的克莱蒙费朗（Clermont-Ferrand）和蒙彼利埃（Montpellier），给人一种飘浮在环境上的视觉效果。大桥位于阿韦龙河（Aveyron River）上方 270 米处，桥面略带弧度，是世界上最高的高架桥（桅杆最高处高 343 米，比埃菲尔铁塔还高）。这座大桥连接了法国和西班牙的 A75 号高速公路，开辟了从巴黎直通巴塞罗那的通道。这座桅杆式斜拉桥横跨在法国中央高原山区（Massif Central mountain range）的两座石灰岩山头（北到鲁热喀斯特岩，南到拉尔扎克喀斯特岩）之间，在壮丽的山区景观中勾勒出有力的轮廓。设计师在景观营造时充分考虑了人们的视线会通过峡谷转向大桥的情况。

这一壮观的大桥虽然对米约历史古镇有一定的影响，但其下方绿色的山谷将这种影响降到最低。大桥和山谷的连接处经过最小化处理，使混凝土桥墩和桅杆的造型十分优美。这一桥梁工程经过美学加工后隐藏于环境中，显得十分精妙。两个桥柱之间的跨度为最适宜的 350 米，桥柱的高度在 75 米至 235 米之间，同时，为了适应混凝土热胀冷缩，桥柱被分成两支，与上方的桥面构成一个 A 字形。这种锥形的桥柱设计一方面满足了结构上的承重需求，另一方面也随着高度上升而不断减小轮廓。大桥一共有 8 段桥面，每段桥面的两端各由 11 根钢缆支撑。工程有效地超越了所处的自然景观，让经过的司机能够享受飘浮在壮美大峡谷中的视觉体验。

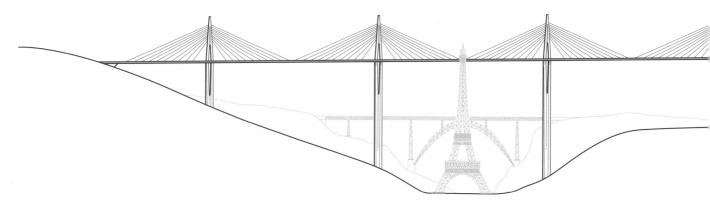

Floating Above the Landscape

MILLAU VIADUCT

Millau，France

Architect：Foster + Partners
Bridge Engineer：Michel Virlogeux
Landscape Architect：Agence Ter
Date：1993–2005

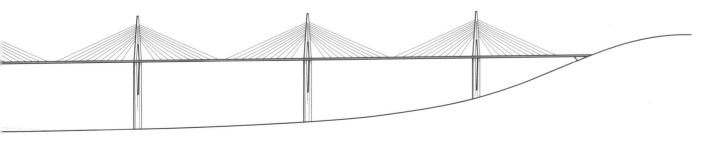

2.6.2　案例 2　纪念性工程

奥连蒂车站

里斯本，葡萄牙

建筑师：圣地亚哥·卡拉特拉瓦
修建时间：1993—1998 年

　　圣地亚哥·卡拉特拉瓦的大部分作品都鲜明地跳出周围环境，具有强调建筑的纪念意义以及突出结构特点等特征。奥连蒂车站（Oriente Station）在 1998 年是里斯本世博会的入口大门，现在它成为重要的换乘枢纽，包括高速铁路、普通铁路、区域公交、地铁、电车和汽车停车换乘设施等。车站位于里斯本东部的橄榄园（Doca des Olivais），过去是一片衰败的工业区，车站建设是这一老工业区振兴改造的标志性工程。到 2010 年，25000 人将住进塔霍河（Tagus River）沿岸新建的住宅区（这里一度被军营、炼油厂储罐和工业设施等占据）。在这种环境下，车站显然成为通往新区的主要入口。与卡拉特拉瓦的其他许多作品一样，奥连蒂车站的结构在城市肌理中格外突出。卡拉特拉瓦的设计方案穿过塔霍河河堤，将这一区域原本分离的两个片区（工人阶层的住宅区和轻工业区）连接起来。与河堤垂直的柏林大道（Avenida Berlin）延伸到了河岸边。与之呼应，北侧河岸边建设了雷西普罗卡（Reciproca）大道。这条大道略微倾斜，呈东西走向，贯穿世博会园区。这一干道的设计符合世博会整体方案中有序性和对称性等原则。为给在建的大道腾出空间，他们将车站抬高并向北移动到指定区域。

　　这个车站是一个巨大的多层换乘枢纽，包括火车、公交、汽车停车换乘设施和地铁线路等。它由两部分组成：一个加高的火车站，包含 8 条铁轨和 4 个站台，距离地面 11 米，宽 78 米，长 260 米；另一部分是西侧的公交首末站，上方是一个宽阔的波浪形状的顶棚。车站的玻璃屋顶引人注目，由一系列 25 米高的树形钢结构支撑起来，耀眼的白色营造了一个气派的哥特式风格的空间。结构贯穿不同的层次，表现形式从两腿柱（two-legged columns）到斜柱（leaning column），柱子的设计彰显了静态的力量，顶棚的设计延续了垂直支撑的特点。

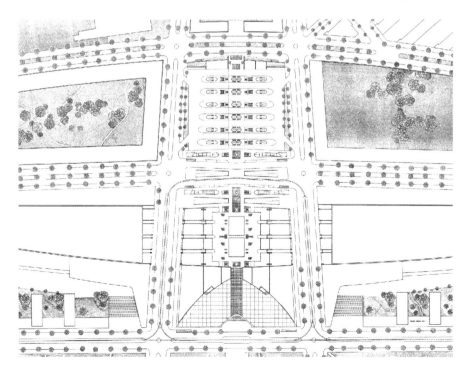

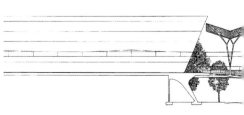

Monumentalized Engineering

ORIENTE STATION

Lisbon，Portugal

Architect：Santiago Calatrava
Date：1993-1998

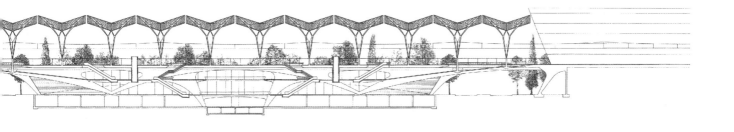

2.6.3 案例3 梦幻的顶棚

卡塞基雷斯村镇公交站

卡塞雷斯村镇，西班牙

建筑师：胡斯托·加西亚·卢比奥
工程师：杰米·赛尔维拉·布拉沃
修建时间：1998—2003 年

卡塞雷斯村镇（Casar de Cáceres）公交站采用梦幻的曲线形顶棚设计，是根据该村镇素有采用拱形结构的传统。对于周边居民来说，这一车站也是一个外形有趣的设施。车站坐落于一所托儿所和一所学校之间，从早到晚，都会有小孩子经过。车站由单一材质白色混凝土构造而成。混凝土被塑造成白色弯曲的薄片，通过折叠形成一定的造型，以满足车站的功能要求。公交车通过折叠空间，可以增强乘客旅程或开始或结束的观感。

车站乘客大多从村镇中心到达车站。车站巨大的雕塑形式彰显了超越环境的设计理念。车站入口设置在两个拱形薄片较小的一个中，这个薄片的形状和整体造型一致，增强了它在居民区中的趣味性。两个拱形薄片中较大的一个包围了较小的一个，起到庇护公交站的作用。从车站后面的一个角落可以透过车站的空隙看到居民区低矮的住房。车站的地下空间中设置了厕所、商店和酒吧等服务设施，地面空间则留给车辆停靠、上下旅客等常规活动。地面采用灰色混凝土材料，烘托了白色雕塑般的车站结构。两个拱形薄片中，较大的一个是一个简化了的双曲线，长34米，宽14米，厚12厘米。通过鲜明的个性塑造，车站极有韵味地实现了超越环境的目标。

Dreamworld Canopies

CASAR DE CÁCERES BUS STATION

Casar de Cáceres，Spain

Architect：Justo Garciá Rubio
Engineer：Jaíme Cervera Bravo
Date：1998-2003

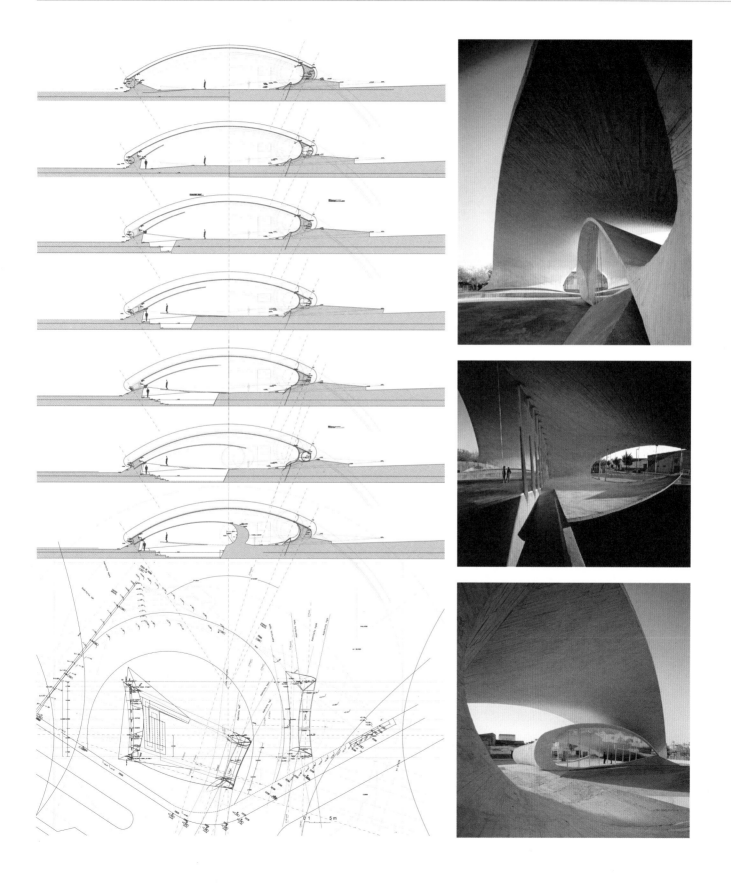

2.6.4　案例 4　新哥特式遇上高科技

华盛顿，哥伦比亚特区，美国

建筑师：佩里建筑师事务所

修建时间：1990—1997 年

华盛顿国家机场北航站楼

佩里建筑师事务所将华盛顿国家机场作为美国首都大门的形象进行规划设计。作为美国最繁忙的机场之一，这座机场既要能承担起繁忙的物流任务，又要有优美的外观。基于以上考虑，佩里建筑师事务所设计了一个新哥特式教堂造型的航站楼，该航站楼一年能接纳 1600 万旅客。新建的北航站楼坐落于波托马克河西南面，从华盛顿的联邦中心和购物中心能够直接看到它。航站楼为 3 层结构，包含 35 个拱门，位于 1941 年建成的南航站楼和垃圾填埋场北端的飞机库之间。设计师打造了一个独立宽敞的拱形空间，富丽堂皇的内部空间用来分散旅客。从这个角度来看，此 500 米长，高度为一般机场 3 倍的大厅本身就是一个豪华的空间了。

这一最先进的机场的技术复杂性，可以和其建筑设计的标志性相提并论。机场横截面为 13.7 米 ×13.7 米（45 英尺 ×45 英尺）的双层方形模块钢结构，同时拱形屋顶桁架彰显了这一航站楼的规模宏大、体形灵活和结构比例优美的特点。外观上，波浪起伏的拱形屋顶缓和了机场外立面强烈的秩序性（有序排列的铝制窗框，上面安装有明亮的、绘有图案的拱肩玻璃）。在内部，光线通过高大的窗户照射进来，彰显了这一新哥特式车站作为首都大门的复古特性。这种对 19 世纪建筑风格的直接简化，能够让人联想起那一时代流行的玻璃和钢铁作品。复兴的建筑风格应用于当代，打造了城市和飞机旅程之间交界处的独特形象。主大厅同时也是这座建筑中的商业街，它直接和地铁、车库以及南航站楼相连，同时还设有 3 个垂直扶梯通向 35 个登机门。

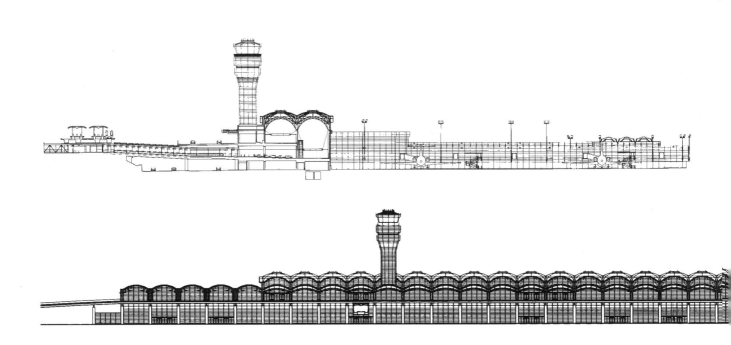

Neogothic Meets High-Tech

NORTH TERMINAL，WASHINGTON NATIONAL AIRPORT

Washington，DC，USA

Architect：Pelli Clarke Pelli Architects
Date：1990-1997

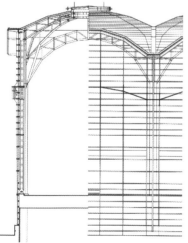

2.6.5　案例 5　巨型苹果

"青苹果"自行车库

莱茵河畔阿尔芬，荷兰

建筑师：柯伊伯建筑事务所

修建时间：2005—2010 年（预计）

"青苹果"（Fletsapple）自行车库位于莱茵河畔阿尔芬（Alphen aan den Rijn）车站的前方，造型是一个巨大的透明圆球，它是基础设施超越环境的典型案例。"Fietsappel"（荷兰语：自行车苹果）有着和它的名字一致的苹果外形，"苹果皮"被削成螺旋上升式。"苹果皮"的削痕对应了内部自行车库的轮廓。"青苹果"自行车库坐落于以莱茵河畔阿尔芬车站为中心的一片城市新区中，被称为"广场上的宝石"（jewel in the square）。新区建设包括 10 万平方米的办公场所、400 个住房单元、一家宾馆的扩建和一座新的公交站。新区总体规划提出了一个方针，即整合不同的交通方式，将车站和市中心以及柯克和扎嫩区（Kerk and Zanen district）重新连接起来。

设计师致力于将"青苹果"自行车库打造成为一个高效的停车场所（为人们提供有安全保障的充足停车空间），以及城市新区中一个富有生气的地标性建筑。此全自动化的自行车库一半在地面以下。通过斜坡可以进入车库，并在内部螺旋上升的坡道上停放自行车。在"苹果核"中，12 根立柱支撑起它的主体结构，一张钢缆形成的网连接了"苹果"的外墙和柱子。螺旋形的坡道环绕于柱子的外侧，人行楼梯设置在柱子中间。为了提升安全保障，"苹果"的外表面设计得尽可能透明。晚上，灯光将会点亮"苹果"，仿佛广场上亮起的一只灯笼。

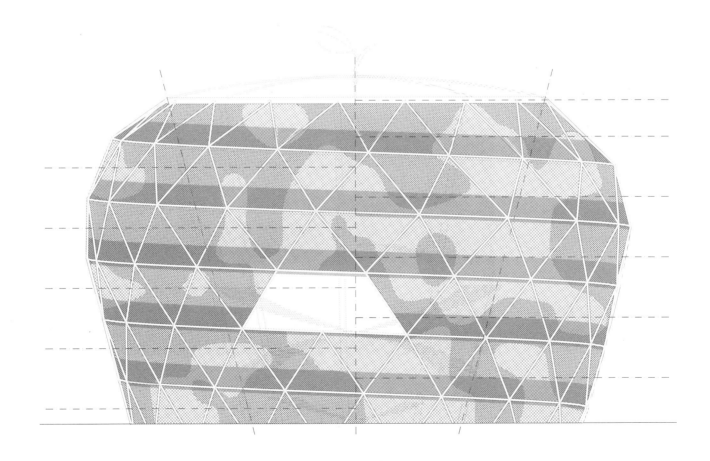

Super-Size Apple

FIETSAPPEL BIKE STORAGE

Alphen aan den Rijn，the Netherlands

Architect：KuiperCompagnons（Wytze Patijn，Silvian van Tuyl）

Date：2005-2010（projected）

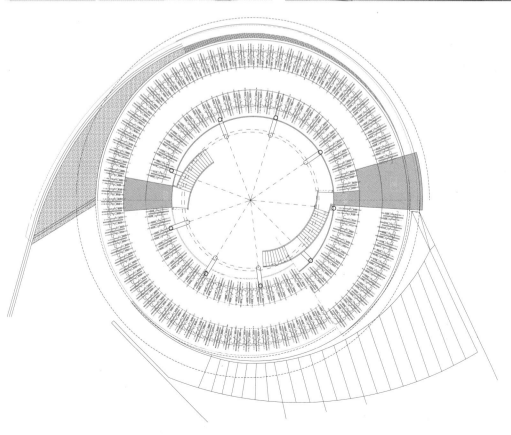

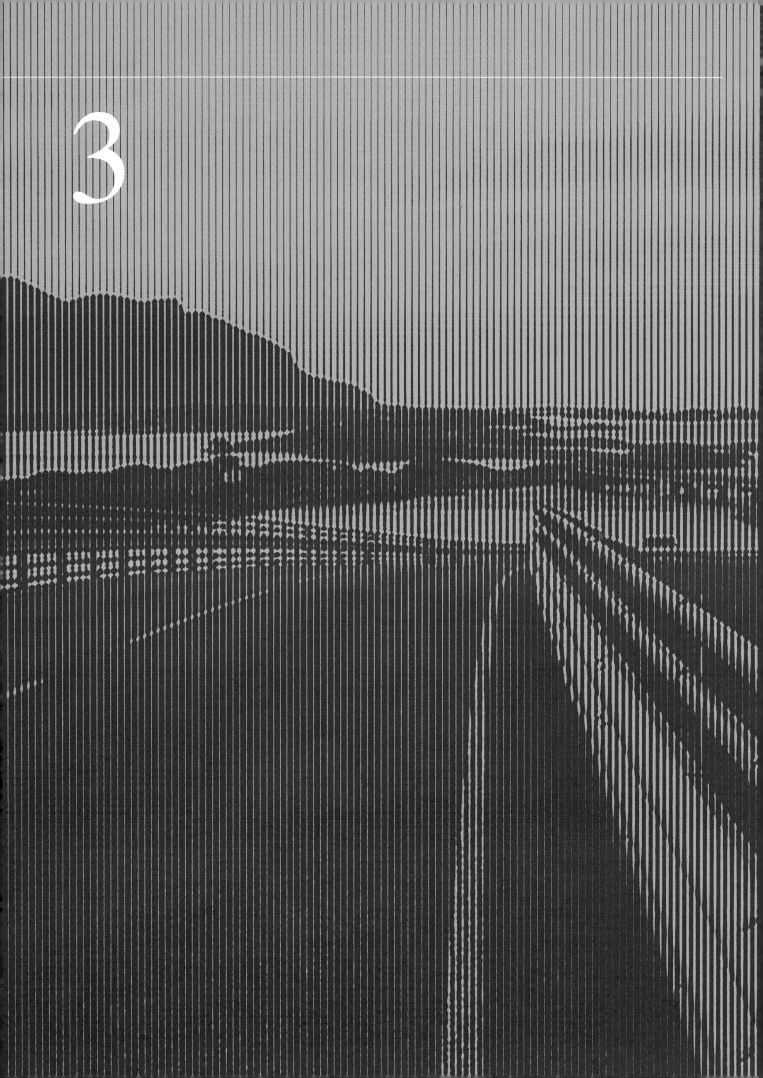

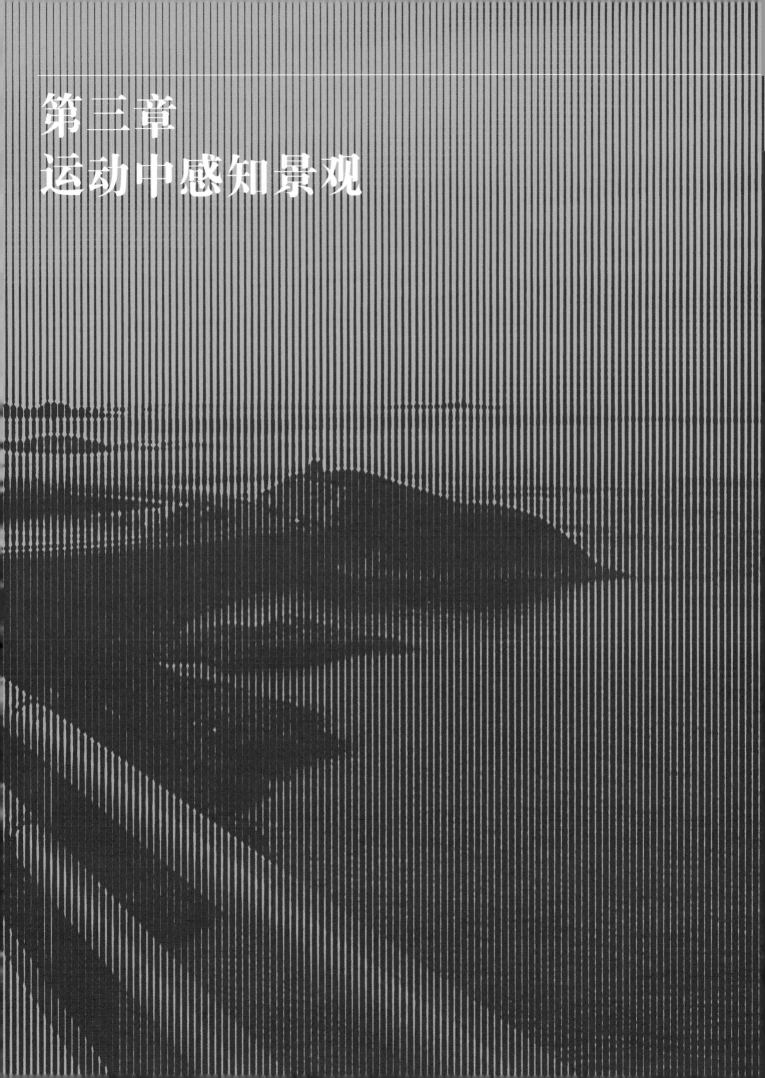

第三章
运动中感知景观

3.1 引言 变化中的感知模式

在过去的两个世纪，人对景观的感知在随着交通模式的变化而发生着改变。最开始，人以步行的视角认知周边环境。逐渐地，透视（等级产生的轴线系统与全景府瞰）的编排和画面（视觉的近景与远景效果）的组织变得越来越重要。后来，多种模式的机械运动催生成熟的全景式感知。所以说，所见的风景与观察考的速度和在连续运动中的观察位置是不可分割的。如今的交通模式可以让人更快地感受更大尺度的景色。可以说，交通技术的提高从根本上改变了人们的感知方式，从而也改变了对建成环境的欣赏方式。更进一步说，科技发展所带来的速度的提高，也深深地改变了人与其周围环境的关系，降低了人在活动范围内所见风景的类别。实际上，交通工具重新定位了对环境的感知。人们体验景观的主要感知方式是图像，而不是声音、气味、触感。乘坐轮船、有轨电车、火车，带来一种万花筒式的视觉感知。通过使用这些交通工具，前景被模糊而背景也被缩减成了一

个轮廓。甚至，连汽车的挡风玻璃也框定了在运动中所看到的风景，我们在运动中的感知进一步被限定了。除此之外，在航空旅行中我们也只能看到一种彩色马赛克般的不可测量的抽象几何形态。[1]

从步行到马车，从火车到小汽车，其中还有一个关于运动中的感知方式的转变。19世纪末到20世纪初，查尔斯·保德雷尔（Charles Baudelaire）和沃尔特·本雅明（Walter Benjamin）提出了巴黎漫行的概念；刘易斯·芒福德（Lewis Mumford）在他的著作《公路和城市》（The Highway and the City，1963年）中，对公路进行了抨击，彼得·布莱克（Peter Blake）在他的著作《上帝的垃圾场》（God's Own Junkyard，1964年）中提到，大量修建的高速公路就像城市的暗疮。此后，多纳德·阿普尔亚德（Donald Appleyard）、凯文·林奇（Kevin Lynch）以及约翰·迈耶（John R. Myer）合著的《从路上看》（The View From the

图1 从道路体验城市
在开创性的著作《从路上看》中，多纳德·阿普尔亚德、凯文·林奇以及约翰·迈耶为已规划的波士顿绕城环线又提出了一条可选择的线路。他们的方案，优化了驾驶员驶向主要地标物的视角，塑造出了朝向自然远景并根据一定序列而建立起来的高潮风景。

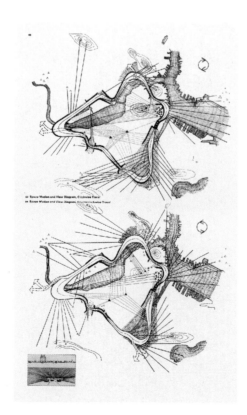

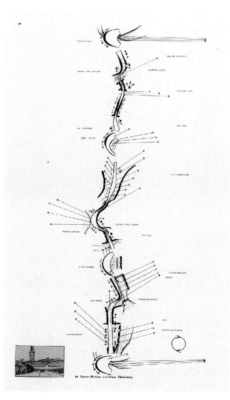

Road，1964 年），在规划设计中倡导一种新的美学，这本书具有革命性的影响。这一有预见性的研究关注对路边细节的感知，强调在运动和空间中的感受，强调在城市环境中对方向和位置的意识提高以及在路径上对连续景观的清晰理解（图 1）。它还提出"路边景观就像一本可供在运动中阅读的充满魅力的书。"[2] 近期，保罗·维里利奥（Paul Virilio）和让·鲍德里亚（Jean Baudrillard）发表了更深入的讨论关于介质、科技和速度及其模式的文章。在《速度和政治：关于速度学》（Speed & Politics：An Essay on Dromology）一书中，维里利奥提到一些运动着的事物的本质会因为速度而发生改变。在他的观点中，快速运动的事物将会主导慢速运动的事物。"控制就意味着拥有，拥有与法律以及合同并不相关，最早只是在土地上画圈的运动。"[3] 对维里利奥来说，小汽车驾驶员的视觉之美与静态的观察无关，而是与动态的穿越有关。与此相似，鲍德里亚在他的著作《美国》（America）中说道："高速公路并没有改变城市和景观的本质。它们只是从中穿过并且拆散了城市与景观的关系。"[4] 今天，新兴的交通工具使人们的运动方式变得更加复杂，地理学家尼格尔·特里夫特（Nigel Thrift）将这种后现代的现象描述为"感受的流

动"。他这样写道，这种从物质到非物质（如互联网）的转变，促进速度、光以及力量的发展，并且产生了半机器人（cyborg）。不过，最早还是火车开创了人们感知移动魅力的新时代。1869 年在美国的东北部，人们在新罕布什尔州的怀特山国家森林修建了第一条登上华盛顿山的铁路，成为对瑞士提出的登山漫步理念的超越（图 2）。纵观全球，大量的旅游地都设置了便捷的铁路，并且在火车上的旅途本身也成为旅游的一部分。因为路程本身的缩短以及速度的提升，铁路促使人对空间重新思考。同时，铁路也扩大了人们的活动范围，促使整个世界采用标准时区来满足铁路时刻表的需要。火车以及之后的汽车，将城镇与郊区联系起来，正如米切尔·施瓦策尔（Mitchell Schwarzer）所说的"流动的注视"一样，它们创造了一种对于距离和时间的新感知方式。空间被时间大大压缩，以致卡尔·马克思甚至认为空间已经被时间湮灭了。铁路网络的形成，使空间距离变得更近，居住地和工作地可以相互分离。旅行成为日常生活的一部分并且不再是以往只有绅士们才能完成的欧洲大旅行（the grand tour）的专利。流动成为现代化的核心并且代表着自由。通过创造具体的时间以及空间，铁路成为现代生活的工具。很大程度上，铁路是 19 世纪

图 2 风景铁路
齿轨铁路（Cog railway）的发明—— 一种通过相互咬合的齿圈齿轮、架空轨道与倾斜蒸汽机技术实现的工程奇迹，让旅行者可以到达非常陡峭的地方。在 1869 年，第一条此种铁路从 820 米的基础高度爬升到新罕布什尔州 1917 米的华盛顿山的山巅之上。

进步的象征，创造了财富、文明、民主、自由等等。不过，另一个角度上，也有人将火车比喻为机械怪兽、铁马、荷重野兽等，同时强调了火车带来的危险、污染以及对于美丽乡村的破坏。

　　1885 年卡尔·奔驰发明了汽车。毫不夸张地说，汽车的发明带来了进一步的发展。在 20 世纪早期，欧洲以及美国发展出来的公园风景道引发了一种全新的道路景观和驾驶者视角。公园道的出现是为了给驾驶者提供愉悦，其设计根植于弗雷德里克·劳·奥姆斯特德的如画般浪漫的景观传统。一系列的公园道甚至有为整个地区景观增加美观度的可能性。汽车从而成为欣赏风景线路的独有方式，进而出现了通过旅游和类似于《米其林绿色指南》之类的酒店评价所联系起来的汽车与游客之间的结合（图 3）。公园道与联合服务区域让人们开始关注他们的周围，交通基础设施成为对周围景观的感知基础。道路以公园的设计方式设计，将蜿蜒的弧线与现存的地形相适应来缓解司机驾车的疲惫感（图 4）。

　　因为郊区田野是高速公路的障碍，这种田园式的景观和基础设施的关系很快就被取代。在二战结束后，从城市、酒店、铁路到郊区、汽车酒店、高速公路的文化转变在美国的北部已经凸显，并且很快风靡全球。景观成为转瞬通过的地方，并且这种占主导地位的视觉秩序成为一种水平状态。愉悦驾驶者的心情以及营造快乐的氛围，很快就被现代克服距离、追求效率的生活方式所取代。正如西格弗里德·吉迪恩（Sigfried Giedion）所说："当我们开车的时候，当我们上山下山、快速穿越立交桥、跨过雄伟大桥的时候，我们已经很难敏锐地感知到时空的变化。"[5] "系列视觉"是戈登·库伦（Gordon Cullen）在他的著作《城市景观》（Townscape，1960 年）一书中创造出来的词汇，用来描述被运动、隔离、消费主义所影响的一种象征性秩序的新现象。同时在罗伯特·文丘里、丹尼斯·斯科特·布朗和史蒂文·艾泽努尔（Steven Izenour）的著作《向拉斯韦加斯学习》（learning from Las Vegas，1972 年）也提到了类似的观点。运动视角所带来的美是现代的、充满动感的、无限的美。这样的景观可以通过遇见以及连续不断的形式来塑造的。虽然建筑通常以地标性的单体形式存在，但运动的出现让人们开始将建筑作为景观而不只是地标来理解。[6]

　　不仅景观中的道路改变了我们对环境的感知，其实

图 3　预制景观
通过详尽安排和精心绘制的旅行线路以及信息，《米其林绿色指南》于 1926 年第一次出版以来，在法国以及欧洲为汽车旅行者预先指出了很多沿途景观。

景观本身也在改变。对景观历史学家约翰·布林克霍夫·杰克逊（John Brinckerhoff Jackson）来说，国家高速公路系统就是他所说的"政治景观"。[7] 很大程度上，其遵循着三个准则：（1）大规模；（2）对当地自然或人工景观特色的忽视；（3）对军事以及商业经济功能的一贯坚持。对杰克逊来说，道路虽然改变了人们穿过景观时的感知，但更重要的是基础设施的物理显现，以及对景观所施加的秩序和权力的表达。因此，毫无疑问，基础设施的物理存在所创造出来的景观与移动带来的感知是不可分割的。

但是，时至今日，感知心理学不仅在基础设施的设计中弱化，也在可持续发展、兼容性以及环境影响所带来的压力下很大程度上变得边缘化了。实际上，在大多数情况下，我们对基础设施沿线景观的视觉感知被广告主导了——对于连续感知来说它是一种干扰事物。今天，如果视觉的组织按照美学的体验来设计，那它将会非常独特，这些组织出来的视觉效果也一定会成为旅途中的亮点。这些努力均旨在强调引人注意的效果、序列化的组织、特殊视野的发现以及自然性和真实性的激发。同时，慢行线路平衡了一整套高速线路，特别是高速铁路

网络。法国和日本，作为高速铁路投资的前沿阵地，整个国家尺度在感知上瞬间缩小，并且在高速铁路建设的进程中，人们改变了对旅行以及沿线景观的感知。最终，最新技术的系统方法与因地制宜的适应环境特征的态度之间的协调平衡，决定了我们通过移动感知景观的方式。在如今世界日渐缩小和时空日益压缩的背景下，对外界干扰的控制实际需要一种视觉导向系统来平衡，这一系统既强化了方向性，又标识了景观的独特性。

1 A more thorough discussion of these topics can be read in Mitchell Schwarzer, *Zoomscape*：*Architecture in Motion and Media*（New York：Princeton Architectural Press，2004）and Tim Cresswell, *On the Move*：*Mobility in the Modern Western World*（London：Routledge，2006）.

2 Donald Appleyard, Kevin Lynch, and John Myer, *The View From the Road*.（Cambridge，MA：MIT Press，1964），18.

3 Paul Virilio,*Speed and Politics*：*An Essay on Dromology*（New York：Semiotext（e），1977），11-12.

4 Jean Baudrillard, *America*（London and New York：Verso，1998），53

5 Sigfried Giedion, *Space*，*Time and Architecture*：*The Growth of a New Tradition*，fifth edition（Cambridge：Harvard University Press，1967），831.

6 Mitchell Schwarzer, *Zoomscape*：*Architecture in Motion and Media*（New York：Princeton Architectural Press，2004），72.

7 John Brinckerhoff Jackson, "A Pair of Ideal Landscapes," in *Discovering the Vernacular Landscape*（New Haven and London：Yale University Press，1984），9-56.

图4 高速公路野餐
1936年《公路》（Die Strasse）杂志的封面。它显示了通过周末野餐的田园意向让现代的高速公路充满浪漫。这个封面不是将军事道路与旅游联系起来的故意博人眼球的宣传。

3.2 风景舞台化

基础设施的出现，将设计者放在了一个引导人们如何观看世界的位置上。旅行轨迹以及旅游体验，是由航线以及铁路、公路、飞机、轮船等交通工具决定的。当代人们对如画风景的感知是通过基础设施对途经风景特征的强化而实现的。20 世纪 30 年代，德国建筑师埃尔文·塞弗特（Alwin Seifert）为高速公路发展提出了上述理论。他认为，展示现存景观是彰显区域特点的一种方式。1933 年，德国高速公路系统的总巡视员弗里茨·托德（Fritz Todt）怀着与弗农（Vernon）山纪念高速公路一较高下的目的，设计了一条从慕尼黑穿过伊尔申贝格（Irschenberg）到德国边境的高速公路，创造著名的观赏阿尔卑斯山美景的 3 公里长线路。总的来说，塞弗特的意图是将高速公路与巴伐利亚地区的景观结合起来，并且让这样的田园景观的空间秩序沿着整个高速公路延伸。汽车旅行者感受到的韵律以及变化，是通过蜿蜒变化的道路轨迹、交替出现的开放农地、密集的森林区域、上下坡以及由山脊、海洋与湖泊形成的全景画面来实现的（图 1）。在美国纽约东北部的各州，作为景观道路的公园大道形象出现的交通线路穿过了线性公园。机会主义及实用主义的天才管理家罗伯特·摩西（Robert Moses）在纽约市创造了大量的公园大道网络。其中最著名的就是以一条风景优美的滨水公路连接了 5 个主要公园的著名的亨利·哈德逊公园大道（1934—1938 年）（图 2）。

如今，风景线路的传统依然在延续着，尽管不会像在整条线路上布置站点那样来编排景观，但景观作为一引人入胜的风景，使人有意识地选择某些特定的观察点来达到一定的视觉效果，如英国社会学家约翰·厄里（John Urry）所创造的词汇——"旅行凝视"（tourist gaze）所表达的意思相同。厄里认为，这种表达方式体现了旅行者对高速移动、全景视角、不同于平时线路的时空节奏的需求。[1] 这种体验的表达在挪威的国家旅游线路项目（National Tourist Routes Program）中表现得淋漓尽致。在挪威的乡间旅行，一系列的瞭望台、休息区、停车场以及应急庇护所等形成的建筑与景观设计，使人们的旅行体验达到最佳。这些新的便利设施项目和节点具有叙事的功能，它们能对著名场地进行解说，同时让一些还不是很有名的地方以其独特的可识别性为人所知。比如，曼海勒轮渡码头（Mannheller Ferry Terminal）就是这样一个被有意识组织起来而成为旅行者体验对象的一个例子。该码头优化了交通后勤组织，并且增强了它作为挪威最大峡湾节点的独特性（图 3）。在法国的加拉比（Garabit），A75 号高速公路上所有的服务区以一个巨大舞台的形象展现着由埃菲尔（Eiffel）以及博耶（Boyer）

图 1　蜿蜒的公路漫谈
引自乔治·弗里茨（Georg Fritz）在 1939 年对希特勒负责的臭名昭著的工程的公开调查。这幅以《到达德累斯顿的高速路》为名的著名象征性画作，说明了在特定的地理景观之中加入高速路的理想。

图 2　滨河公园大道
随着大萧条不断蔓延，美国城市规划中最具标杆性的人物罗伯特·摩西提出了"城市为交通"的概念来刺激经济。17.8 公里长的亨利·哈德逊公园大道为从下曼哈顿到韦斯特切斯特县富裕的北部郊区提供了一条连续的线路。这条双向六车道的新公园大道建在沿哈德逊河的垃圾填埋场上，这样能够让驾驶员直接观赏到哈德逊河，但这条大道却对到达河边的公园使用者造成了影响。

图 3　质朴的峡湾轮渡（Fjord Ferry Modesty）
景观设计师博贝克（Bjørbekk）和林德海姆（Lindheim）与道路工程师合作，通过在山中打隧道的方式，以框景的手法为到访者提供了观赏挪威最长、最深的松恩峡湾（Sogne-fjord）风景的最佳视角。同时，该轮渡码头服务于曼海勒和福德内斯（Fodnes）之间，并融入了景观之中。隧道挡土墙建设中剩下的石头用来建造种树的平台——与这块区域的农业传统形成呼应。海岸还配备了木质座椅，以及一座可以容纳 80 人的砖石圆形剧场，组成了一个可以提供休息、等待以及冥想的景观区域。

图 4　水上步行桥
瑞士最长的木桥位于拉珀斯维尔-赫登（Rapperswil-Hurden），它跨越了苏黎世湖最窄的地方。这座大桥（841 米长，2.4 米宽）是圣詹姆斯历史线路（也称作雅各布路径）的一部分。在数个世纪中，朝圣者都是通过这条道路前往圣地亚哥-德孔波斯特拉。步行桥始建于 1360年，并在 2000—2001 年按照当时的风格重建，重建后的新桥呈"L"形架在木桩上。该桥不仅为行人提供了一个可以欣赏周围景色的地方，也烘托了中世纪的氛围。

图 5　植树的高架人行道
一条始建于 19 世纪中叶的火车线穿过巴黎第 12 区，该区域包括了一段 1.5 公里长的有 67 个线状拱顶的砖石高架桥。1969 年，这条从巴士底到文森森林的线路停运，该高架桥便成为一个杂草丛生、无人管理的遗迹。建筑师帕特里克·贝格（Patrick Berger）（负责高架桥的内装）以及景观设计师费利佩·马修（Philippe Mathieux）和贾奎斯·威格力（Jacques Vergely）（负责高架桥面种植）将这个遗迹改造成了人行道。拱顶之下容纳了商店、艺术品／手工业空间以及展览，同时艺术商街（Le Viaduc des Arts）的屋顶成为一个高架公园，为人们提供连续变化的视野景观，让人欣赏出乎预料的城市景色以及城市肌理。

图 6 采石场休息区
在法国西南部桑特（Saintes）和梅尔河畔的罗什福尔（Rochefort-sur-Mer）之间 A837 号高速公路上的克拉扎内（Crazannes）采石场休息区是伯纳德·拉索斯的代表作品。拉索斯与工程师、工人以及当地居民紧密合作，巧妙地将一块废弃的采石场转化成为一处可以在高速中欣赏的风景。由一系列休息区域、木质步行桥、小路以及观景塔组成的景观系统，让驾驶员不由自主地走下汽车，来欣赏这里脆弱、隐秘而又丰富多样的景色。

所设计的横跨特吕耶尔河（Truyère River）峡谷的历史高架桥。一个巨大的观景平台将服务区与场地紧密结合起来，并线性排列着服务设施。当驾车旅行者推开门走出车外的一瞬间，他们就可以俯瞰整个景观，并且顺着一条设计好的景观线的引导，将视线最终落到铁路大桥上。这座观景平台参考了米其林和法国旅游俱乐部的全景图，这两个机构是 20 世纪 30 年代到 60 年代为驾车旅行者绘制地图的主要机构。

不过，对于在移动中观赏的关注并不是始于汽车时代。从文艺复兴时代开始，全景、远景以及透视就被景观设计师视作风景。也是从那之后，散步与步行变得越来越流行。[2] 那些精心设计穿越景观的路径，开启了人们观赏风景的不同方式。从阿尔卑斯山徒步旅行到沿着军事防御工事如中国长城的人行道，随着时代的变化，开始吸引越来越多的游客。因此，在类似这样的朝圣线路中，我们可以通过插入多个特定的点让整个景观大为增色。从圣詹姆斯穿过苏黎世湖到圣地亚哥－德孔波斯特拉这段线路，就非常注重视野、路径、小路、地平线以及山峦（图 4）。法国圣米歇尔山坐落的环境及其中的路径更引人注目，如今，被联合国教科文组织列入世界文化遗产的这个景点，每年都会吸引 360 万游客。这里设计了新的优美的防波堤，同时也恢复了场地海洋的特点，满足了人们"近海观赏"的需求，运用象征性手法暗示了朝圣的概念。

实际上，为行人展现沿途风景的想法是现在很多项目的内在宗旨。对工业遗迹的再利用，比如对废弃的高架桥的重新使用，也能为公共空间创造出新的韵律，从而创造出城市景观给予人们的意想不到的感知方式。建在艺术商业长廊（Le Viaduc des Arts）上的巴黎步道就是其中的一个著名案例（图 5）。它带动了周围街区的流行风潮，也成为纽约曼哈顿高线公园的先例。工业遗产也引起了法国景观界的兴趣，如伯纳德·拉索斯，（Bernard Lassus）在法国的卡拉扎尼斯（Crazannes）A837 号高速公路上加入了很多景观点（图 6）。在高速公路的两边按着人们高速旅行的视角，塑造了适应于旅行者的震撼景观——这其中就包括对废弃采石场的清理与改造。同样通过景观塑造来增强旅行质量的类似案例还有巴黎地铁 14 号线上的弗朗索瓦·密特朗图书馆站。在这里，设计者安托万·格伦巴赫（Antoine Grumbach）和皮埃尔·沙尔（Pierre Schall）把地铁乘客的移动视为演员的表演。也就是说，他们所彰显的就是城市中的移动本身，这种生机勃勃的景象使人们似乎身处圆形剧场，而关注匆匆的行人。

1 John Urry, *The Tourist Gaze: Leisure and Travel in Contemporary Societies* (London: Sage Publications, 1990).
2 The changing meaning of promenades is analyzed in Marcel Smets, "Promenade – einstund jetzt / Promenade, past and present," *Topos 41*, December 2002, 6–17.

3.2.1 案例 1 旅游线路

国家线路项目

挪威
建筑师：3RW（Jakob Røssvik）（Askvågen, Atlanter havsvegen）、曼西·库拉（Myrb-ærholmen, Atlanterhavsvegen）；3RW（Sixten Rahiff）（Ørnesvingen, Geiranger-Trollstigen）；克努特·哈尔特内斯（Rjupa, Valdresflya）景观设计师：斯迈德维格（Askvågen, Atlanterhavsvegen and Ørnesvingen, Geiranger-Trollstigen）
修建时间：2005—2006 年

挪威国家公路管理委员会的国家旅行线路项目，旨在用一种和谐的非资源开发型的方式向游客展示这个国家充满魅力的风景。该项目一直延续到 2015 年，期间很多线路工程都已建成竣工。共 18 个区域的通道（长度总计 1850 公里）成为旅游线路，它们穿过了挪威的典型乡郊野外景观。在线路中，设计了满足人休息、停车徒步、拍照等需要的景观、供人眺望瀑布、山峦、峡湾、海岸的停车点。绝大多数旅行线路是全年开放的，驾驶者能够感受挪威不同季节和光线下的风景。这些设施满足了人们的许多实际需求——停车位、休息区、咨询处、公共厕所、餐厅等。多数设施都遵循了让游客能够欣赏风景的同时，又不对风景本身造成破坏的原则。挪威做出这样的考虑，充分说明意识到了风景是极其珍贵而有限的资源，应

妥善管理。基础设施的布置考虑到了途经这里的旅行者的体验，并有针对性地对这种体验加以强化。

位于挪威西北部的大西洋线路也是众多线路中的一条。这条线路沿着海岸线布置，同时也通过大桥跨过水面与山峦融为一体。在Myrbaerholmen，曼西·库拉设计公司的 Beate Hølmebakk 设计了一条沿着国道的 80 米长的步行桥及停车空间，供钓鱼的人使用。在奥斯卡韦根（Askvågen），3RW 的建筑师雅各布·罗斯维克（Jakob Røssvik）与景观设计师斯迈德维格（Smedsvig）为休息区的设计提出了一种新方法——将通往石砌码头上的观景楼的耐候钢台阶与简洁的玻璃栏杆相结合。3RW 的西斯滕·拉尔夫（Sixten Rahiff）与斯迈德维格也在盖朗厄尔－特罗尔斯蒂根（Geiranger-Trollstigen）线路

上的厄尔内斯维根（Ørnesvingen）携手设计了一处激动人心的观景点：一条弧形公路沿着险峻的山峦一直向前延伸，可以欣赏下面 600 米处壮丽蓝绿色的盖朗厄尔峡湾。通过人工手段利用流过这片区域的河流营造出一座瀑布，其下是一块玻璃平台。行人可以在三块相互倾斜的水泥板上驻足停留，同时一把简朴的水泥椅子将人与汽车分隔开，以提供安全。在瓦尔德莱斯高山平原线路（Valdresflya Route）上的留帕（Rjupa），建筑师科纳特·吉特内斯（Knut Hjeltnes）设计了一个位于群山和湖泊之间的简单优雅的停车场和小休息区。在国家旅行线路项目中，还有很多精彩的案例，这些案例都用温和的手段以及美丽的细节展示出了国家的美景，彰显了挪威这个国家充满魅力的景观。

Rjupa

Tourist Itineraries

NATIONAL ROUTES PROJECT

Norway

Architect: 3RW (Jakob Røssvik) (Askvågen, Atlanterhavsvegen);
Manthey Kula (Myrbærholmen, Atlanterhavsvegen); 3RW (Sixten Rahlff)
(Ørnesvingen, Geiranger-Trollstigen); Knut Hjeltnes (Rjupa, Valdresflya)
Landscape Architect: Smedsvig (Askvågen, Atlanterhavsvegen and
Ørnesvingen, Geiranger-Trollstigen)
Date: 2005-2006

Ørnesvingen

Myrbærholmen

Askvågen

3.2.2　案例 2　21 世纪的全景平台

加拉比高速公路休息站

加拉比，法国

景观设计师：北维度事务所（吉利斯·威克斯拉德、劳伦斯·瓦切罗特）

建筑师：布鲁诺·马德尔

修建时间：1994—2002 年

加拉比高速公路休息站位处新 A75 号高速公路线上，这一法国中部山丘的休息站是一个俯瞰由古斯塔夫·埃菲尔（Gustave Eiffel）和列侬·博耶（Léon Boyer）1884 年所设计的铁路高架桥的全景视点。该休息站位于克莱蒙 - 费朗和米约高架桥之间，通过巧妙地处理周围景观，强调其内在天然美，同时也彰显了加拉比铁桥这一具有纪念性的杰出工程项目的魅力。超过 30 万立方米的填埋垃圾用于改造地形，创造出了一种沿椭圆形环线的景观之旅。改造后的场地形成了一个平台，从这里可以欣赏这个历史悠久的高架桥。有着夸张尺度的苜蓿叶型高架桥使驾驶员可以沿着道路欣赏一系列的景色，同时因为高速公路会带来噪声污染，所以公路必须与风景保持一定安全距离。休息站与埃菲尔大桥（Eiffel Bridge）处于同一水平高度，这种设计方法是通过在现状地形基础上增加 11 米高的土方工程而实现的。停车场配有草坪、遮阴的大树和彰显这块区域农业用地肌理特点的人行步道。停车场将人们的视线引向河流，并且通过一个 3 米宽的木板路与展示这个地区特色的梅森·德·康塔尔（Maison du Cantal）展览厅相连。建筑师布鲁诺·马德尔设计的这个展览厅与高架平台平行设置，成为限定高原边界和标识河谷线状景观的一部分。展览厅是一个略微抬升的玻璃盒子，人们从中可以看见这里充满魅力的自然景观以及高架桥。单一的混凝土色调和灰色的木包覆层与亮红色的埃菲尔大桥形成了强烈的对比。而最令人惊叹的是位于高低起伏的高原边缘处不明显的观景平台，坐落在非同寻常的地质构造上，这条 200 米长的花岗石全景平台限定了特吕耶尔河峡谷。这个尺度巨大的水平表面叠加在山谷上，如同道路的一条切线。

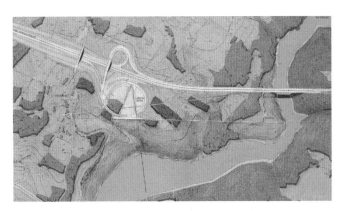
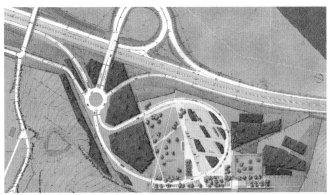

21st-Century Panorama Table

GARABIT HIGHWAY REST AREA

Garabit，France

Landscape Architect：Latitude Nord（Gilles Vexlard，Laurence Vacherot）
Architect：Bruno Mader
Date：1994-2002

3.2.3 案例 3 优雅的防波堤

圣米歇尔山大堤

圣米歇尔山，法国

建筑师：迪特马尔·费许丁格建筑师事务所（码头）
工程师：史莱克，贝格曼联合事务所（码头）
景观设计师：HYL 事务所（停车区域）
修建时间：2002 年—至今

连接大陆到圣米歇尔山半岛的防波堤坝大桥是架在桩基上面的一个大堤。这一极简主义结构取代了具有 120 年历史的 2 公里长的旧堤，恢复了这里脆弱的海洋生态，并且强化出一条水平的基准线，进而增强了圣米歇尔山的雄伟气氛。从远处看，这条防波堤就像是一条银色的线矗立在一排细长的桥墩上面。设计将整个结构的尺寸减到了最小，目的是与水平线上面的景色相融合。这条道路的选择综合考虑了设计概念和实际水文情况。整个蜿蜒曲折的堤坝让步行者可以不用刻意观察，就能从不同角度欣赏山景，其几何形态强调了与山的关系并延长了路径。当步行者即将走完这段路的时候，内湾会缓缓进入视野，步行者会发现这座山其实是被沙子及城墙包围的。大堤自身分为三个部分——东侧 4 米宽和西侧 1.5 米宽的橡木人行步道、中间 7 米宽的巴士道路，中间的道路比两边低 10 厘米，并在大坝尽头 200 米处结束。

防波堤不仅是一条景观步道，也是一项景观恢复项目。该项目力图将整座山从周围的盐沼中解放出来。在海洋以及库埃农河（Couesnon River）的双重沉积作用下，这里的沉积物足足有 15 米厚。与防波堤相结合的正在修建的大坝可以使潮水或河流冲走这些沉积物，并且使海湾景观恢复其海洋特色，同时也能够让河流重新恢复其自然蜿蜒形态，潮汐湿地也会得到恢复。与此同时，停车场也是这个项目中主要考虑的问题。停车场不应只是一个临时设施，而应融入整个景观中。所有的车辆安排在大陆的一边，故而前往停车场的时候，看不到停在那里的 4000 辆车（小汽车和大巴车）密集排列的情况。在南边，一个缓坡和微微起伏的场地把停车场隐藏起来，不但没有遮挡远处海湾景色反而成为欣赏景色的"屏幕"。在北边，一条大堤将停车场包围，可作步行道使用，并可以远眺围海造田的景象。整个圣米歇尔山项目以展现这个区域的景色为目的，不仅精心组织了到达圣米歇尔山的路径，而且也考虑了恢复整个海岸景观原始的自然状态。

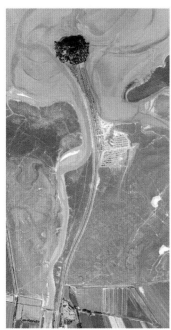

改造前

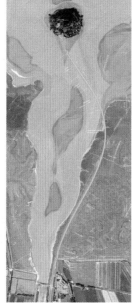

改造后

Elegant Maritime Jetty

MONT SAINT-MICHEL JETTY

Mont Saint-Michel，France

Architect：Dietmar Feichtinger Architects（jetty）
Engineer：Schlaich，Bergermann & Partner（jetty）
Landscape Architect：Agence HYL（parking areas）
Date：2002-present

改造前

改造后

3.2.4　案例 4　今日的空中花园

高线公园

纽约，美国

建筑师：迪勒·斯科菲迪奥 + 伦弗罗
景观设计师：詹姆斯·科纳设计公司
修建时间：2005—2010 年

　　高线铁路修建于 1930 年，是一段长 2.3 公里的高架货运铁路，沿途经过了曼哈顿西部边缘工业区的 20 个街区，自从 1980 年被停用之后，这条铁路就荒废在这里。这条废弃铁路由大量铸铁构件搭建而成，充满忧郁气息和荒野之美。政府计划将其拆除，但是最终被一个成立于 1999 年的非营利组织——"高线之友"（Friends of the High Line）拯救了下来。同时，他们还举办了国际竞赛，吸引了 720 个参赛团队，旨在将这个工业遗迹转化为空中线性公园。詹姆斯·科纳设计公司与迪勒·斯科菲迪奥、伦弗罗联合组建的"植筑"（Agri-Tecture）设计小组，通过改变植物以及行人的相互关系，发掘了场地的独特美。其策略是将质朴、野生、安静和萧条的景观并置，将林地、草地以及湿地置于上方，而将繁忙的城市生活置于下方，并通过楼梯、坡道、电梯等转换空间相互联系。

　　该公园本身结合了不同比例的材质搭配，将有机材质（软）以及建筑材质（硬）相结合，采用了"野性、栽植、亲密、超社会"等元素。该公园，采用预制混凝土组件建造，形成了一个连续的地表界面这些组件可以向下折叠，使行人穿过高架铁路的厚结构部分；也可以向上折叠，这样行人可以在不破坏自然植被情况下通过。预制混凝土组件组成了线状平板以及种植体系——呼应了消失的铁轨，也整合了连接设施、植床和大平台这些元素。沿其线路，这个有无限可能的景观公园包括了悬浮的小池塘、露天平台及可以看见哈德逊河、帝国大厦、自由女神像的观景台。这条铁路在设计之初便在不同的高度上连接了周围的工业建筑，而现在则成为周围社区的连接空间，为周围的居民和参观者提供了一个可以散步、锻炼、放松的公共空间。该项目没有对功能进行明确的设计，但是其铺装场地的数量则是经过校核的，以满足不同使用需求。改造后的高线公园紧邻着 22 个高密度的街区，作为一个备受瞩目的公共空间，它给纽约下城西部区域带来了新的发展动力。高线公园例证了一种新的展示风景的方式。在这里，人们可以从高处享受一种田园牧歌式的线状景观，这种景观是以在一座曾经繁荣而后衰败的城市基础设施中恢复自然为前提的。可以说，这一曾被忽视的工业废弃设施，通过历史保护以及现代化的手法已经成为一片后工业时代的公共休闲娱乐区域。

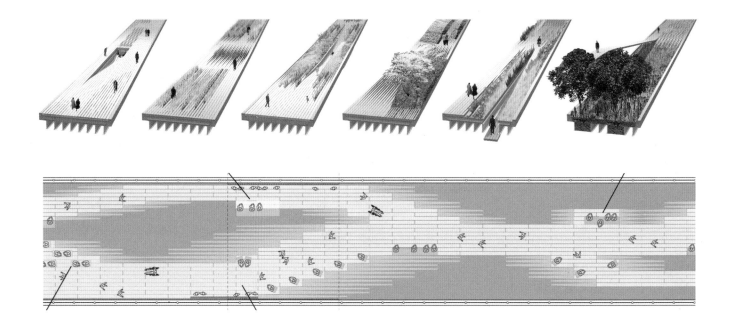

Modern-Day Hanging Garden

HIGH LINE PARK

New York City, New York, USA

Architect: Diller Scofidio + Renfro
Landscape Architect: James Corner Field Operations
Date: 2005–2010

Before

3.2.5　案例 5　地铁场景的呈现

弗朗索瓦·密特朗图书馆站

巴黎，法国

建筑师：安托万·格伦巴赫和皮埃尔·沙尔
地铁 14 号线设计师：AR thème（伯纳德·科恩、让-皮埃尔·维赛）
艺术家：让-克里斯托弗·贝里
修建时间：1990—1998 年

东西快线（Métro Est Ouest Rapide）是一条新的巴黎地铁线，这条地铁线从玛德莲广场（Place de la Madeleine）到法国国家图书馆，全程 15 分钟，是巴黎地下城市景色的一个范例。14 号线和 RER 线 [从奥斯特利茨车站（Austerlitz Station）到达法兰西大道及组成未来左岸区的商业和办公大楼] 的交会处，是弗朗索瓦·密特朗图书馆站（Bibliothèque François Mitterrand Station），此站点是这条高科技线上的重要节点，因其具有纪念性的表达而与众不同。安托万·格伦巴赫和皮埃尔·沙尔所设计的车站包括一个具有古典主义风格、15 米高的拱形屋顶的圆形剧场，其经典的建筑风格与各种铝材的装饰构件（比如月台上面的步道以及在绿色高塔上面的天窗）相辅相成。

建筑语汇起源于形式与必不可少的结构要素之间的关系，也由此促成了这个在 RER 火车停靠月台下方的 120 米直径的半圆形区域的诞生。这个游客交汇的 19 步台阶的圆形剧场，被人们视为一处可以作为公共客厅和聚会场所的地下公共景观。就像格伦巴赫所说的："我们在尝试创造一个能被人记住的地方，这个地方有一个稍具古老情调的大公共广场，这个广场并不会因为受一时的风尚影响而略显奇怪，因为在地下，人们会拥有不一样的欣赏方式。如今，没有地铁这些内部连接节点的话，人们很难在城市中找到路，因为整个空间肌理就是围绕这些交通节点来组织的。"同时，作家让-克里斯托弗·贝里（Jean-Christophe Bailly）的作品，也通过与更具普适性的参照系的对比而让场所的独特性得到了更大的彰显。这是一个"引用的集群"，或者说是文学与艺术的混合体，装饰着这里的墙面与地板。同时，圆形剧场的台阶上各雕刻着代表 19 个现存或者已逝文明的象征性符号。位于街道平面下方 25 米深处的这个圆形剧场，"上演着"各种各样的交流与活动，展示了巴黎地下世界的每日生活与动态。

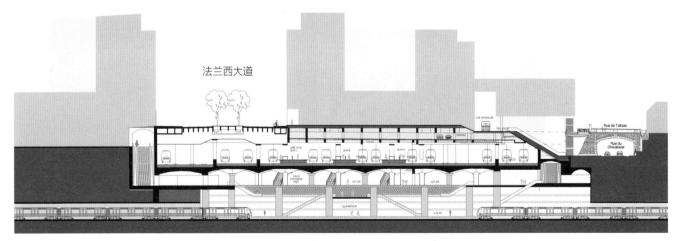

Métro Stage-Set

BIBLIOTHÈQUE FRANÇOIS MITTERRAND STATION

Paris, France

Architect : Antoine Grumbach and Pierre Schall
Architect Météor Line 14：AR thème（Bernard Kohn，Jean-Pierre Vaysse）
Artist：Jean-Christophe Bailly
Date：1990-1998

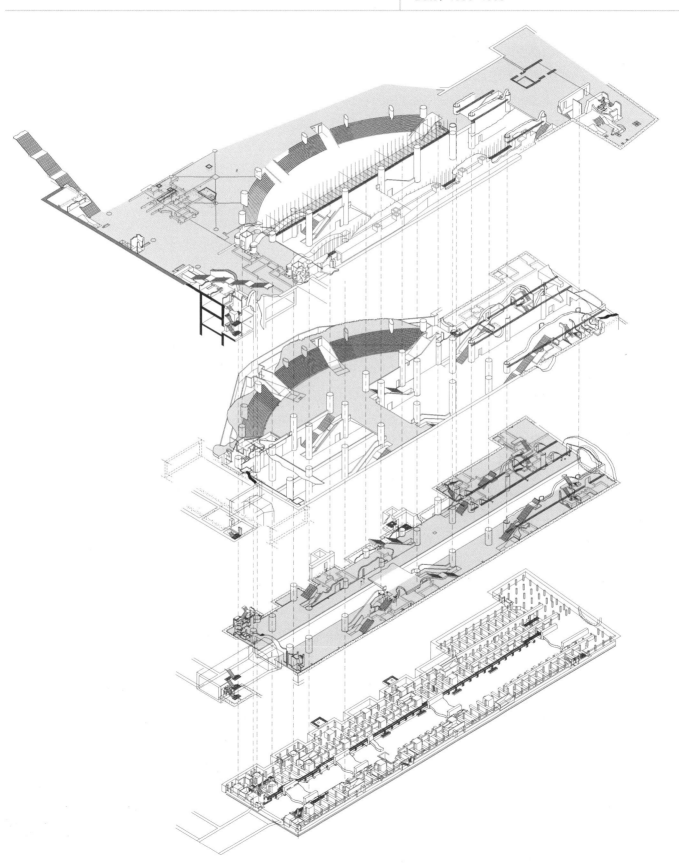

3.3　借助节点来标示转换

　　基础设施沿着旅途穿过不断变化的景观。地域差异性通过不同的自然环境或人为环境来界定，反过来也在旅途中创造了不同的参照点。对于从一个区域到另一个区域的旅程，由于它为不同的景观之间提供了关键性的联系，也创造出一处独一无二的场所，所以设计者往往都会将其转换压缩在一个过渡空间而精心设计。临界点作为交界空间，为相邻的不同秩序的空间与环境的连接与对话提供可能。在很多情况下，临界点象征"欢迎"或"再见""到达"或"离开"，也就是说，临界点相当于门户。地标或者焦点显著地强调了当地环境的可识别性，并预示着目的地终点的存在。

　　这种从一个地方到另一个地方的路径观念是很多种基础设施的本质。桥梁就是其中非常典型的一种，它不仅连接了两岸，同时也展现了作为交通转换系统的本质特点。许多案例足以证明，比如横跨瑞士山脉峡谷的大桥，可以说是一种在自然中足以令人惊叹的表达方式（图 1）。其弧形的线性简单、轻盈而且优雅——穿过桥下奔腾的流水，跨过整个充满野性的景观，跨越了另一条人行桥。克罗地亚的里耶卡纪念大桥（Memorial Bridge in Rijeka）连接了这座历史名城和后工业港区，并且成为了在此被送往前线的战争士兵的纪念地。

　　不仅仅是架在空中的大桥，公路隧道也强有力地表示出了交通的转换。当从黑暗的隧道中出来的一瞬间，整个环境和视野就变得很开阔。在宾夕法尼亚的匹兹堡，城市最具有魅力的入口就是穿过皮特堡隧道（Fort Pitt Tunnel）后紧接着的一座跨河大桥。这座城市的天际线在驶出隧道后才能看见，并且随着与城市距离不断减少而逐渐展现（图 2）。在瑞士的德莱蒙（Delémont）和波朗特吕（Porrentruy）之间 23 公里长的 A16 号高速公路上，一系列隧道以及道路交叉点戏剧化地在自然中穿插闪现。并排的隧道入口创造出一种尺度感以及韵律感，同时引人注目的隧道入口以及管理建筑的设计风格也强调了通道这种理念。

　　从某种程度上来说，交通沿线的临界点是普遍存在的。出入口斜坡、收费站、不同层级之间道路的交叉，都增强了交通系统中节奏的变化。不过，在有的情况下，门户的概念是非常清晰的，比如在法国拉库尔讷沃（La Courneure）的灯塔，它介于构筑物和纪念物、功能性和象征性之间（图 3）。类似的，在澳大利亚墨尔本郊区

图 1　收紧的通道
瑞士西边的布德里（Boudry），林木繁茂，基尼纳斯卡·德尔福特（Geninasca Dele-fortrie）将阿勒斯河（Areuse River）的两岸用一座优美的 27.5 米长的步行桥连接了起来—— 一侧是低地势的开放场地，另一侧是陡峭的岩石。在平面上，这座 S 形的桥宽度介于 1.2 米至 3.5 米之间，并且在靠近陡峭岩石的时候变窄。此步行桥采用金属框架，两侧以及顶部采用深色的杉树板条，以利阳光透入，而且不但框选了景色，也强调了透视的效果。

图2 框图视角

在进入皮特堡隧道西南侧入口之前，驾驶员可以欣赏到费城西侧起伏的绿色小山，并且在从北侧的出口驶出的时候，驾驶员就会被匹兹堡天际线上的金三角建筑所震憾。穿过华盛顿山，跨过莫农加希拉河（Monongahela River）的皮特堡大桥（Fort Pitt Bridge）便映入眼帘。

图3 光之灯塔

这座不对称且呈抛物线形状的50米高的金属框架灯塔，旨在为A86号高速公路、铁路线和法国拉库尔讷沃新桥之间的交叉路口提供足够的照明。该塔由建筑工程师马克·米姆拉姆（Marc Mimram）和景观设计师亚历山大·谢梅道夫（Alexandre Chemetoff）设计，通过一个中心柔和的点光源照明系统，解决了斑片状线性照明的问题。

图4　自动扶梯桥
加泰罗尼亚小镇莱里达地处比利牛斯山及塞格雷河（Segre River）边，由一系列阶梯状地形构成，哥特城堡以及历史街区一直延伸到山顶。基于琼·布斯克茨（John Busquets）的城市规划，路易斯·多梅内克（Lluís Domènech）和罗瑟·阿马多（Roser Amadó）设计了一个室外的自动扶梯（由市政府建造）：一个47米高的三角形的升降梯、一座金属桥以及一堵顺应地形的20米高的围护墙。这堵墙通过一系列新的公共空间系统而成为连接城市上下的正义之宫。

图5　空中交通
哥伦比亚的第二大城市麦德林的市议会，正积极地试图斩断大型犯罪团伙"麦德林卡特尔"对城市的危险影响。基于自由化发展的政策，该议会在投资、教育、安保以及交通上面花了极大的精力。在这样的政策下，地铁系统规划出了一系列的缆车交通系统——采用液压的空中有轨电车，能够到达城市最贫穷以及地处城市险峻高山上最难到达的区域（非常规住宅区域）。

图6 轻便的过渡空间

由 SANAA（妹岛和世 + 西泽立卫）所设计的日本四国地区的直岛轮渡站，将以旅游和艺术为中心的直岛与日本其他的岛联系了起来。这座超轻量、透明的建筑由直径 85 厘米的管状细长柱子支撑，在其轻盈的屋顶下（70米长，52 米宽，15 厘米厚），容纳了轮渡功能，并且为各种各样的公共活动提供了一个大而灵活的空间。这样非物质化的结构意在表现内陆海风景的内在美。

的克雷吉本支路（Craigieburn Bypass）就是功能性和景观性相结合，并且成为一个有表现力的城市北部边界。该设计探讨了静态物体如何能够表现动态运动，以及与驾驶者之间的关系。

有时，由于地形的需要，亦存在其他形式的过渡。在中世纪的西班牙山城莱里达（Lérida），户外的自动扶梯、公共电梯以及桥梁，将位置较低的小镇商业中心和历史城堡连接起来（图4）。在哥伦比亚的麦德林（Medellín），由于陡峭地形的限制以及城市地面空间的不足，城市采用空中缆车将城市的核心与居住区连接起来（图5）。在俄勒冈州的波特兰，一系列的铁塔和停车站组成了一个空中有轨电车，此电车将在山腰的健康设施和位于河流的城市开阔区域连接起来。

此外，轮渡港口作为进入海岸的门户，具有更强的表现力。日本的直岛（Naoshima）港口以一种优雅的姿态出现在人们面前，其轻盈的感觉更多强调的是周围的景观而不是港口大楼本身（图6）。在南非的开普敦，港口大楼是前往罗本岛（Robben Island）的起点。该岛之前因为种族隔离时期关押政治犯而臭名昭著，现在该临界空间节点设计得既谦虚又饱含敬意，并且没有商业气息。此外，还有陆地与水域之间的临界点：在荷兰恩克赫伊曾（Enkhuizen）的大堤与水闸系统，建筑设计师茨瓦茨（Zwarts）和詹斯玛（Jansma）以及景观设计师洛德韦克·巴乔恩（Lodewijk Baljon）在此设计了一座船只以及陆上交通都可以使用的"水桥"。

3.3.1　案例 1　折叠的纪念碑

克罗地亚，里耶卡

建筑师：3LHD

修建时间：1997—2001 年

里耶卡纪念大桥

里耶卡纪念大桥具有双重功能——纪念克罗地亚战争以及连接两岸。它既是巴尔干半岛冲突事件的纪念物，也将城市的历史中心与城市东边旧港口区域联系起来，该片区现在被一条运河从老城区分割出来并且成为一个公园。建筑师设计理念在纪念功能和交通功能、结构与形式以及象征性方面均有所体现。该大桥在结构上面由两个典型元素组成：一个是超薄的箱型钢板（长 47 米，净跨距 35.7 米，宽 5.4 米，厚 65 厘米），作为桥梁铺设在运河上；另一个是 9 米高的混凝土板，作为纪念碑深入地

下。这两个元素构成了一个 L 形的景观——水平的是桥，竖直的是纪念碑。通过竖直混凝土板上的裂缝和嵌入人行道的一块红色纪念性板（作为"空"元素的阴影）来实现其标志性象征。

这个醒目、抽象并引人沉思的大桥和纪念碑吸引行人穿过，并且也是一个用心感知才能体会到的屏障。竖直方向上的裂缝仅容一人通过，人们面对这座纯几何形态的高墙，便会联想起墓碑，从而自发排成单列，依次穿过铝镁包裹的巨石。在晚上，玻璃栏杆的柚木扶手上的细长 LED 灯会照亮整个地板，突出了巨石的边缘

以及红色通道。桥东侧尽头的小广场，也延续了实用性与纪念性平衡的理念。金属和柚木的 L 形长椅既呼应了大桥的元素，同时红色碎砖和环氧树脂留下的疤痕，时时刻刻提醒着人们战争带来的伤痛。这是克罗地亚战士在此被送往前线的地方。大桥 150 吨的金属结构在当地的一家造船厂先预制完成，然后通过特别改装的驳船运输到安装地点，只有在水位很低时才能运输，这样它可以从其他大桥下通过，然后在潮水涨高的时候安装。

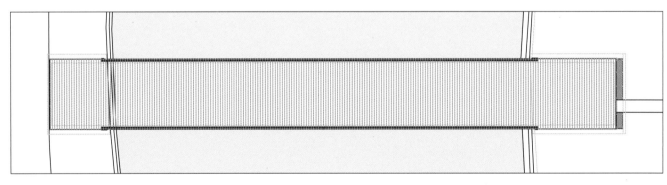

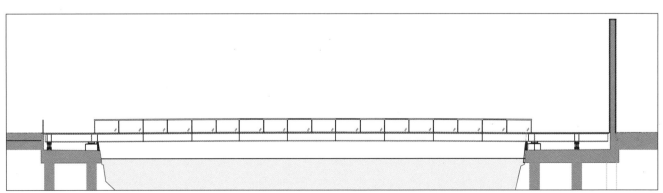

Folded Memorial

RIJEKA MEMORIAL BRIDGE

Rijeka，Croatia
Architect：3LHD
Date：1997-2001

3.3.2   案例2   隧道设计技巧

A16号高速路

从瑞士比安到法国贝尔福
建筑师：弗罗拉·R-龙卡蒂（4、5、6区）、雷纳托·萨尔维（3、7/8区）
修建时间：1988—1998年（4、5、6区），1998—2008年（3、7/8区）

从瑞士比安（Bienne）到法国贝尔福（Belfort）的A16号高速公路穿过汝拉山（Jura）区，其建筑语言清晰地诠释了临界点这一概念。整个高速路的组件极易辨识——从隧道入口及通风塔，到一般的隧道、桥基、电缆塔和大桥、立交桥的栏杆等。其清晰的形式以及充满力量的几何感，都是通过粗糙的混凝土来表现的。每一种设计都是独立的，但是用统一的语言将这些独立的部分组合起来，形成了一个系列令人难忘的效果。这种将工程的实际性与道路诗意结合的理念，在众多的隧道入口以及出口中均有所体现。尺度与山体相适应，如同山腰旁的门户。

雷纳托·萨尔维在这个项目上持续工作了20年，他设计的这一人工景观，不仅仅强调了独特的自然风景，也清晰地刻画出了从这里出发的路径景观。他设计的起点，既标识了景观的分段，也建立起一种韵律感。即通过运用一种史诗般的雄伟设计手法来重点表现出入口，并在峡谷两端反复使用同一语汇。通过在两个方向上的门户节点重复运用这种方法，建筑师用建筑的手法标记出了A16号高速公路上的每一个转换节点及其后续部分。安装在特里山（Terri）和拉塞林山（Russelin）隧道入口处的4个通风塔就是这种设计方法的范例。在特里山的北部以及拉塞林山的南部，隧道的入口被塑造为令人印象深刻的门户空间，每一处都由3个基础体量组成，均具有角度与明确的形式。特里山南侧和拉塞林山北侧的通风塔，如同面山而开的有槽的面具。在格里蓬（Grippons）交叉口的两端，有两个面对面的巨大结构，由具有通风功能的天窗中的混凝土风机所界定。它们看起来如同两个巨大的图腾柱，标记着山中平坦之处的高速路的方向。最后，被高高的混凝土墙围合起来的拉塞林隧道如同山里的裂缝，其超过35米高的圆柱形基础部分藏于28°的山坡中。300多米深的服务电梯可以让服务人员从山谷底部到达隧道并对隧道进行维护。可以说，一些看似对此处景观毫无关系的外部要素，已经成为强化整个设计并且创造出令人难忘的门户节点的设计工具。

Porrentruy（section 3）portal Banné Est - viaduct Rasse - portal Perche Ouest

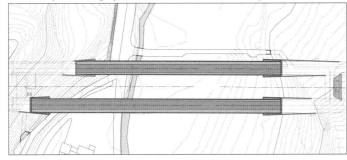

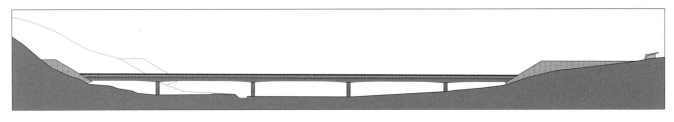

Tunnel Artifices

A16 HIGHWAY

Bienne (Switzerland) to Belfort (France)

Architect: Renato Salvi and Flora Ruchat-Roncati (section 4, 5, 6), Renato Salvi (section 3, 7/8)

Date: 1988-1998 (section 4, 5, 6), 1998-2008 (section 3, 7/8)

St.-Ursanne（section 5）portal Russelin Nord

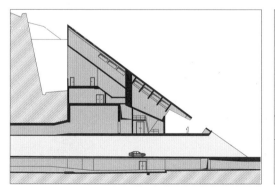

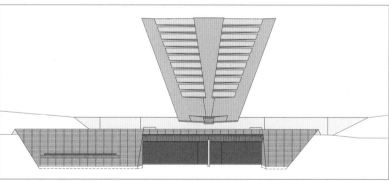

St.-Ursanne（section 5）portal Terri Nord

3.3.3　案例 3　弯曲钢片与蓝色叶片组成的城市入口

克雷吉本支路

墨尔本，澳大利亚

建筑师：托金·祖莱卡·格里尔
景观设计师：泰勒·C·莱瑟琳
艺术家：罗伯特·欧文
修建时间：2003—2005 年

　　17 公里长的克雷吉本支路通往墨尔本的北大门，修建这条路是为了缓解从墨尔本到悉尼的休姆高速路拥堵的情况。这条支路上的降噪墙，既是具有动感的雕塑元素，也是一个行人通道。在时速 110 公里的情况下，克雷吉本支路形同一个连续的城市门户。支路上共有两种噪声隔墙——每一种都反映了不同的周边环境。从北方来的驾驶员首先会看到遮护墨尔本郊外住宅区的棉麻织物的隔墙，不仅具有乡土形象，也是一种对前方广阔环境的提示。第一道噪声隔墙如同一个有喷砂和丙烯酸板组成的巨大窗户（带有让人想起蕾丝窗帘的金银丝装饰），

其高度为 10 米，并配有醒目的蓝色竖直百叶窗。百叶窗虽然说在组成上是静止的，但实际上叶片依据与每一个连续景观的关系而沿着轴线旋转了 5°。这样就产生了一种高速旋转的效果，给途经此地的驾驶员一种不断开合的韵律感。在晚上，棉麻织物墙上的丙烯酸板被"北灯"（Northern Lights）照亮——这是一件由电子脉冲产生的艺术品，可以通过改变 LED 序列来反映交通拥堵情况。

　　到了棉麻织物墙的尽头，一个充满动感的巨大入口框选了墨尔本的天际线。它跨越整个高速路，并且本身作为一座步行桥，服务于从城市

东部居住区和线性公园到城市西边景观——远古的玄武岩平原、克雷吉本草地以及梅里克里克流域片区的人。不过，该设施并不孤立，当驾驶员驶入墨尔本，这座构筑物便构成了棉麻织物隔墙的一部分，并且成为更开阔环境的一个提示信号。这座桥在平面以及立面上都使用了复杂曲线，采用管状钢桁架，并且覆盖上了耐候钢板。其材料以及构造的做法在第二堵隔声墙（幕墙——一种微微弯曲的、流动的耐候钢带，飘浮在深色混凝土的凹槽基座上）上延续使用。深灰色粗糙肌理的混凝土基础，成为两种隔墙之间的过渡。

Sinuous Steel & Blue Blades Gateway

CRAIGIEBURN BYPASS

Melbourne, Australia

Architect: Tonkin Zulaikha Greer
Landscape Architect: Taylor Cullity Lethlean
Artist: Robert Owen
Date: 2003-2005

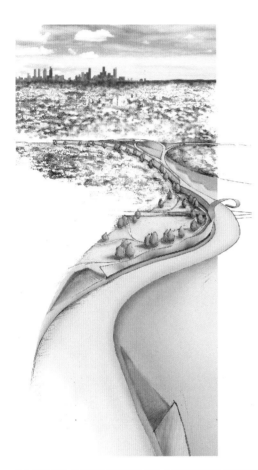

3.3.4 案例4 城市高空连接线

波特兰空中电车

波特兰市，俄勒冈州，美国

建筑师：agps 建筑事务所（M·安吉利尔、S·格拉汉姆、R·芬宁格、M·斯科尔）

工程师：奥雅纳事务所（结构、机械）；杜赫斯特·麦克法伦事务所（立面工程）；地形设计（岩土工程）；W & H Pacific（土木工程）

修建时间：2003—2007 年

俄勒冈州波特兰市处于太平洋西北部威拉米特河和哥伦比亚河交汇处的山谷中。城市的东面有泰伯山（Mount Tabor）的盛景，同时在城市中的很多地方还可以看见圣海伦山（Mount Saint Helens）和胡德山（Mount Hood）。城市中的空中电车将在山上的俄勒冈健康与科学大学与位于威拉米特河边的一个废弃造船厂区域的扩展校园连接起来。波特兰城市规划最著名的举措就是引入了城市发展边界、加密发展战略以及公共交通网络，来提升波特兰城市中心区域的质量。这条电车轨道长约 1 公里，跨过一条深谷，经过城市的历史区域、城市公园以及一条 8 车道的高速路。就其本质而言，它构建了城市的一条高空联系通道，人们在电车上可以看见城市弥足珍贵的全景视野。

这条轨道是按对城市肌理最小干预的理念设计的。其轻盈以及开放的形式虚化了整个交通设施，包括一个上部的车站、一个中间的支撑塔、一个下部的车站以及两个载人的车厢。上部车站是一个露天有顶棚的平台，平台由不对称倾斜的钢柱支撑，以便在陡峭的场地上保持平衡，并且楔入医院大楼之间。其中一幢大楼通过一座桥与 9 层楼高的车站相连接，中间支撑塔采用钢板。出于力学考虑，它与电车缆线呈 90°；塔的基础部分上小下大，为整个车厢提供支撑。下部的车站与街道在同一水平线上，是一个有顶的开放平台，同时也是周边社区的公共中心。与上部的车站一样，其钢边框内外都包裹着金属铝板，同时还闪烁着微光。弧形铝板以及玻璃材料的电车在跨越下部的整个城市街区时，以一种抽象的形象与城市的天际线形成对比。

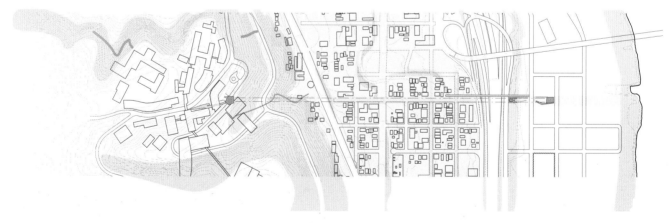

High-Flying Urban Link

PORTLAND AERIAL TRAM

Portland, Oregon, USA

Architect: agps architecture (M. Angelíl, S. Graham, R. Pfenninger, M. Scholl)
Engineer: Ove Arup & Partners (structural/mechanical); Dewhurst Macfarlane and Partners (facade engineering); GeoDesign (geotechnical); W&H Pacific (civil)
Date: 2003-2007

3.3.5　案例 5　尊严的门户

罗本岛轮船码头

开普敦，南非

建筑师：吕西安·格兰杰建筑规划事务所

修建时间：1999—2001 年

罗本岛位于距开普敦 12 公里的台伯海湾（Table Bay），在近 400 年间，这里一直是一个被放逐、隔离和监禁之地，关押着惹是生非、被驱逐等社会无用者。从 1836 年到 1931 年，这里是麻风病隔离区，到 1991 年之前是关押政治犯的监狱。南非前总统、诺贝尔和平奖获得者纳尔逊·曼德拉在他 27 年监狱生涯之中有 18 年是在罗本岛这里的一个小监狱里度过的。如今，这块地方已经成为一处历史文化旅游的朝圣之地，一处游客可以了解曾经的种族隔离政策黑暗历史的地方。故新轮船码头被命名为"纳尔逊·曼德拉之门"，并且其建设带动了维多利亚以及阿尔弗雷德滨水的更新。该码头同时也是一个展示海岛历史的博物馆，总体建筑布局重新诠释了柱与廊的古典语言，并赋予其公共空间的性质，成为欣赏台伯山风貌的一扇窗户。

渡轮在这里象征着从自由向监狱的转换，因此码头是一个非常重要的节点。码头大楼位于钟楼广场（Clock Tower Square）和滨水之间，人们从这里登船。这座建筑是一个安静、谦逊的转换空间，由一系列主题以及隐喻方式来传达这样的意境。大楼作为一个门户，如同不同环境中的前景；通过永久的图像展览、档案材料以及声音设备向大陆传达海岛的信息。这座大楼非常通透并且包含了大量广场、前庭等公共空间，不但体现了这片地区的尊严，并增强了城市的存在感，其板岩的立面暗示罗本岛上面的板岩监狱。因此，这个大楼并不仅是一个目的地，也不仅是一个纪念物，而是两种不同环境之间的入口与门户。

Gateway of Dignity

ROBBEN ISLAND FERRY TERMINAL

Cape Town，South Africa

Architect：Lucien le Grange Architects & Urban Planners

Date：1999-2001

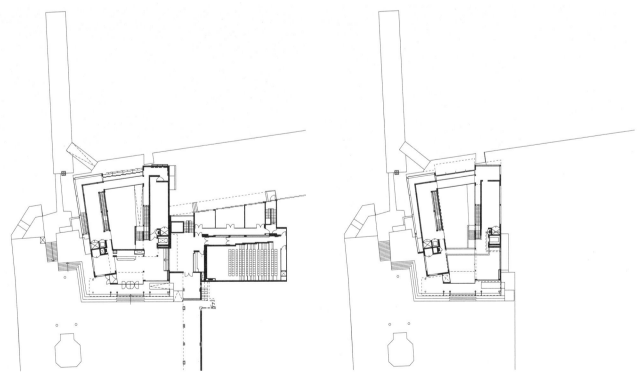

3.3.6　案例 6　景观水闸

恩克赫伊曾导航道和堤坝

恩克赫伊曾，荷兰

建筑师：茨瓦茨 & 詹斯玛建筑师事务所（Zwarts & Jansma Architects）

景观设计师：洛德韦克·巴乔恩（Lodewijk Baljon）

时间：1998—2003 年

　　经过 Krabbegat 水闸的不仅包括从艾瑟尔湖（Ijsselmeer）进入恩克赫伊曾（Enkhuizen）主要娱乐港口的船只，也包括在 Houtrib 大堤上往返于恩克赫伊曾和莱利斯塔德（Lelystad）之间的交通车辆，这些交通车辆只能通过一个吊桥越过这个水闸，由于水闸受容量的限制，所以它们通航等待过闸的时间很长。由荷兰公共工程和水管理总局委托建设的新水闸复合体，位于现有水闸的东部，通过把公路降低到水闸下面，避免航运与公路交通之间的冲突，同时安装了两个长 120 米，宽 12 米的独立闸室，极大地扩大了水闸的通行能力。

　　因此，这个新的基础设施既是一个水闸，又是一个渡槽——所以被命名为"导航道"（Naviduct）。

　　显然这个导航道发挥着供船只进入恩克赫伊曾本地港口的巨型入口的作用。水闸安置在大堤上，作为两大水体之间的通廊。因为公路从下面穿过，水闸如同从地上断开而不是埋在地下。它像一座"水桥"，给人强烈转换的感觉。此外，大堤在艾瑟尔湖一侧升起，是为保护新闸免受大浪、浮冰的破坏，同时也留出人工潟湖的通道，这一通道被拓宽成为门道，船舶在靠近导航道和港口前必须先通过这个门道。

　　荷兰景观设计师洛德韦克·巴乔恩将这个新的大堤作为整体改造的一个部分。他将挖水闸和水闸下面的公路所产生的大量淤泥和土，巧妙地用来建设这个新的大堤。大堤的外侧由带有抛石护坡的小型曲线形成。其背风面为以带有延长的小溪为特征的人工潟湖，同时希望将自然植被培育为一个安静的野生动植物栖息地。由此，一边是清晰的几何形态与明亮的混凝土水闸外表，一边是受大堤保护的蜿蜒的自然，这种对比恰恰强调了两个元素的功能性特征。

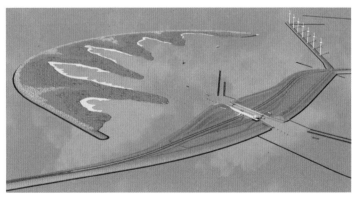

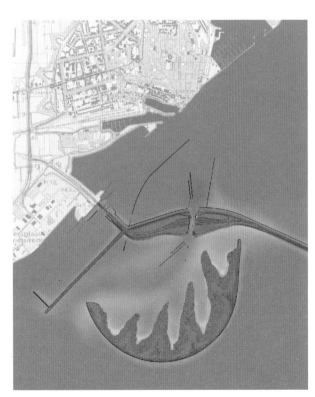

Landscaped Lock

ENKHUIZEN NAVIDUCT AND DIKE

Enkhuizen，the Netherlands

Architect：Zwarts & Jansma Architects
Landscape Architect：Lodewijk Baljon
Date：1998-2003

3.4　独特序列的蒙太奇展示

　　旅程中可识别部分的连续性可以构成一个序列。它比节点的片段化更具价值的是各部分之间自然连续并富有节奏的展现，增强线路的可识别性。当代的交通和流动性，使人们对城镇与景观图像的感知发生了改变，借由运动中的观者，设计通过不断强化的象征意义而提升场地的独特性。在当代基础设施的设计中，通过序列形成可识别性的方法是许多设计方法的基础。这在各种新道路断面设计中均有所体现，一定程度上源于现有环境，或者具有一致连续性的隧道、风雨廊、全景、桥、雨棚等可见景观。控制点、平曲线半径、表面的材质、可见标志的距离和位置，通过这些方式精心塑造出一种连续感，同时通过差异化避免单调感，形成可感知的节奏变化。基础设施的介入既加强了既有景观的地理特性，也强化了对周边城市或景观的感知。

　　瑞典新的 E4 号高速公路的设计者，试图以不同的手法装饰高速公路出入口及其周边景观，以此来标识沿线的不同区域（图 1）。高速公路美学的基本原理是为移动的观察者创造视觉序列；不同的序列反映出不同景观的意义。沿路既有景观的品质，也有通过微妙而有力的视角变化而形成的差异。在松兹瓦尔（Sundsvall），公路本身成了导向性地标，沿途不同的节点因为这条公路而清晰明了。相似地，在厄勒海峡最窄处的赫尔辛堡（Helsingborg），通往城市中心的六个不同节点如同一段舞蹈旋律。在波罗的海布罗湾（Bråviken）的诺尔雪平（Norrköping），四个不同节点形成了七个序列组，通过种植白杨树来定向展示沿路不同的景观。

　　电车轨道的设计运用了相似但更明显的手法。法国一些中等城市，包括南特（Nantes）、格勒诺布尔（Grenoble）、蒙彼利埃（Montpellier）和波尔多（Bordeaux）成功地用电车轨道重建了开放空间。在斯特拉斯堡（Strasbourg），有轨电车系统成功地重塑了沿线的整个邻里空间。由扎哈·哈迪（Zaha Hadid）设计的奥埃南（Hoenheim）终点站，在汽车和有轨电车之间形成了强烈且效果鲜明的交接面（参见 P88）——电车轨道在城市里作为可移动的通道，赋予其边界空前的活力。轨道沿线的景观——从北部的草坪到市中心的矿质表面，再到南部工业区的砾石层——在运动走廊的连续性中成为标志性的特征。有人认为这个电车轨道像变色龙，呈现了它所穿过区域的背景色。从电车窗看去，景观和建筑的形成多样、

图 1 不同部分的差异性
在瑞典北部，新建的 E4 号高速公路促使人们重新思考城市的入口景观。从松兹瓦尔市高速公路收费站到城中心的这段路程，设计概念是"六幕旅程"，目的是让海域景观和山林景观轮番呈现。

图 2　换乘综合体
巴西圣安德烈外围后工业
化地区的轨道和公交换乘
站，穿过高速公路，为城市
道路交通创造了不同的序
列。建筑师马塞洛·费拉兹
（Marcelo Ferraz）和弗朗
西斯科·法努奇（Francisco
Fanucci）将一个车站设计
为连接居民和潜在开发区的
枢纽。这个构筑物是一个过
街天桥，跨过铁轨可以看到
一个夹楼，在楼上可以俯瞰
公交站。它成为城市复兴的
一个闪光点，这个环状构筑
物也是俯瞰工业化景观的观
景点。

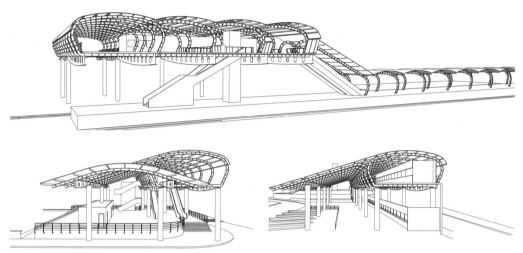

图 3　桥的序列
诺曼底大桥由米歇尔·维洛克斯（Michel Virlogeux）、弗朗索瓦·德耶洛（François Doyelle）、查尔
斯·拉维尼（Charles Lavigne）设计，是塞纳河上一座优美的斜拉桥，为混凝土和钢结构，跨度达 856
米，连接了翁弗勒尔（Honfleur）到勒阿弗尔（Le Havre），是横跨整个河口区大桥的一部分。整个大桥
先是沿河平行地穿过人口稀疏的沿大运河布局的工业区，接着为便于大型船只通行逐步抬升，形成一个弓
形高架。优美的 A 形柱支撑着一大束钢缆，透过这些钢缆，可以看到塞纳河令人惊叹的自然景观。

简洁，蒙太奇般轮番播映。

葡萄牙波尔图（Porto）及其姐妹城市马托西纽什（Matosinhos）的滨水步道设计，从步行速度的角度考虑景观变化。基于城市景观地理上的差异，一些著名的城市设计师做出了许多精彩的设计，他们都将聚居点与水的历史关联的精髓植入横断面设计中。在整段步道中通过形态构成、间断、加重等手法，以及对有趣地形的优先展示并使出道与地形完美融合，并精心地编排强调了自然景观与人工景观，从而产生了领域感步行线路也是巴西圣安德烈（Santo Andre）的火车、汽车换乘站和终点站设计的主要组成部分（图2）。它从两个方面实现了蒙太奇效果：一方面通过后工业语境本身的转换；另一方面通过结构——桥和覆顶的步行道的移动。当通过建筑加长的部分步行来到城市轨道的新地形时，人们便可欣赏到栩栩如生的景观序列。

最后，就桥梁自身而言，其独特景观通常受物质环境的约束，并通过其跨越的障碍物加强，超级大桥尤其能证明这一点。凭借工程本身就能创造与水平和竖向移动相关联的连续的空间体验。在诺曼底（Normandy），A29号高速公路在塞纳河谷巨大宽广的河床阶地中从台地上沿着悬崖骤降至最低点。在河谷上架设两座壮观的桥梁——一座似弯曲的弓弦（由间隔排列的混凝土柱支撑），另一座是斜拉桥结构（由河岸边的两根巨大的柱子支撑），它们强调了两端不同的景观环境（图3）。更具有代表性的例子是连接丹麦和瑞典的厄勒海峡大桥，入口、收费站、空间、路径、转换点和纪念物，一系列清晰的巨尺度的景观序列带来了清晰可读的旅程般体验。中国的杭州长江大桥，将一系列或多或少独立的构筑物联系成为连续的特色景象，虽然很少打破景观序列，但因其规模巨大，也让人感受十分震撼。

3.4.1　案例 1　电车轨道变色龙

斯特拉斯堡有轨电车（A 线）

斯特拉斯堡，法国

建筑师：诺曼·福斯特、Jean-Michel Wilmotte（电车站）；Guy Clapot（克莱贝尔广场、铁人广场）；Gaston Valente，Richard Normand，Bernard Aghina，Bernard Barto（站前广场、地铁站）
景观设计师：阿尔弗雷德·彼得
修建时间：1990—1994 年（A 线）

　　斯特拉斯堡有轨电车网的景观设计师，阿尔弗雷德·彼得自信地认为"可以将轨道交通作为公共空间设计的工具"。从 20 世纪 90 年代早期开始建设，这个电车轨道网已成为重塑城市景观的动力。A 线（第一条线）长 10 公里，从西北穿过城市中心直至东南，将既有的三条车行道改变为一条单车道，并恢复了双向循环的电车轨道和人行道。这条线路分为三个不同的景观序列，每一个序列都从邻近城市功能区中挖掘其特征，并加以利用和提升。西北端部分——从奥特皮耶尔（Hautepierre）邻里空间延伸到城市中心区边缘，途经大医院综合体和克隆尼堡（Cronembourg）地区——电车轨道穿过绿草地，将过宽的街道精减为一个新类型的公园道，并设有一个独立的轨道分区，创造了一度缺乏的公共空间。在市中心，轨道的材料——粉红的花岗岩石材和苍白的混凝土板，同狭窄的街道两侧的建筑立面协调一致。在南部，轨道沿着以前到科尔马（Colmar）公路的中间车道设置，轨道边缘种植椴树。

　　电车轨道作为一条明显的轴线，既重组了城市结构，也为所经过的城市环境赋予了活力和动力。新环路系统和公路匝道解放了城市中心的交通压力，并扩大了步行空间。轨道——城市里一条移动的步行道，提供了连续性，同时也强调了场所感知中的差异性。它顺应周围环境，并给沿线公共空间带来了发展的机会，进而形成了串联这些公共空间的整体语汇。作为第一个节点，克莱贝尔广场（Place Kléber）从一个交通通行空间转变为步行广场，环状绿廊是这个"铁人广场"（Place de l'Homme de Fer）的标识，并成为电车、公交车、小汽车和行人的转换枢纽。这个城市的站前广场，由 Normand-Valente-Aghina-Barto 设计，一个巨大的玻璃顶遮盖着地下的电车站，并与铁路、停车场一起形成联合运输枢纽。特别值得注意的是，景观设计也关注着街道设施的质量，以及外围欠发达地区有轨电车站的重建。在那些公共空间被忽视的地区，有轨电车作为一个契机，把不同地区关心公共空间的人们更紧密地团结在一起。

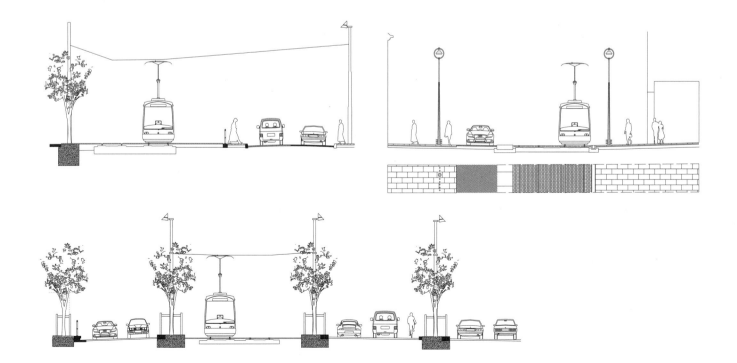

Tramline Chameleon

STRASBOURG TRAM (LINE A)

Strasbourg, France

Architect: Norman Foster, Jean-Michel Wilmotte (tram stops); Guy Clapot (Place Kléber, Place de l'Homme de Fer); Gaston Valente, Richard Normand, Bernard Aghina, Bernard Barto (Place de la Gare, underground station)

Landscape Architect: Alfred Peter

Date: 1990-1994 (Line A)

3.4.2 案例2 变化的滨海步道

杜罗河滨水步道

波尔图到马托西纽什，葡萄牙

建筑师：爱德华多·索托·德·莫拉（大西洋滨海步道，马托西纽什北部），曼努埃尔·德·索拉－莫拉莱斯（大西洋滨海步道，马托西纽什南部/波尔图北部及城市公园），曼努埃尔·费尔南德斯·德·萨（杜罗步道和边际公路桥），梅诺·斯梅斯（餐厅展馆）

景观设计师：贝丝·菲格拉斯和伊莎贝尔·比利奥（南段步道）

修建时间：2000—2003 年

连接波尔图到大西洋以及邻近马托西纽什市的滨海通道，在一系列著名地中海建筑师、城市设计师及景观设计师的共同努力下得以重建。这个复兴工程是波尔图作为 2001 年欧洲文化之都，受欧盟城邦计划资助的推动下启动的。这条广受欢迎的步道最广为人知的部分是位于马托西纽什市 3 公里长的滨海栈道，北段由爱德华多·索托·德·莫拉设计，南段由曼努埃尔·德·索拉－莫拉莱斯设计。索托·德·莫拉设计的大西洋边的滨海步道的布局简明：花岗岩石材铺装的人行道长 740 米，宽 19 米，由一段可供休息的矮墙限定，并且保证了港口的活动与大海的视线不受干扰，这个滨海步道同时也是一系列滨水建筑的主轴。由索拉－莫拉莱斯设计的南段部分实现了将山谷恢复自然的宏伟意图，小路自由地沿海边设置，不规则的节点和岩石的山谷相互

融合，一系列小退台、观景点、平台、支撑墙和凉亭更加深人们的印象。高架桥取代了路堤，以减少对自然的干扰，形成了海滩和公园依次出现的新景观，并伴随着由木料、沥青、混凝土和耐候钢的色彩而变化。混凝土框的花坛，设置在地面处，不仅可以保护植物，同时也可以在多风天气下保护游览者。通过升高高架桥边缘，索拉－莫拉莱斯的设计将 60 公顷的城市公园与海景联系起来，一个开放的4 层建筑作为"绿和蓝"（公园与海景）的交汇点，能俯瞰整个海洋与公园的景观。

需要注意的是，这个典型的滨水公共空间只是环入海口大尺度连续空间的一个片段。在不同情况下，每个设计师针对当地特定条件作出不同回应，故而形成了一系列布局设计。沿着杜罗河（Douro River）的城市历史街区，设计方案包括整修路堤，以

及在河上设计一座蜿蜒曲线式的桥（由曼努埃尔·费尔南德斯·德·萨设计），通过让交通线绕开码头周边地区，不但隐藏了新排水系统，而且也保护了 18 世纪的码头构筑物遗址。在河流下游，梅诺斯·梅斯设计了一系列位于大型海滨公园中的透明钢框玻璃餐厅。除了重塑公共空间领域，这条滨海步道还串联了许多值得注意的复兴措施，如塞拉维斯当代美术馆（Serralves Museum，阿尔瓦罗·西扎设计，1997 年）、水晶宫（Crystal Palace，José Manuel Soares 设计，1998 年）的翻修，以及马托西纽什南部在前罐头厂（阿尔瓦罗·西扎设计，1996 年）基址上新住宅的更新。整个工程因驱动力和恢复滨海自然品质而广受关注。这个滨海步道的连续性——静态的沉思和动态的美景，通过差异化的建筑表达方式而与众不同。

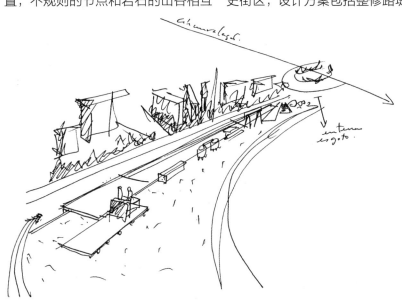

Shifting Waterfront Promenade

DOURO PROMENADE

Porto to Matosinhos，Portugal

Architect：Eduardo Souto de Moura（Atlantic promenade，northern Matosinhos），Manuel de Solà-Morales（Atlantic promenade，southern Matosinhos / northern Porto & city park），Manuel Fernandes de Sá（Douro Promenade & Marginal road bridge），Menos é Mais（restaurant pavilions）；Landscape Architect：Beth Figueras and Isabel Diniz（southern promenade）
Date：2000-2003

Atlantic promenade，northern Matosinhos

Atlantic promenade，southern Matosinhos / northern Porto & city park

3.4.3 案例 3 土木工程的四项技术创作

厄勒海峡大桥与隧道

哥本哈根（丹麦）到马尔默（瑞典）

建筑师：乔沿·K·S·罗恩
工程师：ASO Group. 厄勒海峡联合咨询公司
修建时间：1992—2000 年

厄勒海峡大桥连接着丹麦首都哥本哈根与瑞典第三大城市马尔默，是跨欧洲交通网宏大计划中的一部分。该计划连接了北欧、东欧和地中海国家，也将四个大型民用工程项目连接起来，在空间上形成了一个连续的通道。

第一，丹麦的凯斯楚普（Kastrup）有一个人工半岛，该半岛拥有技术综合设施后勤设备、公路和铁路基础设施线路。斜坡和挡土墙隐藏了后勤设备，并展示了一系列不同的海洋景观。第二，在杜洛格敦（Drogden）下建设了一条 3.5 公里长的下沉隧道，隧道外壁包覆铝皮，隧道内壁是混凝土，隧道出入口坡道上的水平屏障缓和了自然光与人工光之间的骤然转换。第三，即佩博霍尔姆（Peberholm）人工岛。这个岛的位置和形式取决于海峡到丹麦的萨尔特岛（Saltholm）海豹和鸟类保护区的距离，并受从航道和水上交通路线疏浚沉积物的限制。这个 4 公里长的岛是隧道向大桥过渡的标志。最后，即这个曲线桥本身，是由钢桁架和对角线形成的二层结构，非常优雅。火车在桁架里面通行，上层的四车道平台供汽车通行。桥上所有桁架间距固定为 20 米，只有在国际航道处形成单跨 490 米，净空 57 米的空间，钢缆固定部分和高架部分总长 7845 米。

这个巨型工程不仅在工程技术上取得了巨大的成就，它也超越基本的连接功能，成为一个国际性的门户，并且也在波罗的海脆弱的生态系统中成为建设大型工程最小干预的典范。这片海域曾经是一片内陆湖，也是世界最大的咸水湖之一，拥有独一无二的海洋生物，因此，此工程的建设必须尽可能地减少对水流动的影响。桥的轨迹采用大曲线的轻微隆起，没有生硬的对接感，既与海的跨度有关，也与两边起伏的景观有关。这座桥由一系列"插曲"组成，从丹麦开阔的景观开始，逐渐减弱直至消失在水下的隧道，再到新岛上作短暂的放松，之后在桥中央桥塔的引领下进入曲线路径，最后登陆瑞典石灰岩海岸。

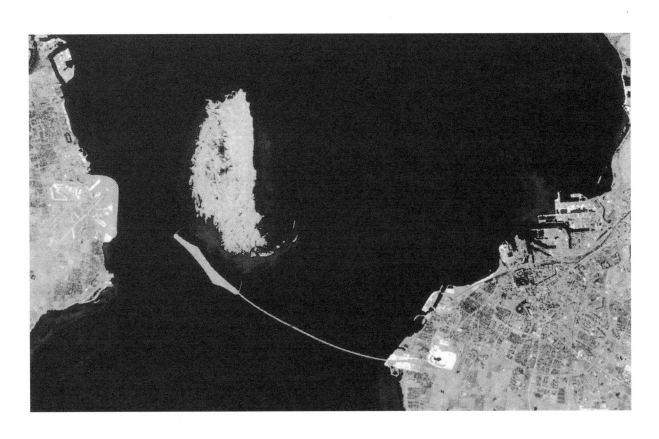

Civil Engineering in Four Acts

ØRESUND BRIDGE AND TUNNEL

Copenhagen（Denmark）to Malmö（Sweden）

Architect：Georg K. S. Rotne
Engineer：ASO Group，Øresund Link Consultants
Date：1992-2000

3.4.4　案例 4　令人印象深刻的混凝土大桥

杭州湾大桥

杭州，中国

工程师：CCCC 高速公路咨询公司
修建时间：1994—2008 年

杭州湾大桥位于中国东海，跨越钱塘江，连接上海与浙江宁波。这个斜拉索桥是世界最长的横越海洋的桥。它位于中国"工业金三角"的上海、杭州和宁波（现在中国第二大货运口岸）之间。这个三角洲地区虽然人口仅占全国总人口的 8%；但 GDP 却占全国的 21%。这座桥的重大意义在于，推动这片业已繁荣的区域进一步发展为继巴黎、伦敦、纽约、东京、芝加哥之后的全球第六大都市聚集区。杭州湾新区（主要面向工业投资）位于宁波段的起点处，在工业产出上起至关重要的作用。这座桥也是中国东部沿海高速的重要

节点，它将宁波到上海的陆地交通距离缩短至 120 公里，通行时间也从四个小时缩短到两个小时。

这座 S 形桥的结构形成了它的景观序列，桥长 35673 米，宽 33 米，双向 6 个快速车道（单向各 3 个）。北段的低矮桥墩支撑着后张拉力混凝土箱型梁，是一个 448 米长的斜拉索桥，设有两个对称的钻石形塔。中间部分总长 9.4 公里，低桥墩支撑着 70 米长的后张拉力混凝土箱梁。南段有一个单独的 A 形塔，跨度 318 米，净高 62 米，这个巨大的高度是为了保证第四、第五代集装箱货船能顺利

通过。在技术上，这座桥的结构不仅要能抵御钱塘江的大浪和激流，而且要能经受高频率的台风袭击和里氏 7 级地震的破坏。南段登陆的区域由三个部分组成：水上部分（长 6 公里）、泥沼地部分（长 10 公里）和陆地部分（长 3.2 公里）。两个跨度之间是一个面积 1 万平方米的服务岛，这个服务岛不仅是驾驶者的观景点，同时也是安全服务和救援的保障，提供住宿、餐饮、服务站和观景塔，甚至可能成为旅行者观看钱塘江的主要目的地。为了避免潮汐的影响，整个服务岛均建于桥墩之上。

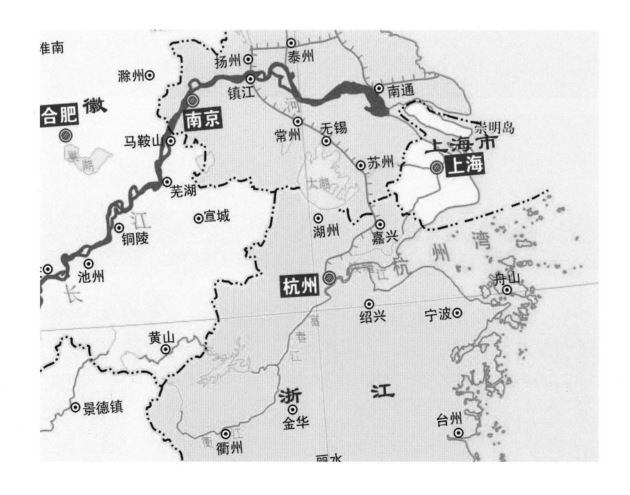

Impressive Concrete Reptile

HANGZHOU BAY BRIDGE

Hangzhou，China

Engineer：CCCC Highway Consultants
Date：1994-2008

3.5　建构影像化的行程

　　一定程度上说，移动的景观类似于移动的画面，它由众多细微变化的景象构成。大部分基础设施以一种或者多种方式影响着移动的视觉感受。然而，它们也存在差别，好比将一部电影里有限数量的不同画面序列（参见 P156）浓缩为一张幻灯片。即使这一序列中的任何部分看似都是静止的，但是每一幅独立场景之间的差别形成的动感启发了我们设计的灵感。在 19 世纪，随着交通工具的发展，观察者在移动中的观察方式也发生着变化。电车和火车沿其轨迹，将周边的环境转化为一幅幅动态的画面，这个画面充满了连续与间断、快与慢、实与虚的韵律和谐。

　　机动车的出现让这种电影化的视觉感受更为显著，驾驶的过程主要是感受运动及空间上连续序列变化的过程。1966 年，劳伦斯·哈普林（Lawrence Halprin）指出高速公路纵横交错的几何形态能带给司机动态美的感受。[1] 他认为，移动可以创造感官艺术。直到今天，对此美感的追求仍然是高速公路设计中使用的主要手法。它通过创造一种自主自发的艺术，一种至高无上的体验，来实现对技术成熟终极追求的目标。这样的设计态度脱离周边景观，创造了一种新的景观。视觉是感受空间序列连续性的第一感官，所以旅客对空间序列动态变化的印象远远超过了对路本身的感受。

　　美国艺术家维托·阿孔奇（Vito Acconci）的许多设计都运用了这种方法。他强调"设计自由"，并试图创造使用者与观察者之间的内在联系，他偏爱的设计项目不是博物馆类型，而是有很强可观性、可用性的公共空间。不管是在荷兰设计的自行车停放构筑物，还是在奥地利格拉茨（Graz）设计的穆尔岛（Mur Island）大桥（含剧场、游乐场、咖啡馆），都是顺应环境的内向式构筑物，促使公众、场地与所创造的构筑物之间发生关系（图 1）。曲线的形式、变换的柱列、统一的符号，这些元素给观察者带来不断发掘连续演进空间的感受。自然与技术并重，是对感性与理性的形象展现。

　　桥通常具有象征意义，所以大量创新性桥梁设计不断涌现。横跨荷兰伊日河（IJ River）的简·沙费尔大桥（Jan Schaefer Bridge）创造了一个城市剧本——一系列城市印象构成的新全景（图 2）。这座桥位于阿姆斯特丹建筑形式混杂的东码头地区。桥以切割和跨越的方式，穿越周围景观并以框景的方式来凸显景观的不断变化，如同一出精心执导的电影。在法国埃夫里市（Evry），由

图 1　在树林中盘旋

在海牙（Hague）的一个公园中，位于三棵树之间的由钢和高分子材料建成的环状免费自行车停车设施，创造了流动和连续性的景观。这个设施在景观中显得异常生动活泼，在这里停车或步行通过的人也会成为影像化景观中的一部分。阿孔奇工作室在满足使用功能的情况下，也将激发人想象力的可能性融进了这个设施。停车的部分是环状坡道，中心是一个飘浮的透明圆屋顶的保安室。游客穿过树林进入透明的坡道停车，从保安室取票后沿坡道走出来。这个构筑物的支撑结构还可以作为地面的游乐场。

图 2　在开口与平面间的跳跃

阿姆斯特丹的简·沙费尔大桥长 200 米，横跨伊日河，连接了爪哇岛（Java Island）和长岛（Oostelijke Handelskade）。设计师汤·维尔霍文（Ton Venhoeven）为了满足步行、自行车和小汽车三种交通方式不同路径和速度的需要，将桥的横断面设计成得在开口和平面之间可以自由切换的方式。从不同的透视角度看，城市景象如同一系列镜头一样依次展开。

图3 活力步行桥

法国埃夫里市（Evry）重建的步行桥由DVVD建筑师事务所设计，长62米，宽3米，连接金字塔区（Pyramids）衰退的住宅区和米鲁瓦广场（Place de Miroirs）。这个螺旋的钢构步行桥采用了一个不断变化的管道，既可以容纳行人，阳光也可以透射进来。桥面结构由四根管状的螺旋横梁串起的一系列隔板构成。四根横梁架在三个高分别为24.4米、26.3米、11.3米的保留下来的旧弓形柱上。这座轻巧又有趣味的桥凸显了对流动性的关注，同时与木质的曲线地板和间隔4米的隔板共同形成一个有活力的整体，成为附近街区的一个地标。

图4 交错的桥梁

由马克·米姆拉姆设计的位于巴黎皇家桥（Pont Royal）和协和桥（Pont de la Concorde）之间的索菲里诺步行桥，优美地连接了塞纳河左岸和右岸上下两层堤岸。上层平台和下层拱形之间的单跨薄甲板使这座桥显得结构轻盈通透。下层拱形连接码头，行人可以上下自由切换，在过河的时候会形成两种截然不同的体验：一方面，当行人从下层穿过时可形成框景；另一方面，可形成与周围环境不同的影像般透视效果。

DVVD 建筑师事务所设计的新步行桥，通过一系列扭曲的结构性孔洞创造出了移动的景观序列（图 3）。巴黎奥赛美术馆（Museé d'Orsay）与杜伊勒里宫（Tuileries）之间的索菲里诺步行桥 [pedestrian Solférino Bridge，马克·米姆拉姆（Marc Mimram）设计，1999 年] 是西蒙·德·波伏娃步行桥 [Simone de Beauvoir Footbridge，迪特马尔·费许丁格（Dietmar Feichtinger）设计] 的先驱（图 4）。两座桥皆由许多桥合成，并创造了复杂多样的体验。它们连接了不同标高的城市步行系统，创造出艺术化的地表起伏，调和了技术逻辑性与空间体验之间的矛盾，将技术和形式上的原创性融入城市普遍实用性中。

影像化的效果同时也强烈地表现在交通站点建筑中。在意大利的萨勒诺（Salerno），扎哈·哈迪德设计的新海运轮渡站运用夸张的几何形态表现了标志性的活力。它表现出一种抽象的超现实主义美，这种美具有高度的电影艺术感。其形态变化间的完美转换，赋予空间一种流动感。流动的几何形态也是荷兰建筑事务所伯克尔（Ben van Berkel）和卡罗琳·博斯（Caroline Bos of UN Studio）设计的荷兰阿纳姆（Arnhem）中央综合枢纽使用的主要手法，同时它也为多样的透视视角提供了可能性。与单一的标志性符号不同，这个综合枢纽非对称的凹面交织，遵循着复杂基础设施的逻辑，创造了出乎意料的动态和镂空连续空间。另外，由特里·法雷尔事务所（Terry Farrell and Partners）设计的韩国仁川国际机场的地面交通中心，为了满足航空大流量换乘的需要，此中心采用了可塑性形态。法雷尔的项目，同许多其他建构影像般旅程项目一样，注重空间的连续性，展示运动和前进的力量，同时注重在紧密的连续性中创造富有节奏感的虚实变化。

---

1 Lawrence Halprin, *Freeways*（New York：Reinhold，1966），23.

3.5.1　案例 1　漂浮的流动性

穆尔岛

格拉茨，奥地利
建筑师：阿孔奇工作室
修建时间：2001—2003 年

位于格拉茨的这个充满趣味性的跨越穆尔河的穆尔岛是在 2003 年格拉茨成为欧洲文化之都的背景下设计的。这个岛长 47 米，宽 18 米，由玻璃和网状的钢架组成。它同时也具有桥、剧院、咖啡馆和游乐场的功能。在这个岛的带动下，之前被城市和工业废水污染的穆尔河，也受到人们的重视而转变为具有活力的空间。桥中间的曲线支墩形成了一个小岛，一半被玻璃拱顶遮盖，一半是圆形剧场形状的开放空间。它自身的循环流线也充满了戏剧性，沿着这条流线进入隧道，穿过一个圆顶空间，到达碗状空间，最后到达圆顶的隧道空间。透明合成树脂和带孔金属板围合空间的同时，又保证视线的通透。玻璃圆顶的下面，是一个蓝白相间的咖啡馆，它为人们提供亲水的机会。碗状空间是一个剧院，里面排列着用透明的格栅或者穿孔的金属制成的看台。沿着看台往下，底部是舞台。当没有演出的时候，这里也可以作为一个公共空间。圆顶空间和碗状空间之间的过渡部分是儿童游乐区。这个游乐区一直延伸到圆顶空间中，不管是圆顶表皮背后的内部空间，还是河水上方的碗状内部空间都是可以使用的。

阿孔奇的设计将河中间的空间作为城市结构组织的一部分。穆尔岛将穆尔河重新带回到了格拉茨居民的生活中。因为铰链式的支墩锚固在缓慢倾斜的支撑上，所以整个岛漂浮在一个大的浮筒上，并且可以随着水位高低而升降。这座桥连接了老城中心和另一端的新住宅区，这个小岛在城市里也扮演着当代艺术和建筑催化剂的角色。这种形式与功能创造性的融合，不仅激发了本地艺术家，也推动了"城市剧场"的理念。穆尔岛最初只是一个临时构筑物，但后来非常受欢迎，所以就被保留下来作为永久性构筑物，这个平滑的构筑物如今是城市的地标。即使在晚上，一旦有导航需要，这个岛不仅内部蓝色灯光亮起，同时支墩也被点亮。

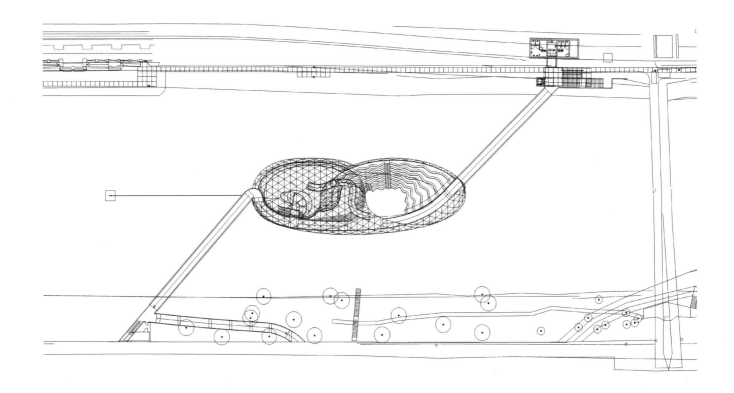

Floating Fluidity

MUR ISLAND

Graz，Austria
Architect：Acconci Studio
Date：2001-2003

3.5.2　案例2　弧与链的交互

西蒙·德·波伏娃步行桥

巴黎，法国

建筑师：迪特马尔·费许丁格建筑师事务所

工程师：赖斯·弗朗西斯·里奇

修建时间：1999—2006年

　　轻盈优雅的西蒙·德·波伏娃步行桥跨度达270米，连接了塞纳河南岸弗朗索瓦·密特朗国家图书馆（François Mitterrand National Library）公共广场周边的后工业再开发地区与北岸的贝尔西公园（Bercy Park），同时也连接了这两个地区码头周围的步行廊道。码头之间一条细长的富有张力的曲线与相反方向的预应力悬浮链状曲线相平衡，后者跨越了两条繁忙的平行道路延伸到河边，连接了被塞纳河分割的独立城市地区。结构上的轻微倾斜，使行人能行更方便，在两个几何形体相交的地方布置了流畅的交叉路线，这使行人在通过这座桥时可以选择不同的路径来体验滨河景观或者城市景观。弧与链的交互形成了匀称的"透镜"（Lens）空间，其中的两层公共空间长65米，宽12米，悬浮于水面之上，它是新景观中的稳定要素，故而没有设计任何装饰。上层空间是一处壮观的观景平台，同时也可以作为水上娱乐活动的带座椅的活动看台。下层空间可以放置临时装置或活动设施，如报亭摊点、定期集市或二手书货架等，因此，下层平台必须隐藏于上层平台。

　　此步行桥采用两层结构相互支撑，所示非常高效。地面铺设防滑橡木条，旁边设置铝制护手，及完备的整体轮廓照明系统。栏杆上的钢网营造一种轻盈的感觉，与钢结构形成对比。这个透明的钢网不仅在桥与河之间提供安全保障，同时又不遮挡景观。相互交织的起伏路径与混合结构的受力线相关，所以行人无论在桥上或者桥内行走，都能自主选择与水面的亲近距离。这座桥象征着三条相互平行关联的路径：内在起伏的路径、向城市开放的路径和向水开放的路径。在弧形桥上，行人能看到巴黎圣母院（Notre Dame Cathedral）和古城中心，顺着路径从桥上往下看，视觉焦点最终落在桥的下层平台空间。这座桥不仅满足通行功能，更是给行人创造一个欣赏和体验临河连续变化景观的机会。

Arc & Catenary Crisscrossing

SIMONE DE BEAUVOIR FOOTBRIDGE

Paris，France

Architect：Dietmar Feichtinger Architects
Engineer：Rice Francis Ritchie
Date：1999-2006

3.5.3　案例 3　动感的入口

萨勒诺海滨轮渡站

萨勒诺，意大利

建筑师：扎哈·哈迪德建筑师事务所
修建时间：1999—2009 年

萨勒诺（Salerno）坐落在意大利著名的阿马尔菲海岸（Amalfi Coast），是庞贝（Pompeii）、帕埃斯图姆（Paestum）和波西塔诺（Positano）三个重要旅游城市形成的"旅游金三角"的几何中心。萨勒诺海滨轮渡站由扎哈设计，表达城市与水的亲密关系。因为每天都有大量渡船和游艇经过这里，所以它也成为了一个旅游胜地，这个轮渡站状如牡蛎，有坚硬的保护外壳和柔软流动的内部空间，巨大的肋条屋顶是轮渡站外壳的支撑结构，同时也遮挡着地中海强烈的日光，而轮渡站内部融合了陆地和水，形成了连续流体与柔软地形。这个轮渡站由三个紧密相关的部分构成：管理用房、渡船码头和游艇码头。入口层提供了一个观看结构装置的视角，不同的服务设施井然有序、一目了然，这种动感的雕塑形式，给人一种别样的空间体验。地面层的标志是独特的外观和照明系统，其功能是售票和候船。它可以引导乘客沿着轮渡站方向，到达上层，来到登船的入口。对每天通勤频繁的人来说，这个线路是最便捷、高效的。

用相互连接的带状表皮将动态空间包裹起来，是扎哈标志性的设计手法，雕刻般的线条和形式极具视觉表现力。这个建筑实现了陆地与海洋之间平滑的过渡转换：地面层以人工地形开始，到顶部逐渐转换为以水景为主的自然景观。此轮渡站既是一个转换空间，也是一个纪念性空间。它的灯光效果与这座城市象征诺曼底人（Norman）和撒拉逊人（Saracen）历史的标志性灯塔相呼应。

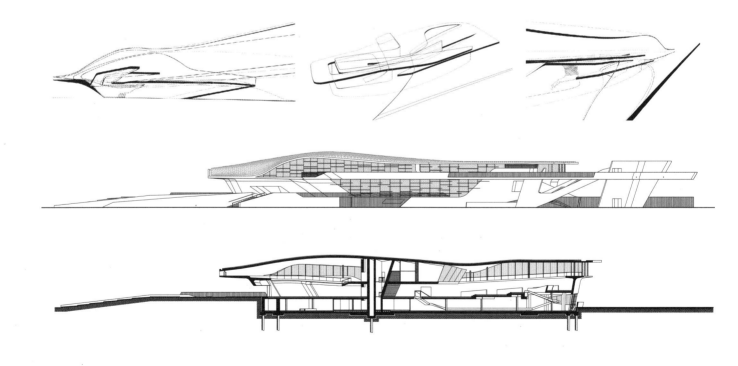

Dynamic Threshold

SALERNO MARITIME TERMINAL

Salerno，Italy

Architect：Zaha Hadid Architects
Date：1999-2009

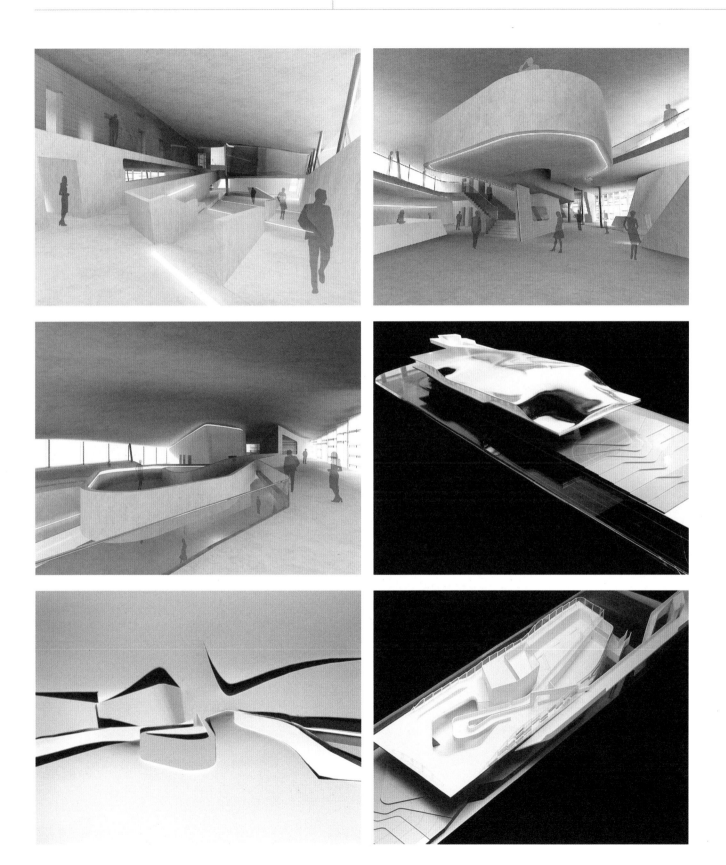

3.5.4 案例4 流动的转换地带

阿纳姆，荷兰

建筑师：UN Studio 事务所
工程师：奥雅纳事务所
修建时间：1999—2020 年（预计）

阿纳姆中心车站

荷兰阿纳姆昔日的铁路站区域现已成为新的综合交通枢纽，包括一个新的车站大厅、第四站站台、一个公共汽车终点站、一个铁路地下通道（railroad underpass）、一个车行隧道，5000 辆自行车存车库和 1000 辆小汽车停车场。同时还新规划了 8 万平方米的两座 15 层的办公空间、1.1 万平方米的商业空间和 150 套住宅空间。这一再开发用地的核心是气候可控的覆顶广场，设有通道可以连接停车场、办公空间以及通往城市中心的道路。动线研究是这个项目的重点，利用城市自然地形的高差来创造循环路线的重叠关系。地面层一般情况下只在一个标高上，但此地面层的标高是复合的，通过竖向上的变化分成不同的部分，并创造相应的公共领域。这个项目形成了一系列水滴状的动态流体空间，鼓励行人在竖直方向上穿行于这个巨大的建筑中。

从逻辑上讲，公共汽车和小轿车的流线是由步行路径界定的。利益共享空间的相互重叠，决定了空间布置具有功能的混合性。自然光可以穿过这个大型建筑直射到车站、停车场、办公室等较低层的入口区，不仅形成清晰的视线帮助行人定位，而且为行人提供安全感和舒适感。人流、交通系统、照明、结构、入口疏散和便利设施融合成一个连续的景观，交通系统贯穿这个连续景观，形成了一条活力轴线，使整个新建的高层塔楼生机盎然。

level 24.5 + NAP

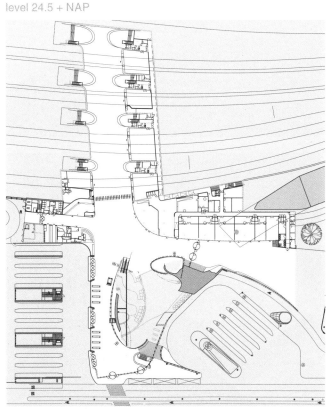

level 32.5 + NAP

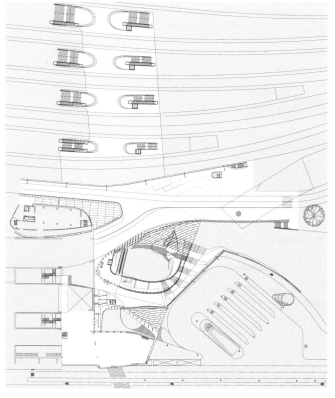

Fluid Transfer Zone

ARNHEM CENTRAL STATION

Arnhem，the Netherlands

Architect：UN Studio
Engineer：Ove Arup & Partners
Date：1996–2020（projected）

3.5.5 案例5 航站楼里的旅程

首尔，韩国
建筑师：特里·法雷尔事务所、山木建筑师事务所、DMJM
修建时间：1996—2002 年

仁川国际机场

　　仁川国际机场位于黄海的一个人工岛上，距首尔 50 公里，是通往东北亚的主要门户，预计可达到每年 1 亿游客的终极容量。机场展现出的全球化姿态和民族激情在神秘、巨大的地面交通中心（GTC）充分得到了体现。6 层高的 GTC 独立于两个现有航站楼之间，目的是在各种交通方式之间实现高效换乘。它包含三种轨道系统：地铁、普铁和高铁；公交长途大巴车站；出租车、汽车租赁、酒店、旅游大巴候车区，此外还有能容纳 9000 辆小汽车的停车场。特里·法雷尔通过特殊的形式将如此错综复杂的关系整合起来，同埃罗·沙里宁设计的纽约肯尼迪机场的环球航空公司候机楼一样，这种形式只是暗示当地图腾和国际航空的一种标志。

　　这个 GTC 综合体协调地坐落在现有航站楼的弧线中。乘客最终汇聚于一个中心跨度达 190 米的大厅，这是一个桁架屋顶、阳光可以直射的空间，这个空间如同在致敬往来的航班，象征了维多利亚时期的大铁路枢纽。其几何形态和明确的空间引导乘客走向航站楼，200 米长的玻璃步行廊道连接地下停车场与大厅；此外，另外两个如翅膀一样展开的狭长、低矮的通道将外部停车区也连接到了同一大厅。大厅与通往停车场的步行廊道之间的下沉花园，采用了韩国传统风格，与建筑内部的光滑材料、太空时代风格、和充满了曲线、隧道及复杂的穿插关系的三维空间形成鲜明对比。大厅的顶部是一个巨大的钢结构，形状像一只飞鸟，在功能上可以加速风的流通，使 GTC 能部分实现自然通风。这个规模巨大的综合体，由不锈钢板和玻璃组成，在景观中形成了一个突出的地标。此外，内部错综复杂和部分重叠的流线同时创造了一个有趣的电影般的空间旅程。

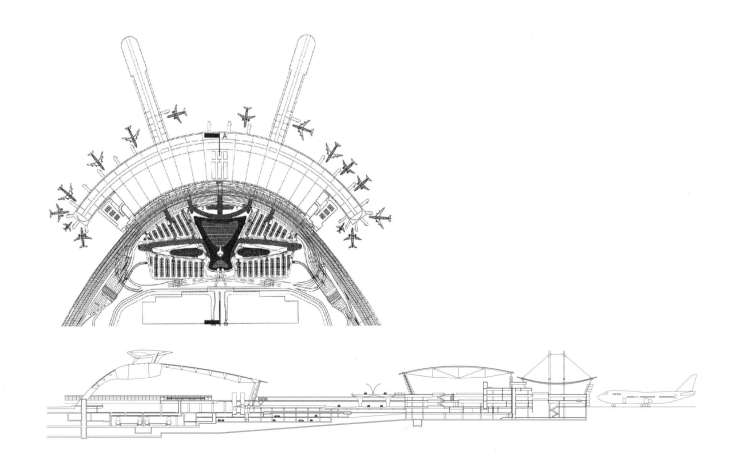

Terminal Transport Itineraries

INCHEON INTERNATIONAL AIRPORT

Seoul, South Korea

Architect: Terry Farrell and Partners, with Samoo Architects and DMJM

Date: 1996-2002

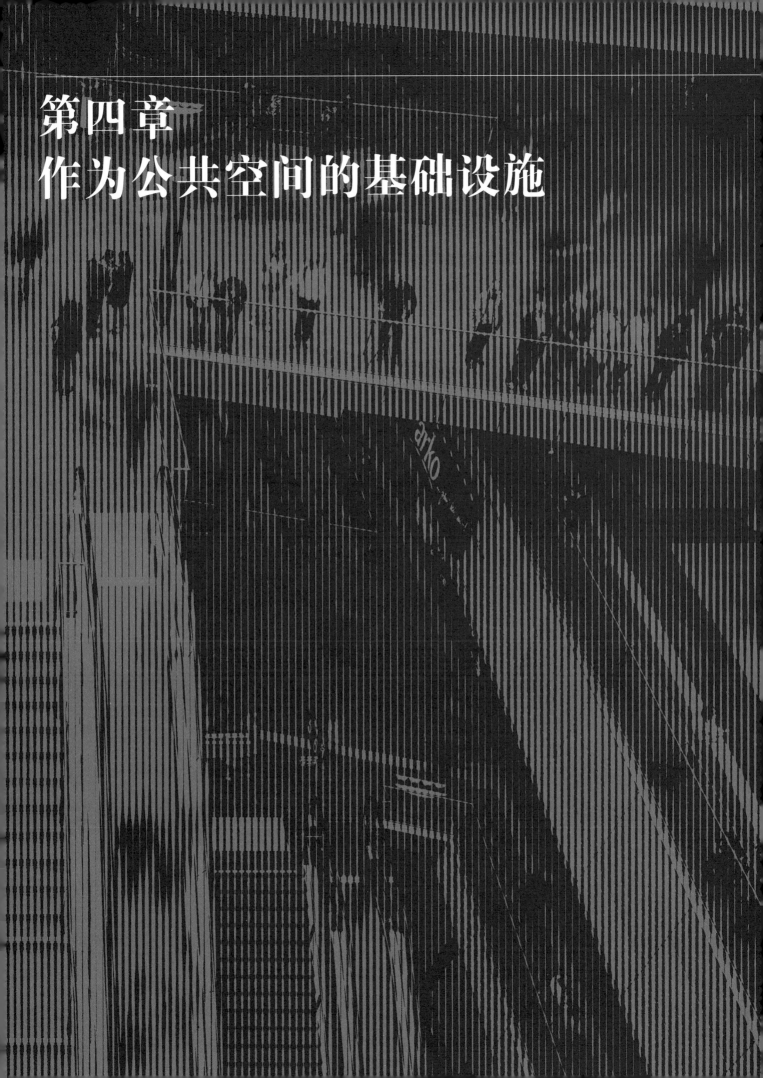

第四章
作为公共空间的基础设施

4.1 引言 对公共领域认知的变化

基础设施最终会作为公共空间而存在：由公共机构负责，任何人均有使用权，同时也成为公共旅程或公众聚集的场所。基础设施就其本质而言，已超出了单个空间边界并扩展了公共领域，清晰地传达出了当代社会的理想与尊严，基础设施投资因此可以在更加复杂的城市转型过程中采用一种公共管理或者公共合作的模式。明智而审慎规划的基础设施是控制私人开发以及改进城市实施战略最有效的方式之一，因此，基础设施建设往往会涉及更具包容性的景观或城市项目。

纵观历史，很多项目都是建在交通运输发达的城市公共领域。空间的民主性在公共领域表现明显，也激发了公共领域表达范式的转变。从 19 世纪中叶起，公共大楼成为公共领域资产阶级观念的象征。与宫殿、花园、舞厅以及其他一些供贵族集体使用的私密空间不同，包括歌剧院、剧院、车站大厅、学校在内的一系列新型聚集场所则向所有市民开放，并且约束公众行为以符合文明社会的规范礼仪（图 1）。通过具有纪念意义的构筑物、宽阔的台阶、门厅以及公共空间和内部空间的延展，这些建筑体现出对使用者的关注并表达了对人的尊重。很多空间的公共性质强弱很大程度上取决于其出入口是否面向大众。城镇以及交通的交织让居民、游客、散步者和旅行者处于一种混杂的状态。虽然现在有以安全和经济的逻辑来安置公共空间的做法，不过这种混杂的状态最终还是迫使交通节

图 1 奢华的等待室
在 20 世纪之交，位于巴黎的里昂车站（Gare de Lyon）"蓝色火车"（Le Train Bleu）是一个豪华餐厅。它不仅服务于前往地中海海岸的头等舱的乘客，也服务于巴黎的中产阶级。

图 2 公共大厅
重要城市中的早期火车站，是集聚不同社会阶层和不同身份人的场所，比如一个世纪前的纽约宾夕法尼亚车站（Penn Station）。车站大厅作为重要的公共场所，成为城市与火车旅行之间的转换点。

点保持在公共空间中央的位置。

通过对交通史的梳理，我们发现，人们对公共空间观念及对空间表达发生了很大的转变。蒸汽轮船的出现虽然改变了整个 19 世纪的交通，但轮船对船舱的分级却也代表着对人等级的划分，商务旅客住在有着奢华餐厅和娱乐设施的高等客舱，然而普通移民则只能住在统舱。站台也是依据船舱的等级设计，高等舱位的旅客可以通过水平通道直接到达船舱；而低等级舱位的旅客只能被安置在下层堆满货物的甲板。20 世纪早期，超级游轮的诞生，各游轮公司都竞相在船上设置了极尽豪华的酒店，这样豪华并且浪漫的海上航行受到了市场极大的欢迎，游轮的设计也得到了飞速发展。但自 1927 年查尔斯·林德伯格（Charles Lindbergh）完成从纽约到巴黎世界上首次横跨大西洋的直达飞行起，就标志着超级游轮业开始衰落。虽然 20 世纪 60 年代该行业凭借着"快乐号"游船出现了回光返照的生机，但是游轮的角色已经从运送旅客

向侧重游船航程本身转换。航站楼演变为公共大厅，只有在机场的经济舱或商务舱的休息室，才有等级的区分。如今，航站楼商业开发主要集中在免税店上。随着时间的流逝，大空间的功能不断重组或增加，进一步促进了公众对航站空间的更充分利用。

19 世纪新资产阶级社会中火车出行的方式大面积普及，城市交通运输呈现了新面貌。虽然火车车厢仍有等级划分，但是车站大厅却是一个完全开放的公共空间，从这方面而言，火车站成为交通基础设施向公共空间转变的发起者。铁路网一旦建立，每天使用量便不断增加，火车站取代购物市场以及市政大楼成为最民主化的地方。车站是一个反映各种社会现象及文化会聚的场所，它成为现代性的象征符号。车站作为城市中符号化的基础设施，从城市结构来看，它位于轴线的终点，地位与教堂和歌剧院同等重要。车站成为城市最显著的空间，不但是不同交通方式（马车及之后的有轨电车、地铁、出租车等）的换乘点，也是

图 3　标准化的优雅
随着中产阶级的兴起，火车旅行变得越来越标准化、舒适化。比如辛辛那提联合车站（1929—1933 年）的优雅餐厅，就是一个典型的案例。

国内与国际旅行的连接点。站台上雄伟的大拱顶形象地庆祝着科技进步及城市文明程度的提升。车站大厅是一个宽阔的空间，包含就餐、等候空间，成为通往城市的门户（图 2、图 3）。大多数情况下，站台以及进站通道修建在高处，大台阶将候车厅与站台联系起来。如今，站台才完全演变为公共空间，甚至成为无家可归者的住所，以及临界摊位站点。虽然在过去的几十年里，公众对其安全性的质疑声愈发强烈，私有化不断挑战站台的公共属性，但这种由当地政府运营与管理的高度公共性仍然证明了火车站的合理性。

火车站等候时间比地铁站、有轨电车站、公交站更长，需要大量的停靠点，容纳大量的人流，所以站台的设计更具实用性。不过，在大多数情况下，建筑设计更倾向培养公民对城市的自豪感以及对现代主义的信心。然而，也正因为实用主义的本质，目标明确的公共空间仍比较少见。从某种程度上说，车站的公共属性仍取决于社会各方面人群的使用。地铁站最具

有代表性，不同阶层的人在此相遇（图 4），一旦其中一部分人不再使用，那么这种交通设施的城市公共属性也就发生了改变。公共汽车站同样属于这种情况，美国最开始引入大巴服务主要服务对象是中产阶级，因为他们承担不起长距离高额费用的航空旅行。因此，大巴车站装修精美，并且提供餐厅、浴室、等候室以及娱乐室，因此，他们成为现代主义的代表（图 5）。然而如今，除了拉美地区发展迅速的公共汽车网之外，大多数长途公共汽车站利用现在设施旁的边角空间，更多地是为低预算的顾客服务。比如，欧洲巴士（Eurobus）车站就是利用在城镇中已经存在的停车场及靠近火车站的次入口。然而这样的地方往往因缺乏安保措施而存在安全隐患。有时，当彼此熟知或拥有相同目的一群人需要聚集的时候，停车场也可以临时转变为集会广场。这样的临时广场一般是靠近当地道路的停车场，甚至有些区域性的高速公路也成为团体游的集合点。

图 4　空间的最大使用
在提供高频率交通服务的建筑中，公共空间比较少见。仅有功能决定尺寸的标准化旅客月台。将公共空间最小化，或者说将舒适性降到最低，在巴西的圣保罗交通设施中是一个非常明显的特点。

图 5　设计精良的设施
组织完善的大巴站运输，对于推动长途大巴旅游在美国中产阶级中的兴起发挥了非常重要的作用。从公共性的角度来看，它们成为融合舒适、速度和服务的现代化标志。图为 1943 年的匹兹堡车站。

将私家车旅行和公共空间联系起来听着矛盾却很合理。但是，道路基础设施作为公共领域最重要的组成部分，在以汽车为导向的文化影响下，驾车取代了步行，促进了城镇居民之间的相遇、汇集与探索。而这些行为在以往集中型城镇中主要是通过悠闲散步的方式实现的。此外，私家车在不同时间段有不同的功能，日常可以通勤，周末可以到海边娱乐，年假可以长途旅行，这些交错发生的活动给人们带来了丰富经历的集合。以往，旅行者常随意停车，到隐蔽树林如厕，或随处享用家庭野餐（图6）。因此，条例强制性地规定增加一些介于保证安全（不能随意地在快速道路上停车）和消费（购买食品、缴费如厕）之间的中型场地。包括服务站、路边餐馆和汽车酒店等在内，旅行者的消费习惯决定了这种集体型体验服务区的外观与组织形式。其中一些休息站功能越来越全面并逐渐发展成为微型城市，并纳入了面向公众开放的各种便利设施：免费整洁的厕所、方便野餐的场地、超市、餐厅、酒店、主题公园、展览馆和电影院等。

航空旅行与火车站不同，几乎所有的航站楼都有安检，并与公众隔开。但这种场所并非最初便与公众分隔。起初，机场也只是一个大家相遇、聚集的场所，并且以观看飞机的升降为娱乐消遣的活动（图7）。因为对安全性要求极高以及巨大噪声的影响，机场远离城市中心而位于郊区城镇。但是随着航空交通的发展，作为辅助设施的酒店以及商业也得到了发展。今天，非乘机人员通常无法进入机场的大部分区域，但是对于旅行者来说，机场已经具备了供其娱乐消遣、消磨时间的公共服务区域，其中包括餐饮、购物、赌场、水疗中心和博物馆等。这些附加服务项目的数量和多样性也成为机场服务质量的衡量标准。机场设计的最新发展趋势，就是将城市活动与机场相结合，让所有人都可以享受到整个机场的服务设施、商业设施以及会面空间。如此看来，交通设施的公共属性一直在转变与完善。

图6　非正规路边
在前面提到的介入安保和消费的强制政策实施前，路边的空间为人们提供了非正规的休闲娱乐场所。如同20世纪60年代的荷兰，路肩时常为人们提供野餐和野营的场地。

图7　观看飞机
在安保、效率、噪声等因素的控制下，机场成为封闭的空间，但在此之前，机场的大厅作为开放空间经常吸引游客观看飞机。此图就是荷兰阿姆斯特丹的斯希普霍尔（Schiphol）机场。

4.2　对遗余空间的美化

19 世纪，人们普遍认为基础设施在提供便利的同时会在边缘地段创造出剩余空间——被忽视的碎屑堆、废弃的残片等。1890年，德国科隆城市工程师约瑟夫·施图本（Josef Stübben）在他的城市设计系统和结构手册《城市设计手册》（Der Städtebau）[1]中对交通场地进行了分类。他将城市的高效与美丽结合起来，追求用"实用美学"来改善城市交通，让城市街道、十字路口等，更受大家欢迎（图 1）。今天，施图本的建议被新城市主义 TND（传统邻里发展）模式所采纳。在美国，运输工程师协会（Institute of Transportation Engineer）和新城市主义协会（Congress for the New Urbanism）联合出版了一本手册，大力提倡街道交往以及街道美化。[2]

基础设施建设常修建服务整个街区的便利设施，或者增加一些形式化的装饰（花坛、废弃地、条形空地）来改善周边环境。这些方式基本上都是按照原有的植被形式建立起典型的缓冲空间，尝试通过融合地域特征（如结合当地的物种和植被的多样性）来彰显区域的特点。但在，这些项目大多缺乏对当地特征的真实理解，并未通过场地的重组来改变人的行为和体验方式。

对被遗忘的地段、城市的消极场所和城市荒废地的美化很早以前就成为了城市设计的一部分，其中最典型的例子便是超越美学的场地重构。在法国的南特，泰特拉克事务所（Agence Tetrarc）将一条街道的边缘转化成城市南入口的一个地标，该地段邻近埃德尔河（Erdre River）以及卢瓦尔河（Loire River）的交汇处，为有轨电车车站以及城市市场提供空间（图 2）。荷兰阿珀尔多伦城（Apeldoorn）的布林克公园（Brinkpark），柏油地面面积远大于草地面积，景观设计师 OKRA 重新组织了停车场并且创造了人工景观——他将汽车视为这里的"客人"，安置在地下停车场，地面上重新塑造新地形（图 3）。在西班牙的穆尔西亚（Murcia），建筑师何塞·玛利亚·托雷斯·纳达尔（José María Torres Nadal）也采用了相同的空间手法，他将地下停车场与地上公共空间在视觉上联系起来，并且在城市与塞古拉河（Segura River）之间设计了一个线性的景观。铁路沿线细长的遗留空间很常见，但是将这样的场地再组织并不是一件简单的工作。但瑞典隆德大学城的思文 - 英瓦尔·安德森（Sven-Ingvar Andersson）成功地将位于中世纪城

图 1　交通空间

约瑟夫·施图本于 1890 年出版了《城市设计手册》（Der Städtebau），提出了一个叫作"交通空间"（traffic places）的开放空间概念。他设计的许多案例，包括法国巴黎的万国宫（Palace des Nations），都对美化空间有着极大的关注，他认为这样的美化空间在整个交通结构中应仔细地考量。在他的眼里，这样的空间是雕塑的专有空间，它们或被街道的设施、植被限定，或被树木覆盖在整个交通广场之中。

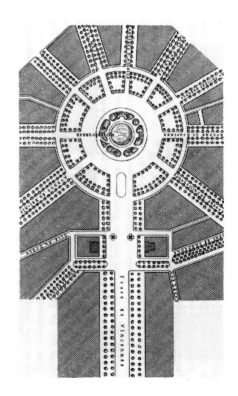

图 2　覆顶的月台

在法国南特的皮米尔地区（Place Pirmil），泰特拉克事务所。将一个遗弃场地转变成为一处生机勃勃的交通节点，包括一个西部的有轨电车车站和一个东边的超市。两个 70 米长和 7 米高的大屋顶由 3 个褶皱的帆状波纹金属铝板构成，架在 12 米高的柱子上，让整个曾经无人问津的场地因重新组织而广受欢迎。场地的北部，一直延伸到河边，在繁忙的道路之外，有一个小花园和停车场，位于有岩石和树木的土坡上，由花岗石护柱界定。

图 3　绿色填充物

位于荷兰阿珀尔多伦城费吕沃（Veluwe）地区的三角形布林克公园，是由一个各种基础设施（私车、公车停车场）交织而成的高度复杂的空间转变而成的城市绿色入口，其形态是由两条街区之间的三角形剩余空间所决定。景观设计师 OKRA 用人工地形将地下停车场和公园结合起来。在此人工地形之中，交通扮演着"客人"的角色，停车场中的天井作为竖直方向上的连接，将地上和地下的世界联系起来。

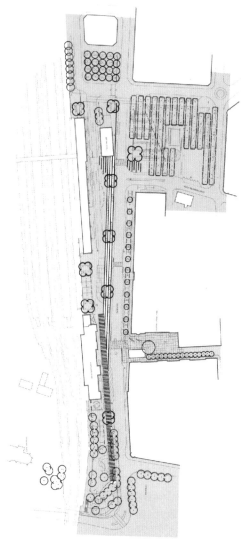

图4 碎呢地毯、花岗岩墙和菩提树

景观设计师思文－英瓦尔·安德森将瑞典隆德地区一条铁路旁的带状空间转化为庄严、统一的步行林荫路。两条400米长、7米宽的"碎呢地毯"由卵石铺成，如同两条由路缘石强调的相互垂直的条带。菩提树每4棵为一个种植单元。低矮的花岗石墙作为休息座凳将自行车停车区域与步行区域分开。

市西部边界上的 500 米长的火车站和公交车站转化成为入口广场（图 4）。

一些废弃的基础设施也为重新规划设计提供了条件。例如铁路的废弃会导致线路转换为自行车道或人行道，如佛兰德斯乡村漂亮的自行车道，及琼斯 & 琼斯事务所（Jones & Jones）为明尼苏达州的明尼阿波利斯 – 圣保罗的锡达湖公园（Cedar Lake Park）设计的景观恢复项目（图 5）。相对而言，与罗玛设计集团（Roma Design Group）拆除加州旧金山的恩巴卡德罗（Embarcadero）高速公路所面临的压力相比，将铁路改建成自行车道或许更容易。高速公路破坏了城市肌理、城市地面交通网络与开放空间、滨水空间之间自然和谐的连通性，所以，修复后的城市景观不但谦和、具休闲意趣而具有浪漫主义色彩，促进了街道设施、植被、铺装等的和谐搭配。此外，西班牙阿利坎特（Alicante）的斯巴克特图拉（Subarquitectura）采用了一种更现代、更新潮的城市与建筑设计手法，这一年轻的建筑师团队将一个巨大的交通环岛转化为一个有轨电车车站的新公园，这个车站的外表是一个巨大的，有凹洞的，如同悬挂在空中的金属盒子。这种对实用功能和装饰美学的结合延续了施图本一个多世纪前便形成的设计理念。

---

1 Joscph Stübben,*Der Stadtebau*,facsimile reprint of Ist edition I89o,(Braunschweig/Wiesbaden:Viewegh & Sohn,I98o),562
2 "CNU and ITE Unveil New Strcet Design Manual–Proposed Recommended Practice Paves Way for True Urban Thoroughfares," www.cnu.org/node/6I7(posted 21 July 2006,accessed 24 August 2009).

图 5　从火车到自行车道
由于火车的引擎不能适应坡度陡峭的场地，所以火车的轨道基本上都是水平的，平直的轨道对于以业余消遣为主的自行车手来说非常舒适并具有强大的吸引力。基于此，废弃的火车轨道经常被改造为自行车道。在比利时，一个世界上铁路密度最大的国家，很多由此改造的自行车道成为旅游者的旅游线路，并且不需要很多投资就可以穿越自然区域。其中的一个著名例子就是在迪克斯迈德（Diksmuide）和尼乌波特（Nieuwpoort）之间的 74 号线。

4.2.1 案例 1 恰到好处

穆尔西亚停车场和广场

穆尔西亚，西班牙
建筑师：何塞·玛利亚·托雷斯·纳达尔
修建时间：2002—2004 年

穆尔西亚市位于西班牙南部，是一个未被充分利用的城市边缘，它曾经是军队的营房，后来何塞·玛利亚·托雷斯·纳达尔设计了一个地下停车场，停车场上是一片公共空间。这个临近塞古拉（Segura）河延长地块的复兴项目建立了城市与河流、公园和停车场、地面与地下之间的新联系。这个项目剖面设计非常精妙，一条高架人行道为行人提供了一个可以欣赏河流及远方视野的观赏点，并且由此进而拓展成为一片丰富多彩的

多功能绿地公共空间，并且不断向西侧另一个规划的公园过渡。地下停车场屋顶上的巨大开口，不仅可以引入充足的自然光线以及通风，同时也强调了水流、机动车流、人流的概念。这个多层的提升项目，美化了之前的遗留空间。除了对这片空地的复兴之外，建筑师也重新定义了穆尔西亚的城市边界并且为城市引入了新的公共领域。

有河流、郊野作为一个安静广阔的背景，此空间可以容纳街道市场、

室外电影院以及展览空间。这片场地装饰着各种明亮的绿色象征物，下面的停车空间也被涂成了明快的蓝色，金属网架及顶棚遮挡了强烈的阳光，它们由柱子支撑，柱子的底部是彩色的座位。晚上，灯光装置照亮地下停车场及公共空间，从而在水平面上创造出垂直方向的标识，停车场开口散发的光线间接地照亮整个广场。长条状空间、街道的设施、表面的色彩以及顶棚都如同飘浮在空中，营造出轻快、欢乐的氛围。

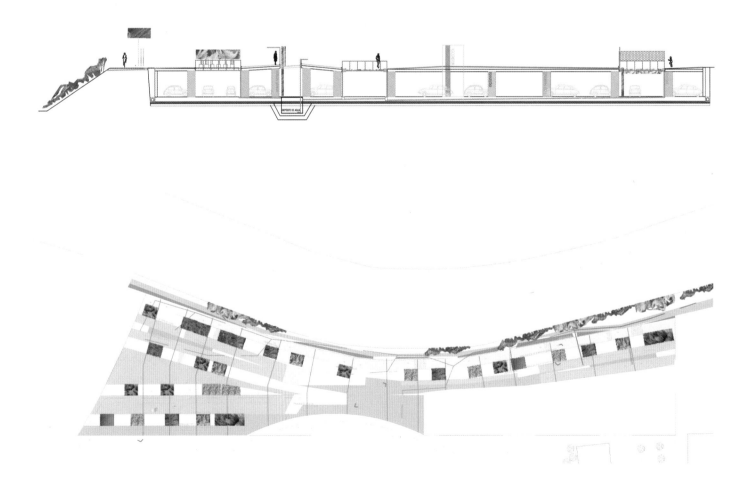

Much More Than a Lot

MU RCIA PARKING GARAGE AND PLAZA

Murcia，Spain

Architect：José María Torres Nadal

Date：2002–2004

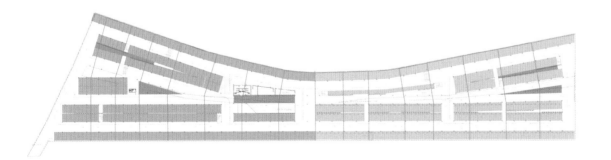

4.2.2 案例2 自行车道生态设计

锡达湖公园和小径

明尼阿波利斯，明尼苏达州，美国

景观设计师：琼斯＆琼斯事务所
建筑师：理查德·哈格联合事务所
修建时间：1992—1996 年

明尼苏达州的双子城明尼阿波利斯和圣保罗早在 1883 年就构建了一个位于密西西比河边的森林湖泊景观系统——将城市与湖泊、溪流、河流联系起来的公园系统。在 19 世纪，明尼阿波利斯和圣保罗的木材行业和谷物磨粉行业发展迅猛，这个地方便通过铁路与美国其他地方相连。锡达湖的北部与东部，作为地区的中转站，在铁路历史的早期扮演了非常重要的角色。从 1908 年至 1975 年，锡达湖周围的土地陆续被购买，并且最终都与周边的湖连接起来，形成了非常有名的"湖链"。进入 20 世纪，经济停滞，铁路工业也出现了衰退。虽然锡达湖北部的火车在伯灵顿北方铁路公司的支持下依然日常运行，但是大多数铁路设施都在 20 世纪 80 年代中叶关闭了。铁轨被移走，建筑被夷为平地，这块地方渐渐地恢复成荒野自然。

1992 年，景观设计师琼斯＆琼斯事务所与理查德·哈格联合事务所合作，将锡达湖畔的废弃铁路改造成一条 7 公里长的步行和自行车的通勤走廊，将城市中的住宅区与明尼阿波利斯－圣保罗的市中心和密西西比河滨水空间联系起来。这个场地成为一种新型公园：一片野生但是仍旧属于城市的自然保护区，将密西西比河和湖链区域公园其他部分的小径联系起来。微地形强化了后工业场地上的自然演替过程，也影响了这个地区的空气湿度——从潮湿、半潮湿、到半干旱、干旱，支撑了包括乡土草原与野花地被在内的不同植物的生长。景观设计师认为生态作为一个积极的设计介质，可以在行人与道路之间营造出一种别致的氛围。

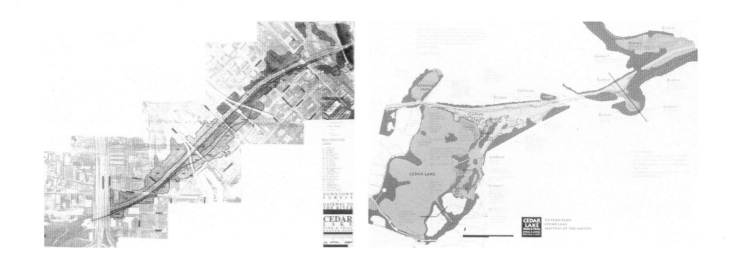

Ecology-Designed Cycle Path

CEDAR LAKE PARK AND TRAIL

Minneapolis，Minnesota，USA

Landscape Architect：Jones & Jones
Architect：Richard Haag Associates
Date：1992-1996

改造前

改造后

4.2.3　案例 3　从港口到休闲城市

恩巴卡德罗高架高速公路

旧金山，加利福尼亚州，美国
建筑师：罗玛设计集团
修建时间：1991—2004 年

　　旧金山的历史与其提供远洋贸易的海滨紧密相连。随着铁路和公路系统在货运中逐渐占领主导地位，二战之后城市与港口的关系也发生了很大的变化。机动车数量的激增推动了连接海湾大桥以及金门大桥的恩巴卡德罗（Embarcadero）高架高速公路的兴建。该公路沿着海滨将城市与水域分隔开。水域成为城市的后院，前景则是高速公路以及一系列码头建筑。更糟的是，1958 年，有市民抗议说该高速公路本身并不完整，是一条没有使用价值的路——"一条哪儿都不能到达的高速公路"，因此，自从这条路建好之后就一直饱受争议。1989 年旧金山发生了洛马普列塔地震（Loma Prieta Earthquake），1991 年出于对公众安全的考虑，这条高速公路终于被拆除改建为城市大道。自此，城市与旧金山湾在空间上又得以重新联系。

　　沿着城市海堤的新建海滨步道，见征了这里从一片海洋贸易区逐渐转变成为城市休闲区。罗玛设计集团的任务包括重新设计恩巴卡德罗高架高速公路（双向六车道）、在道路中重新引入有轨电车、一系列新的滨海公园及一条以连续灯光带为标志的人行步道，更新 1 号码头（Pier 1）和带有大型前庭的历史悠久的轮渡大楼（Ferry Building）。这一系列的再开发项目给其他地区也带来了发展的契机，例如旧工业区南市场区域（South Market）。步行交通以及水上交通不断扩大，但是因为有大量成排的棕榈树，所以该地区仍是度假胜地。不过，恩巴卡德罗高架高速公路过宽的尺度对充满活力的城市而言仍将是一个威胁。

改造前

改造后

From Port to Leisure City

THE EMBARCADERO

San Francisco, California, USA

Architect: Roma Design Group

Date: 1991-2004

4.2.4　案例 4　飘浮的盒子

阿利坎特有轨电车站

阿利坎特，西班牙

建筑师：斯巴克特图拉

修建时间：2005—2006 年

在西班牙的南部，昔日的旧铁路重新改造成为新的有轨电车线路。这条新的线路连接了地中海沿岸的一系列小镇。在阿利坎特，这条线路将海岸与城镇联系起来。斯巴克特图拉设计了主要的有轨电车车站，并且将交通环岛转化为一个引人注目的公共空间，使有轨电车以崭新的形象出现。岛的中心有两个巨大开敞的金属盒子（长 36 米，宽 3 米，高 2.5 米），乘客在候车时，这两个盒子如同飘浮在他们上空。这两个盒子的结构及外表是一体的，每个盒子都使用了 25 吨

重的金属，并且悬挑出 22 米。这两个飘浮的盒子似乎不受地心引力的影响，各自轻逸地架在两根细长的柱子上，而两根柱子沿着其长度方向不对称排列，且仅靠一端的一对拉索的拉力来平衡悬挑的重力。大量交叉杆呈对角线地在盒子内部起着支撑作用，与 13 根不同角度排列的荧光管共同发挥作用。这两个盒子上共有 800 个洞，直径有 5 种规格，从 10—50 厘米不等。考虑到结构的限制，这些洞呈现不规则的分布，它们不但减轻了盒子的重量，并且让光以及风穿过，使盒子更

具有生气。盒子的位置经过严密的计算，可以在地中海酷热的太阳下投下永恒的影子。到了夜晚，这些盒子就像巨大的灯笼一样闪闪发光。

通向月台的道路共 32 条，这些道路与旁边的草地重新赋予了环岛的公共属性。这些不规则的道路系统在不同方向上采用不同的形变来适应现状树。与此同时，路边的座椅以及照明装置也装饰了道路，让人流连忘返。可以说，这一遗留空间不单得到了美化，更重要的是融入城市并成为其中的一部分。

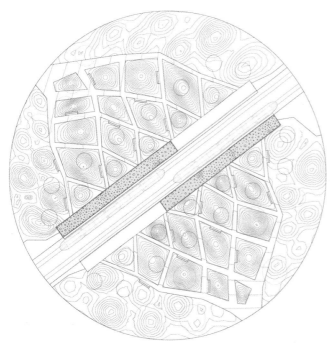
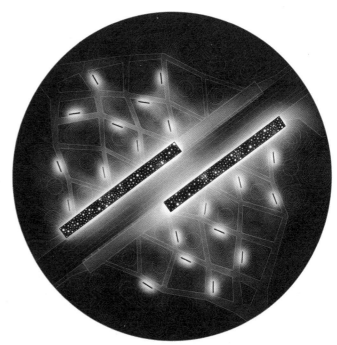

Floating Boxes

ALICANTE TRAM STOP

Alicante，Spain

Architect：Subarquitectura

Date：2005-2006

4.3 营利性商业设施

　　各种交通工具的换乘枢纽是保证可达性的关键，因为很多没有交通需求的顾客也会使用交通服务设施，所以，换乘枢纽会激发更多活动。机场、轮渡码头、火车站是售卖以及娱乐设施的最佳场所，这类地方多是复杂的商业综合体，并且目标人群并不只是面对有交通需求的旅客。由19世纪的商场和20世纪的百货中心演化而来的购物中心，已经成为一个巨大的空间，这种空间可以自给自足并且创造出与众不同的奇幻世界。在现实中，这种带有全球化资本主义烙印的场所在世界范围内大同小异，特别是这些商业设施囊括了各种生活方式的集中消费。商业设施的空间布局是一种带有商业标牌的公共领域，并以公共领域的名义嵌入私人领域。正如雷姆·库哈斯所说，"垃圾空间"（Junkspace）就是"挂满了品牌名称……的孤立要素按某种计划或模式的需要堆砌而成的。"[1]

　　20世纪70年代法国巴黎哈勒斯集市（Forum des Halles）开启了大型购物中心的潮流，并从城市的核心区逐渐蔓延至城市的外围（图1）。这些在购物中心与城市郊区之间的往来人群为郊区通勤线路（RER）和市中心地铁创造出了新的连接方式，提高了对公共空间（旧集市所在的公园）以及其他社会服务设施（游泳池、媒体中心、电影院等）的需求，并产生了一种新的在世界上得到广泛应用的多项目综合体。起初，火车站不仅是旅客通勤的场所，对大家而言也是一个方便密集的场地。但哈勒斯集市这种概念的公共属性没有保留下来，已经渐渐遗失了。

　　现代的封闭通道以及受保护的购物中心，已经取代了19世纪开放的大厅。覆顶通道以及走廊逐渐演变为封闭的展廊，同时独立的购物层也嵌入单拱顶走廊中。在东欧，受经济影响，购物及娱乐中心通常紧临着火车站。在匈牙利布达佩斯，美国的建筑师乔恩·捷德（Jon Jerde）设计的韦斯特德购物中心（Westend City Center，图2）成为新购物中心形式的雏形。德国柏林的索尼中心在周围肌理中特点鲜明，是对场所营造的人为理念的自我参照和象征性表达。在德国的莱比锡，亨特里希·佩斯尼格事务所（Hentrich – Petschnigg & Partner）设计的新的购物商场已经完全与车站融为一体，过道、到达月台的通路以及不同等级的商场共同构成了一个整体空间。商业不但为火车旅途带来了生气，并且为保护这一重要的历史建筑带来了经济收入。

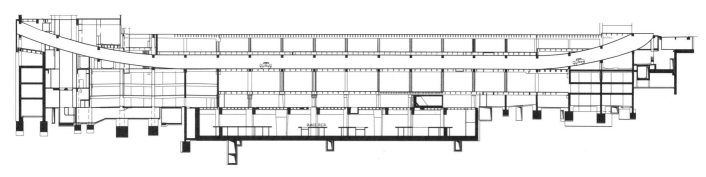

图1 巴黎的腹部

哈勒斯集市修建于1979年，作为地下大厅与夏特尔广场（Chatelet-Les-Halles）RER 郊区火车线连接在一起。曾经是城市中心市场的这块15公顷场地，被改造成一个多层购物中心。该购物中心引入了一种重要的商业模式，将客户从周边引入到巴黎市中心。这处45000平方米的商业设施有很大一部分都在地下，并且加入了很多社会以及文化的功能，如游泳池、图书馆、媒体中心、展览厅、电影院等。因此，该设施创建了一个小世界——一个自我形成的小文化社会圈，但这一综合性面临着老化的棘手问题，这是2007年该地区重新规划竞赛需要解决的核心问题。

图2 车站购物中心

位于布达佩斯，紧挨着西部火车站的韦斯特德购物中心，是中欧最大的多功能零售娱乐综合设施之一，由在商业设计领域非常有实力的乔恩·捷德和本地建筑师芬塔（Finta）工作室联合设计。这一18.6万平方米的复合设施与车站联系紧密，每天可以吸引40万的行人。

图3 经济复兴

22万平方米的跨海中转中心（Transbay Transit Center）是一个复合的公交车和铁路枢纽（城市内部通勤轻轨），由PCP（Pelli Clarke Pelli）建筑师事务所设计。并且成为旧金山湾区的混合用途再开发项目的引擎。开发前的场地包括周边凋零的停车场和洛马普列塔地震之后所剩下的属于州政府的部分土地。除了高密度的零售、办公和酒店建筑，这里还有3000套住房。屋顶花园部分缓解了下面商业活动的繁忙，同时也与商业一起营造了两种不同的氛围吸引人们居住。

图4 向上空发展

查令十字街车站（伦敦人流量最大的车站）利用了铁道上面的区域创建出了41800平方米的混合功能设施（酒店、办公、零售）。特里·法雷尔事务所创造出来的堤坝广场架在18根柱子上。这些柱子穿过月台支撑拱顶。七层到九层的办公层悬空，因此不受铁路震动的影响。查令十字街的开发成为了伦敦的地标，尤其是到晚上，华灯初上，这座与其他"泰晤士河边的宫殿"并排而立的建筑也灯火通明。

图5 悬停的UFO

博思·里希特·特赫拉尼建筑师事务所在德国的多特蒙德火车站的轨道上面做了一个"UFO"造型的设计。这个直径240米的碟状时髦建筑拥有25万平方米的空间，并且其中很大一部分都分布在5层的城市娱乐中心，一条可容纳3800辆汽车的环形停车场环绕其中。在这个内向型的建筑中，一条宽阔倾斜的步行道凌驾于城市中心之上，展现在全景窗户中。该建筑清晰的结构以及具有纪念性的机械感，成为面临经济难题的城市和区域一个新的形象定位。

商业不但是城市更新的动力和经济来源，也是加州旧金山跨海中转中心（Transbay Transit Center）建设的推动力。PCP（Pelli Clarke Pelli）建筑师事务所设计了一个公交和铁路联合运输转换中心，作为这个大型混合用途再开发项目的引擎。不同的是，这个办公与零售混合的项目也纳入了住宅（图3）。与此相似，在德国的威廉港（Wilhelmshaven）北部通道（Nordseepassage）项目中，冯·康格-马格事务所（Von Gerkan、Marg und Partner）将住宅也纳入其中。与旧金山项目的丰富性相反，德国的多用途建筑群由于对铁路周边地区的开发，再加上其复合功能（停车、零售、办公、住宅）所显示的简单朴素的特性掩饰了这一商业项目营利的本质。原广司在日本京都设计了一个巨大的新火车站，该站全面而复杂的活动项目所形成的内部复合空间犹如一个迷你城市，为这座古老的城市创造出了一个新的城市门户和投资热点。另外，通过利用铁路上面的区域，也可以开发出更多的商业潜力。例如，特里·法雷尔（Terry Farrel）联合事务所设计的堤坝广场（Embankment Place），位于查令十字街车站（Charing Cross Station）的上方，是新一代多功能车站的代表，在伦敦，撒切尔时代放宽管制之后，这样的多功能车站变得非常普遍（图4）。另外一个更具特色的案例是德国多特蒙德主车站的复兴项目，由博思·里希特·特赫拉尼（Bothe Richter Teherani）建筑师事务所设计，悬浮的 UFO 位于轨道上面未充分利用的真空区域，象征性地为经济困难的城市寻求一个自我定位的标志（图5）。

此外，机场也逐渐融入了娱乐以及商业设施。作为"全球城市"，机场为当地经济作出了非常大的贡献，但是，因其自身固有的特点，机场也会带来一些负面的影响：出于安全的考虑，旅客在通过安检区后，被迫与外界隔离开。从而形成了两个相互分隔但又相互补充的区域：胶囊状的机场以及受益于交通站点与交通线路的城市。荷兰的斯希普霍尔机场（Schiphol Airport）的新航站楼对交通系统进行了调整，此航站楼由本特姆·克劳威尔（Benthem Crouwel）设计，与一般将旅客和非旅客分开的做法有所不同，斯希普霍尔广场将交通和转乘放在了一个大楼里，其中的商业以及餐饮也可以为大众服务（图6）。同样，在迪拜，机场本身作为商业目的地的例子屡见不鲜。法国建筑师保罗·安德鲁注意到，机票价格其实可以通过航站楼里免税店中的交易得到补偿。

图6　枢纽的集合
斯希普霍尔广场是一个 2.2 万平方米的介于新购物中心以及火车站之间的换乘大楼，也承担了为阿姆斯特丹国际机场服务的安检前厅的职能。本特姆·克劳威尔重新设计了出入火车与商业购物之间的流线，使之在空间上成为一个非常清晰的系统，从而在火车旅行、航空旅行、购物之间创造一种新关系，进而吸引了更多的人来这里消费或使用这里的基础便利设施。

1　Rem Koolhaas，"Junk-Space,"in Archplus 149，April 2000.

4.3.1 案例 1 购物中心

莱比锡中央车站

莱比锡，德国
建筑师：HPP 事务所
开发商：ECE 项目管理
修建时间：1994—1997 年

莱比锡中央车站作为步行购物中心得到了重新利用，可以说是整个德国商业投资项目的亮点。它的目的在于带动德国火车站及其周边环境的更新。19 世纪，铁路是德国工业和德国城市发展的支柱，基本上所有重要车站都在城市中心。为了恢复这些地方的商业活动，德国铁路公司和 ECE（为此项目而设立的房地产和零售公司）在科隆、杜塞尔多夫、不来梅、斯图加特、纽伦堡、曼海姆、慕尼黑和其他很多城市发起了多个改造中央车站的竞赛。正如在莱比锡，商业开发的问题需要与这些城市公共建筑的遗产价值建立直接联系。

1906 年，德累斯顿建筑师威廉·洛索（William Lossow）和汉斯·马克思·库恩（Hans Max Kühne）赢得了莱比锡中央车站设计竞赛（1915 年后，中央车站开始建造）。这个车站是欧洲当时最大的车站，让人印象尤为深刻的是中央大厅（长 267 米，宽 24 米，高 17.7 米）。从大厅出发，人们可以直接到达 26 条轨道。该大厅位于街道上方 3.84 米处，可以从东西两侧的入口门厅沿楼梯直接到达。为了将 30000 平方米的大厅里面的 140 个商店、咖啡馆和餐厅串联起来，HPP 建筑师事务所在原有大厅地板上设计了一个透镜状的开口，这样自然光可以照射进建筑中，并且在火车到达的楼层上营造出一种通透的视觉效果。围绕着透镜开口处，三个楼层上的商业均配备有电梯和楼梯，从而形成了一个多层的商业体，占据着整个车站复兴项目中的核心地位。这样的设计改变了原有车站大厅的公共性质，从入口到轨道的整个空间转化成了玻璃门厅。通过对原有历史大厅的改造，这个门厅容纳了商业中心顶层拱廊的一半铺位。

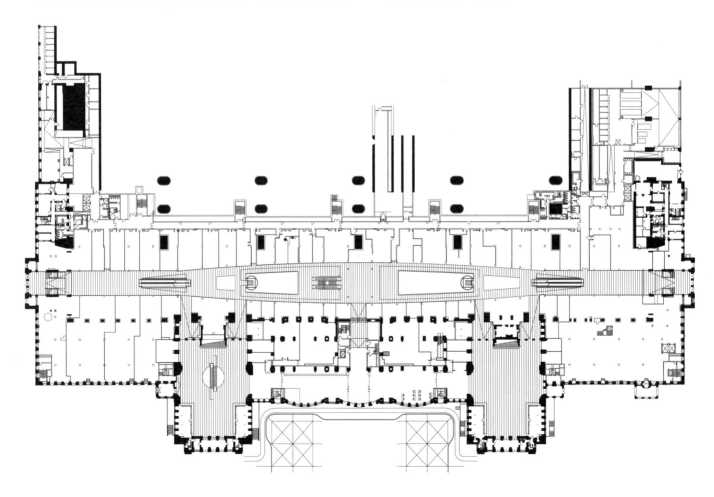

Shopping Hall

LEIPZIG CENTRAL STATION

Leipzig，Germany

Architect：HPP（Hentrich-Petschnigg & Partner）
Developer：ECE Projektmanagement
Date：1994-1997

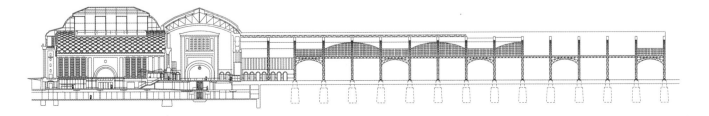

4.3.2 案例 2 城市混合体

北部通道

威廉港，德国
建筑师：冯·康格 - 马格事务所
修建时间：1991—1997 年

德国威廉港的北部通道（Nord-seepassage），不仅在火车站中融合了新购物大厅、公共汽车终点站、停车场和办公室的功能，也在周围融入了居住功能。两个平行的多层停车场位于铁路的两边，停车场两侧还有露天的停车坡道。这两个停车场将城市和轨道连接起来。巴士车站位于 4 层综合建筑的第一层，同层还有一些特色商店、办公以及公寓。建筑内外浅红色的砖砌是这个区域的特色。同时，密度大的砖砌材料与广泛延展的玻璃形成了巨大的对比。

这个巨大的复兴项目占地 4.3 公顷，绝大多数土地曾经是铁路站。现在则容纳了 22300 平方米的零售空间、3400 平方米的办公空间以及 2100 平方米的居住空间。这样一个综合的项目，再加上自身的停车空间，便构成了一个微型城市，况且它所在的城市本来就是一个位于北海边上的小城市。不过，因为这一项目四通八达的覆顶通道（长 250 米，面积 19400 平方米）穿过这个综合体并且成为连接城市内部和海滨的人行道，所以该项目投资的获

益超乎想象。此外，WES 联合事务所设计了一个位于新车站之前的 9000 平方米的新步行广场，延伸了原有的市场街道。这个新的公共汽车终点站通过前庭延伸到了维科大街（Virchowstrasse），并且成为穿越大楼北部通道的起点。该项目中，火车站的功能经过细致调整，现已更加全面，创造出了让城市生活更加充实丰富的效果。毫无疑问，这个有限的区域已经成功避免了过度的商业和办公开发。

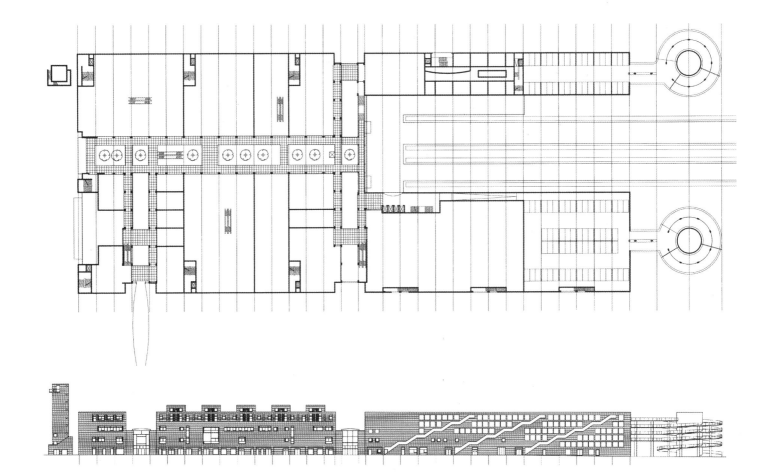

Integrated Urban Hybrid

NORDSEEPASSAGE

Wilhelmshaven，Germany

Architect：Von Gerkan，Marg und Partner with Volkmar Sievers

Date：1991-1997

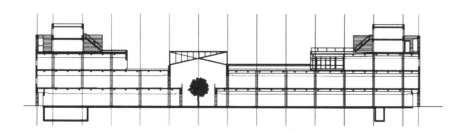

4.3.3　案例 3　未来的巨石

京都站

京都，日本

建筑师：原广司 +Atelier Phi
修建时间：1991—1997 年

1987 年，日本国有铁路公司私有化。自此有着 1200 年历史的前首都京都的主要火车站成为 JR 铁路公司西日本线的一部分。1991 年，日本发起了建设现代车站的国际竞赛。原广司赢得了这场竞赛并且设计了一个混合大楼。尽管车站只占这片区域的 10%，但给人的感觉却是整个大楼都是火车站。在 3.8 万平方米的用地上，该项目的建筑面积为达到了 23.8 万平方米，包括百货商场、娱乐设施、一个小剧院、一个停车场和一个酒店。为了维持城市的天际线，这座城市的建筑限高 60 米。这个大楼扮演了城市中心与城市大门的双重角色。也就是说，它既是每年 4000 万游客进入京都的关键门户，也代表了城市商业最大规模的发展。

原广司设计的是一个周长 470 米的三角形大楼，上宽下窄的"v"形中庭围绕着"地理广场"布置。该空间两端多部宽大的退台式自动扶梯，让大堂显得更加雄伟。在大厅的西侧，大楼梯直接通向空中花园。一个被称为"空中步道"的通廊架在 45 米高的屋顶上，步行者能够从上面体验这样一个别具匠心的中庭风景。这个中庭的屋顶采用玻璃穹顶结构，并且与在车站前面的露天广场形成了很好的呼应。整个建筑综合体不仅多样性、公共可达性受到了很大的关注，建筑也体现了独特的个性，成为城市门厅的象征。70 种不同的石材、植物、灯塔和桥共同构成了这里的人工景观。这个大楼别具一格的形态与尺寸，成为京都城市风景非常独特的一部分。玻璃材料得到了广泛应用，尤其是在建筑上方，可以消减整个建筑的体量。在金属框架上架设玻璃板的立面做法，体现了的现代主义手法，甚至也可以称为未来主义手法，只有圆筒形穹顶仍沿用了这个车站的传统风貌。

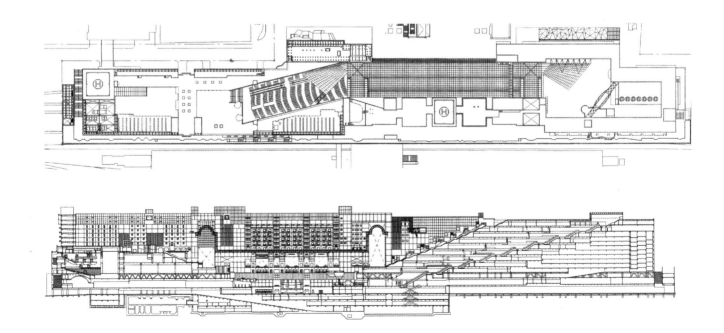

Futuristic Megalith

KYOTO STATION

Kyoto，Japan

Architect：Hiroshi Hara + Atelier Phi

Date：1991-1997

4.3.4　案例 4　免税天堂

迪拜国际机场

迪拜，阿拉伯联合酋长国
建筑师：保罗·安德鲁（第三航站楼）
修建时间：2000—2005 年

迪拜国际机场有着世界上最大的免税店，并且是波斯湾第一个有免税店的机场。该机场从 1960 年开始运行，并且很快就从城市的自由传统商业（自 19 世纪 80 年代开始的一个商业集散地）拓展到开放航空领域中。石油收益占这个城市收益的 6%，加速了这座城市基础设施的发展。迪拜作为阿拉伯半岛南部沿着波斯湾海岸最有名的城市，很快成为连接欧、亚、非重要的国际中转站。在 20 世纪 90 年代，这个机场成为迪拜重要的商业中心，为客人提供低税和免征销售税的奢侈品。到 2008 年，这里已经是世界上第六繁忙的国际机场，也成为阿联酋航空的中心点。

该机场以超奢华而著名，这个巨大的综合体甚至可以与拉斯韦加斯一较高下。昔日大厅中的金色棕榈树与现航站楼里的禅庭院和喷泉相互补充，外围环绕着餐厅以及世界名牌店。除了商业中心，该机场也紧靠着迪拜机场免税区，成为集生产、分配、服务于一体的区域性基地，从没有工会组织的廉价劳动力中获益，制造、装配可以快速进入市场的高价值、低批量产品（高科技 IT 产品、奢侈品、珠宝、航空配件），从而影响了此区域内其他的活动。因此，迪拜机场经常有来自奢侈品以及便利产品匮乏地区的高消费顾客。

Duty Free H（e）aven

DUBAI INTERNATIONAL AIRPORT

Dubai，United Arab Emirates

Architect：Paul Andreu（Terminal 3）

Date：2000-2005

4.4　科技之力的纪念碑

纵观建筑历史，许多夸张的建筑形式都把结构力学发挥到极致。似乎是对自然法则的挑战，这些大胆的建筑给人一种神圣超自然的感觉，令人们惊叹和尊重。它们是敬畏之地，例如万神庙、哥特教堂，以及集宏大精巧优雅于一身的基础设施，例如水渠、拱廊和运河桥梁。19 世纪，设计师把挑战万有引力定律看作技术的进步。通过结构和钢铁的运用，车站、桥梁和市场大厅的惊人跨度见证了工业时代的建造能力。20 世纪早期，人们对技术的赞颂日趋增长，被技术激发的幻想家们，例如未来主义者圣埃里亚（Sant'Elia），1914 年完成了《新城市》（Città Nuova）一书，后期的建筑师创造出了伟大的作品，通过建筑技术表现来诠释新时代（图 1），这些建筑师包括巴克敏斯特·富勒（Buckminster Fuller）、皮埃尔·路易吉·奈尔维（Pier Luigi Nervi）、简·普鲁维（Jean Prouvé）、弗雷·奥托（Frei Otto）和康拉德·瓦克斯曼（Konrad Wachsmann）等。蕴藏在先进技术中的时代精神通常通过机械感的外观表现，技术成为美学代表。这种观点体现在很多先锋建筑和规划中，它们利用道路作为城市发展轴：例如勒·柯布西耶著名的线性工业城市概念（ASCO RAL，1942 年）的、阿尔及尔规划（Plan Obus，1933 年），以及（苏联）列奥尼多夫（Leonidov）的马格尼托哥尔斯克规划（Magnitogorsk，1930 年）（图 2）。这种对技术的赞颂依然体现在当今很多基础设施项目中。通常情况下，这种对技术美学的迷恋超过了对场地文脉历史的尊重，这种类型的项目旨在创造出代表先进技术的公共空间。

这种观点最具象征性的代表是机场。继埃罗·沙里宁（Eero Saarinen）富有表现力的纽约肯尼迪机场五号航站楼建成后，人们对机场建筑类型学的实验探索持续了很长时间，根据历史学家威廉·柯蒂斯（William Curtis）的观点，这种探索或许是基于对国际极简主义风格约束的不满而产生的（图 3）。[1] 飞行的隐喻催生出了一种体量巨大却轻盈、柔顺的结构形式，概念的优雅和形式的力量把机场设计表现推向新的高度。法国工程师兼建筑师保罗·安德鲁（Paul Andreu）已专注机场设计 30 年，从 1967 起他就在规划巴黎戴高乐机场的前后多座航站楼，这个机场代表了建筑和工程界的变化。2E 号航站楼通过连续曲面和隐约光线强调其宏伟感（图 4）。亚洲现代化进程地区更明显地应用了同样的做法，宏伟的新机场成

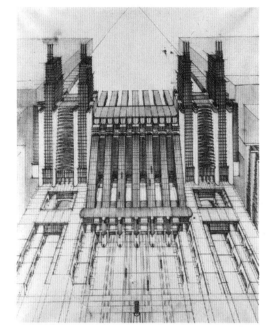

图 1　未来主义的想象
意大利空想家安东尼奥·圣埃里亚（Antonio Sant'Elia）在 1914 年发表的宣言《未来主义建筑》（Futurist Architecture）中认为，工业化和机械化的未来城市不是一个一个独立的建筑单体，而是一个巨大的、复合的、内在连通的城市综合体，这些综合体沿着基础设施走廊形成集合城市。他很多未建设的项目都体现了受现代技术的启发，采用了大胆的镶嵌式结构形式。比如他著名的系列绘画《新城市》中，中央火车站和机场也被构思成一个极大的纪念性结构体。

图2 线性工业城市
在第二次世界大战期间，现代主义运动奠基人法国－瑞士建筑师勒·柯布西耶组织了一批法国现代主义的思想家和设计师，希望通过建筑的革新来重建家园。他创立的设计研究工作室（ASCORAL）运用大量的模型，将规划的居住形态（线性工业城市）与交通网络密切联系起来。

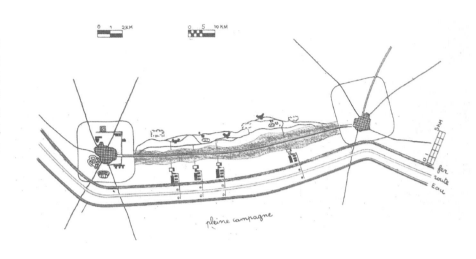

图3 雕塑般的混凝土
埃罗·沙里宁设计的纽约肯尼迪机场的 TWA 航站楼，于 1962 年竣工，是机场设计的一个标志性案例。混凝土的曲线轮廓、高耸的屋顶和富有表现力的内部空间像一只飞翔的鸟，优美地表达了对现代航空业发展的赞叹。沙里宁用混凝土来表达动态的建筑形式将建筑与工程的关系推到了新的高度。

图4 隧道技术
法国巴黎北部鲁瓦西的戴高乐机场 2E 号航站楼（104000平方米），由保罗·安德鲁设计，他以旅行乘客的流量作为设计依据。这个建筑主要用形态的变化创造流动的空间，创新和节制大于实用功能。航站楼采用了隧道建造技术，并结合了百叶窗和圆形透镜，因此其椭圆的钢筋混凝土"隧道"（在换登机牌的区域贴有非洲木材）具有较大的跨度，"隧道"上的开窗日光弥漫，给人梦幻的感觉。

图 5　平衡的悬浮

福斯特事务所设计的位于泰晤士河上方的长 320 米的不锈钢千禧桥，连接了圣保罗大教堂区域一直到拥有环球剧院和泰特美术馆（位于河边）的北部。这个轻盈的悬浮大桥由两个大的 Y 形柱支撑着沿 4 米宽桥面两侧的 8 根钢缆，而每隔 8 米的横向支撑固定在钢缆上，支撑着桥面本身。最高钢缆高出桥面不超过 2.3 米，保证行人能不受干扰地欣赏周边的景色。

图 6　悬臂式的雨棚

法国建筑师 - 工程师马克·米姆拉姆设计的伊普鲁纳斯（Éprunes）收费站，位于法国特鲁瓦（Troyes）和第戎（Dijon）之间的 A5 号高速公路上的默伦（Melun）车站。由变惯量的相型钢梁形成铰链式的半弧形柱廊构成，而此柱廊是位于收费站上方的巨大的悬臂式雨棚的支撑结构。这个像是由几片棕榈叶构成的非对称的悬挑式长拱，不仅保护着开车旅行的人，也因其合适的尺度、与环境的完美融合而成为这条高速公路上一个显著的标志。

图 7　集装箱技术

太平洋联合铁路公司的全球第三联合运输设施位于伊利诺伊州的罗谢尔，于 2003 年建成。它即是一个换乘枢纽，也是铁路与卡车运输之间转换的集装箱装卸终端。它是一个物流平台，每天能容纳 25 辆货运列车和 3000 个集装箱，并装备自动出入的管理系统，将终端的效率最大化。原地冷却能力和牵出线使火车进入调车场时能保持最快的速度。这个设施达到了标准化货运和往返于铁路与州际高速公路之间的相互转换枢纽的最高艺术标准。

为技术进步的象征，例如墨菲·扬（Murphy/Jahn）事务所设计的曼谷素万那普（Suvarnabhumi）机场，将宏伟壮丽的尺度结构与应对泰国热带气候的工程技术巧妙地结合起来。

桥梁也是工程和美学的结合品。过去几十年中奥雅纳工程顾问公司（Arup）的工程师一直和建筑师、艺术家合作来创造出壮观的人行天桥，伦敦千禧桥和墨尔本网桥（Webb Bridge）都是他们合作的作品（图 5）。诺曼·福斯特（Norman Foster）团队在泰晤士河上用最纤细的拱券达到最大的跨度从而建造出了轮廓轻盈的桥梁。白天纤细的钢索到晚上变成剑一样的光束。在墨尔本，建筑师登顿·科克·马歇尔（Denton Corker Marshall）和艺术家罗伯特·欧文（Robert Owen）依靠计算机三维辅助设计联手设计出茧形结构的桥梁，这种结构在以前是无法实现的。千禧桥和韦伯桥不仅满足行人观景和活动需求，而且本身也成为了景点。

对技术的狂热也体现在高速公路沿线的服务性建筑中。显然这种高技手法是一种品牌形式，它彰显了便利设施、加油站、餐饮和高速收费公路运营公司的现代性。因为行人大多只会匆匆一瞥这些设施，所以它们的形式更注重展现图形符号而不是令人愉悦的细节。马克·米姆拉姆（Marc Mimram）设计的法国默伦 A5 号高速公路收费亭的顶棚就像一个巨大的门（图 6），横向的长拱和支撑性的掌状结构避免了常规柱网在视觉上对空间的割裂。同样，菲利普·萨米（Philippe Samyn）在比利时尼韦勒（Nivelles）E19 号高速公路上建造的收费站，就像一座巨大而简练的单跨桥，服务区内没有任何支撑结构，因而长拱形餐厅拥有令人惊叹的通透性，同时也使纤细的人行天桥晚上亮灯时形同一扇闪烁的门。最后的几个案例与上述完全不同，高科技的存在不注重表达精巧和时尚，而是基于技术发展的原动力解决苛刻问题。第一个例子是中国西北部城市青海和西藏之间的青藏铁路，"世界屋脊"严酷的气候条件迫使工程师们开发了许多创新的技术来适应如此偏远的地区条件。第二个例子是伊利诺伊州罗谢尔（Rochelle）的全球第三联合运输设施，它是新一代多交通模式联运的代表（图 7）。作为一个极其不受场地条件限制的高效机器，它巨大的超自然尺度令人震惊，其巨大尺度也引起了人们对货运交通服务范围的重新思考。

1　William Curtis，*Modern Architecture Since 1900*.（Englewood Cliffs：Prentice Hall，1982），309.

4.4.1　案例 1　弯矩图 + 高技术薄膜

素万那普机场

曼谷，泰国
建筑师：墨菲 / 扬建筑师事务所
结构工程师：沃纳·索贝克、马丁
环境工程师：Transsolar Energietechnik
修建日期：1995—2005 年

　　曼谷素万那普（Suvarnabhumi，意为"黄金之地"）机场新航站楼是泰国的一座现代门户，展现了全球技术和本土传统文化的结合。

　　航站楼现代化高科技的屋顶和空间，与侧面的林荫花园、中庭的丛林花园以及大厅玻璃墙面和地面上的泰国传统颜色及图案形成鲜明对比，其中最令人惊叹的是屋顶，给游客留下最深刻而持久的印象。570 米 × 200 米的结构横跨航站楼全玻璃中央大厅和两座大花园，看似飘浮在空中的悬挑屋顶由 8 组柱子支撑，每组支撑一个主桁架。焊接三弦桁架是弯矩图的本质几何关系，并随着剖面受压

弦的变化而变化。这个巨型构架创造了巨大的无柱空间。附属在中央大厅的筒型厅包含许多停靠点。这个筒型厅由 104 根厚度不一的典型三弦五点桁架组成，呈现连续的叉形，27 米宽的薄膜和采光玻璃在桁架上交替排布。

　　曼谷极端的气候条件（热带温度、湿度、阳光）以及结构和声学的要求，促使了一种半透明织物膜材料的开发。这种膜已申请专利，由四层组成：外层是起结构和防雨作用的聚四氟乙烯涂层的高性能玻璃纤维；中间层是起隔声和防风固定作用的碳酸聚酯板；里层是开放

编织结构的透明隔声玻璃纤维；最里层是反射外界热量的铝层。为了减小太阳辐射的影响，同时满足持续的制冷和除湿系统对建筑密封性的要求，中央大厅的北侧立面使用烧结玻璃（95% 透光率），南侧立面使用厚镶板将透射阳光限制到 1%，装有百叶的悬挑屋顶遮蔽了 40 米高的垂直玻璃。这种构造方式和材料使用白天可完全依靠自然采光，玻璃即便有渐变熔块，但从内部看仍然是完全透明的，晚上金属内饰作为反射物可间接增加房间的亮度。

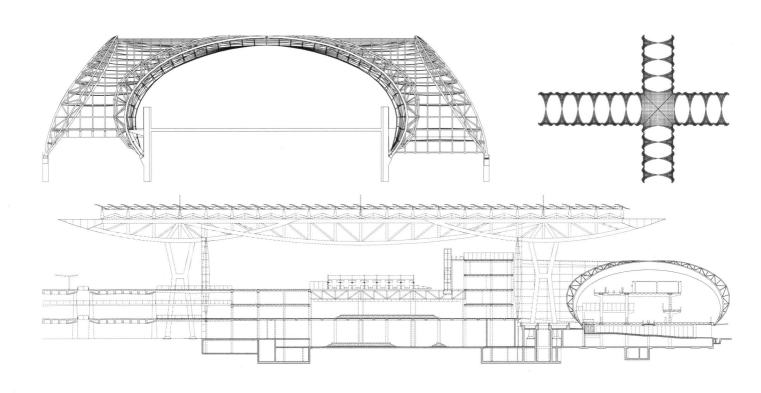

Moment Diagrams + High-Tech Membrane

SUVARNABHUMI AIRPORT

Bangkok，Thailand

Architect：Murphy/Jahn Architects
Structural Engineer：Werner Sobek，Martin/Martin
Environmental Engineer：Transsolar Energietechnik
Date：1995-2005

4.4.2 案例2 钢丝织茧

网桥

墨尔本，澳大利亚

建筑师：登顿·科克·马歇尔
工程师：奥雅纳工程顾问公司
艺术家：罗伯特·欧文
修建日期：2000—2003 年

墨尔本亚拉河（Yarra River）上新建的具有雕塑感的网桥，包含人行道、自行车道以及无障碍坡道，是墨尔本滨海港区公共艺术计划的一部分（占新开发预算的 1%）。高低蜿蜒的新连接桥呈蛇形，长 80 米，与现存的长 145 米的韦伯码头铁路桥无缝衔接，既解决了高差问题，也连接了北部港口和南部住宅开发区。这个简洁又复杂的结构灵感源于两个世纪前当地土著人编制的渔网，建筑师

登顿·科克·马歇尔联手澳大利亚当地艺术家罗伯特·欧文（以混合媒体装置而闻名）以及工程师奥雅纳一起完成了这项工程设计。

这个结构包含一个箱型钢柱，钢柱上面是被圆形铁环包裹的装饰混凝土桥面。铁环直径从 5 米到 8.7 米不等，高度从 4 米到 8.9 米不等，截面 15 毫米 × 150 毫米，为热镀锌钢，固定在桥梁的不同节点上。铁环之间由一系列 150 毫米宽的热镀

锌低碳钢带相互连接。在北岸，结构是一系列简单的平行圆环，到跨度中间它们的密度逐渐减弱；而到了南岸，圆环又逐渐变密并形成一个丝状的茧。整个桥梁在维多利亚港的驳船上组装，在涨潮时运到指定地点后固定。到了晚上，白色侧灯带和扶手处的金卤灯将桥面照亮，并经过反射照亮圆拱内侧。

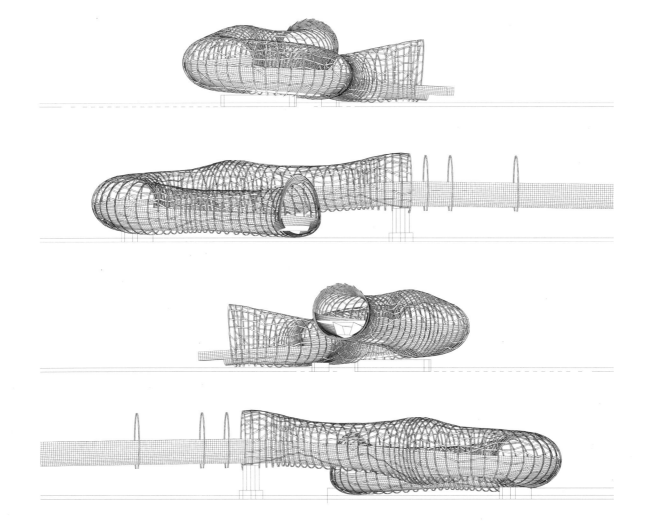

Steel-Lattice Cocoon	Melbourne，Australia
	Architect：Denton Corker Marshall
	Engineer：Ove Arup & Partners
WEBB BRIDGE	Artist：Robert Owen
	Date：2000-2003

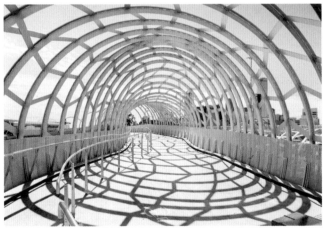

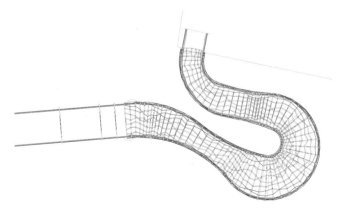

4.4.3　案例 3　架在高速公路上

奥利瓦尔服务站和餐厅

尼韦勒，比利时

建筑师：萨米联合事务所
工程师：塞特斯科
修建时间：1998—2001 年

　　萨米联合事务所的设计赢得了 1998 年比利时瓦隆地区（Walloon Region）休息区的设计竞赛。该休息区包含两个服务站，两个自助餐厅、200 个停车位，还有活动场地和野餐场地。设计师把两个餐厅合并成一栋建筑并架在布鲁塞尔到巴黎的 E19 号高速公路上，从而创造出一个紧凑的布局，并将所有建筑采用同一手法，从而将其余场地开放，用作减速曲线形停车场和充足草坪景观，衬托出起伏的布拉班特（Brabant）乡村景观。

　　细长弧形建筑参照了当地典型景观。方案没有采用竞赛要求中的两个不同弯向的拱，而是设计了直线敞开式的现代大门，从而避免了中心柱对空间的影响。两个 210 米长的梭形桁架位于两个距离 70 米的支柱上，创造出了高速路两侧 10 米的空间，并且整个区域完全没有柱子的遮挡。为了覆盖服务站，架起的餐饮建筑延伸到两边的悬挑顶篷上，四个次级顶篷从主要悬挑钢架中挑出。人们可以通过支撑柱延伸的玻璃通道进入建筑，从而免受高速公路的噪声影响。

　　餐饮建筑的室内很好地表达了结构的概念，细长的拱顶塑造了屋顶的整体形态，充足的漫射光也凸显了两边的桁架，为了减轻自重并使结构尽可能纤细，绝热表皮和金属饰面都采用铝材料。

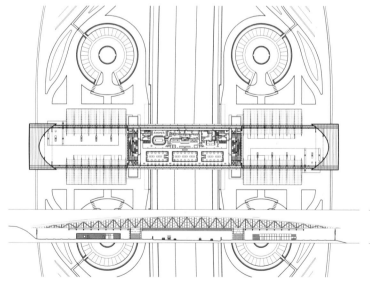

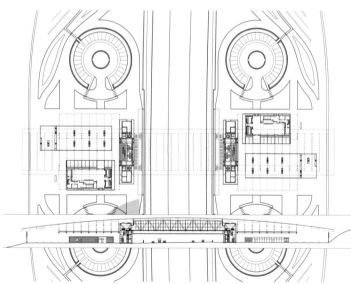

Perched Over the Highway

ORIVAL SERVICE STATION AND RESTAURANTS

Nivelles，Belgium

Architect : Samyn and Partners
Engineer : Setesco
Date : 1998–2001

4.4.4　案例 4　穿越世界屋脊

西宁至拉萨，中国

工程师：李金城

修建时间：2001—2006 年

青藏铁路

　　2006 年，1956 公里长的青藏铁路终于完工，它连接了青海西宁和西藏拉萨。1912 年，孙中山在全国 10 万公里铁路计划中就提出过。建造铁路连接西藏的设想。1955 年，修建山区铁路的实际计划制定完成，并于 1959 年完成了第一部分——兰州到西宁。但是 1966 年"文革"开始，这个计划暂停。后来因为永冻土和高海拔的问题几次遇挫，虽然存在很多困难，但在中国政府的支持下最终得以完成。对政府来说，这条铁路不仅代表了开发当地资源、发展旅游业和矿产运输的重要经济通道，也代表了国家统一和边疆稳定。但是对于反对者而言，这个项目对环境造成了各种负面影响并且这种影响持续不断——最主要的影响就是青藏高原旅游业的急剧增加。

　　青藏铁路穿过地球上最险恶的地形，其中唐古拉山口海拔 5072 米，极端温度条件和不稳定永冻土对于建设是一个考验。1338 米长的风火山隧道海拔 4905 米，是世界上海拔最高的铁路隧道。青藏铁路共有 675 座桥梁，桥梁总长达 160 公里，共有 550 公里是建在永冻土之上，这就需要在高架铁道上进行施工，所以铁路支柱的基础埋得很深。金属遮阳板和中空混凝土管使铁路轨床保持冰冻，同穿越阿拉斯加的管道系统原理相同，部分管道靠氨基热交换器降温。由于西藏氧气含量比平原少 35% 到 40%，所以整个建造过程需要特殊的富氧的载客车厢，此外也需要沿途的氧气站、紫外线防护系统以及卫生间用水的防冻加热措施等。如今，这条铁路已经成为中国 21 世纪最突出的技术成就之一。

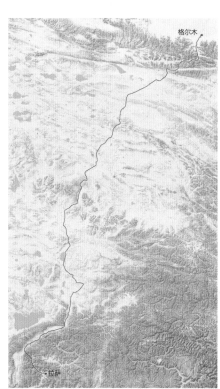

Colonizing the Roof of the World

QINGHAI-TIBET RAILROAD

Xining（China）to Lhasa（Tibet）

Engineer : Li Jin Cheng
Date : 2001-2006（last section）

4.5　活力变化的舞台

许多基础设施项目皆因巨大的车流人流需求而产生。交通网络的出入口往往成为换乘枢纽，特别是成为集体交通运输系统与个人旅行方式的转换点。一些中心换乘枢纽甚至将车流人流进行美学考量，将人流观望与城市活力相结合。人流的统筹规划、事件的空间序列以及项目的组织原则，这些都依靠人群增减和流动的变化。这些项目的空间具有模糊、折中、转移、融合等特性，因此能产生多种偶然事件。空间的交织结果和运动变化的实际需求是常态，形成了一种动态美学。这种项目通常位于城市的关键位置，依靠并强化了基础设施作为城市发生器的功能，因此交通网络节点已经成为城市极为活跃的地方——充满机遇与活动的场所。

伯纳德·屈米（Bernard Tschumi）的项目反映了上述设计理念。他提出的"事件城市"由空间主体运动组成，并将其描绘为一个作为活力变化背景的基础设施，即广义建筑。[1]对于屈米而言，建筑不是静止的，而是流动的，他的弗隆（Flon）交通枢纽部分反映了他1988年提出的瑞士洛桑桥城理论（图1）。拓扑替换和交叉编程的想法增强了城市的各层交流，并将弗隆山谷的"可居住桥梁"交通空间与城市项目融合。每架桥都适应两类需求：面向公共和商业功能核心的需求，和面向行人及不可预见事件的桥面。在交通转换场所中创造城市活动的潜力在德国新柏林中央车站得到了充分体现，GMP建筑师事务所（Von Gerkan, Marg und Partner）设计的巨型结构，考虑了列车的相互关系和高度的可达性。考虑到甲方要求、经济因素，以及促进区域与城市更新等方面，建筑师将一个大体量购物中心穿插在换乘空间中，不同人流可以有计划地交流或偶然地邂逅，均可以产生活力。

通过各种混合活动来刺激交流碰撞，是空间组事务所（Space Group）的挪威特罗姆瑟（Tromsø）轮渡站的主要概念（图2）。一系列组织的活动和"对象之间的和谐共奏"成为居民和游客交流的媒介。地面层抬

图1　城市发生器

伯纳特·屈米建筑师事务所充分利用瑞士洛桑市的自然陡峭地形，设计了一个包含公共汽车和火车的综合性车站，并通过桥、扶梯、电梯将车站融入城市交通网络。这个车站位于弗隆山谷（Flon Valley）中心的欧洲广场（Place de l'Europe），通过"可居住桥梁"（钢框架结构，覆上了红色印花玻璃），将工业区到老城区四条不同的通勤线路联系起来，并将工业谷与上面的历史城市连接起来。南北方向的连接由此产生了人口集聚和混杂的活动：桥既是通道，也是集散区；车站平台既是街道、公共广场，也是城市花园。

图 2　充满感情的透视图

空间组事务所（Space Group）在一次国际竞赛中胜出，承担了挪威北部特罗姆瑟轮渡站的设计。他们重新思考了城市与水的关系，将公交、渡船和快艇综合组织起来，并设有酒店、会议中心和 SPA（水疗中心）。设计师设计了一个人工平台，把新建的垃圾填埋场隐藏在下面，将街道与船篷衔接。该项目区分出不同的空间，候船室和混合区域有着不同的景观空间，轮渡站也构成了城市公共步道的一部分。

图 3 倾斜的平面

荷兰阿姆斯特丹中央车站附近有一个临时的自行车停车场，由 VMX 建筑师事务所设计。它连续的倾斜平面（长 100 米，宽 17.5 米，坡度 3%）形成一个有韵律的人工地平面，为来往的骑行者设计了一个开放的舞台。它停车高效，流线便捷，可容纳 2500 辆自行车。这个钢结构建筑悬在运河码头墙的上方，地面涂有跟城市自行车道一样的红色油漆，总体外观细节处理非常轻盈。

升，使人们可以欣赏自然景观的全貌。日本横滨港也体现这种理念这种理念，根据行为变化，轮渡大楼的地形不断变化，船体的材料也发生改变。横滨港的结构模糊了建筑、工程、景观、换乘枢纽和公共空间的区别，使之融为一体。优美的有机曲面和西雅图奥林匹克雕塑公园有异曲同工之妙。公园的设计整合了建筑、景观、基础设施（铁路、机动交通和滨水区）等要求，连接了被铁路割裂的地块，将道路、艺术、城市和海岸形成一个连续的景观。

折叠平面的流行和运用，使墙体、屋顶和结构融入了大体量的基础设施中，而这种方式也成为利用斜面处理车库的常用手法。例如，VMX 事务所设计的阿姆斯特丹的自行车临时停车楼由斜面组成，网状护栏围合出运动舞台和观景平台，供骑行者欣赏火车和游船（图 3）。大都会建筑事务所（OMA）和 LAB-DA 事务所联合设计的荷兰海牙地下隧道综合体项目（Souterrain Tunnel Complex）考虑人流的影响，创造了地下人工地形空间——一系列由车库、斜坡、画廊和电车站连接而成的活跃空间。

1 Bernard Tschumi, *Event Cities* (Cambridge : MIT Press, 1994).

4.5.1　案例 1　有活力的十字

柏林中央车站

柏林，德国

建筑师：GMP 建筑师事务所

工程师：施莱克 – 贝格曼事务所

修建时间：1994—2006 年

在纳粹德国时期，作为 19 世纪车站选址的施普雷河（Spree River）弯道是城市南北轴的宏伟终点，但也因此成为敌军轰炸的目标。继德国再次统一及柏林成为首都之后，建造一个年客流量 3000 万的超级车站再次被提出。如今柏林中央车站是欧洲最大的火车站，除了新的南北地铁（u-Bahn）和东西城际铁路（s-Bahn），车站还纳入了两条高速 ICE 列车：南北的斯堪的纳维亚 – 西西里岛线路的一部分，东西的伦敦 – 莫斯科线路的一部分。除了复杂线路的几何形态，这个项目明确强调了"铁路交会购物中心"的理念，因此成为更大区域复兴工程中重要的，甚至是标志性的部分。

这个车站的剖面清晰明了：行人、有轨电车、出租车、公交车和小汽车安置在地面层，东西线列车安置在 10 米高度，南北线列车安置在 15 米高度。东西线列车被一个 430 米长的桶状玻璃屋顶覆盖，拉索结构富有现代感又和旧车棚骨架产生呼应。

中心大厅包含零售、办公、服务设施和酒店。玻璃和钢结构的无柱大厅作为一个开放透明的迎客通道，是从北部莫阿比特（Moabit）地区到南部政府和国会区域的重要通道。宽敞的中空集聚可以将自然光引入地下空间，人们也可以观察到不同高度层的人群活动，这一复杂的综合体由 4.4 米高的底座统合，作为服务行人的巨大公共空间。

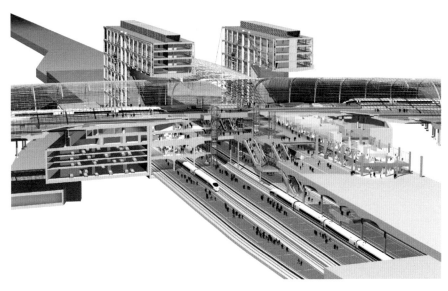

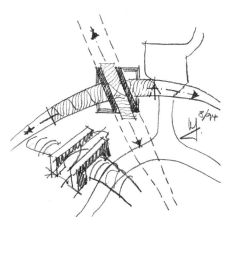

Animated Crossing

BERLIN CENTRAL STATION

Berlin，Germany

Architect：Von Gerkan，Marg und Partner

Engineers：Schlaich，Bergermann und Partner；IVZ / Emch + Berger

Date：1994-2006

4.5.2　案例 2　港口和花园

横滨港

横滨，日本

建筑师：FOA 建筑师事务所

工程师：结构设计组（1998—2002 年）/ 奥雅纳事务所（1995—1996 年）

修建时间：1995—2002 年

　　横滨港是这个时代的标志，被誉为由计算机模拟生成人工地形的典范，基础设施、公共空间和摆渡港口的多种模式融合在一个连续的形式中。它是日本东京至横滨的海滨城市休闲复兴计划的一部分，具有高度的独特性。在客户要求下，此横滨港成为花园和港口之间的融合剂，也是横滨居民和游客的融合剂。

　　一座长 430 米、宽 45 米的码头伸入横滨湾，成为山下公园（Yama-shita Park）的延伸。登船平台层作为横滨港延伸的一部分，加强了结构的通达性。建筑的流线轮廓作为一系列环路，打破了动态和静态的界限。当地人和旅客都可以使用旅客大厅，此大厅有朝向各异的涂色钢制顶棚，以及内部通道和内庭，行人可以沿着暖色铁木（巴西核桃木）地板信步而走，或坐在 500 座的室外剧场阶梯状的坡面或任意一片草丘上休息。可折叠移动的边界和节点重组了空间，既可以被当地人使用，也能容纳大量游客涌入。曲面地形将内外融为一体，如同多层的室内空间又围合了室外空间。人工地形为公园顶端景观提供了良好的视野。16 米跨度的 27 个桁架将不同部分连接在一起，构成抵抗地震应力的整体钢结构，使内外渐变为一体。

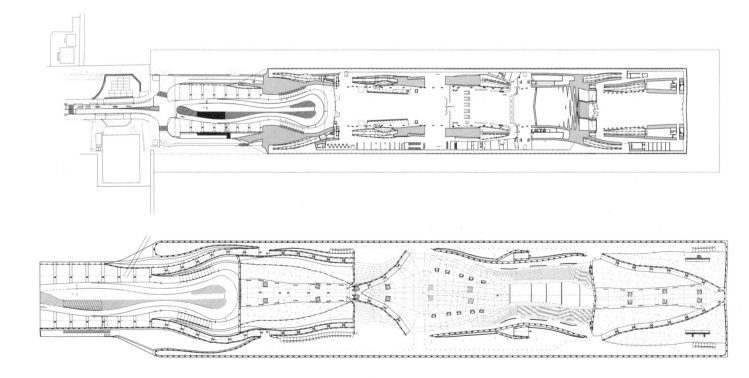

Mediated Harbor Garden

YOKOHAMA PORT TERMINAL

Yokohama, Japan

Architect : Foreign Office Architects

Engineer : Structure Design Group（1998-2002）/ Ove Arup & Partners
（1995-96）

Date : 1995-2002

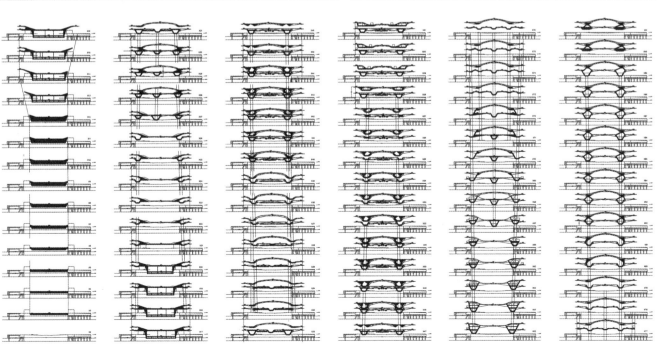

4.5.3　案例3　矢量作品

西雅图奥林匹克雕塑公园

西雅图，华盛顿州，美国

建筑师：韦斯/曼弗雷迪建筑师事务所
景观设计师：查尔斯·安德森景观设计事务所
修建时间：2001—2007 年

韦斯/曼弗雷迪建筑师事务所赢得了西雅图一个将城市角落变成活力区域的重要国际竞赛。该地段位于北美沿海，是一块城市肌理中被大型基础设施切断的废弃棕地。在此项目中，加利福尼亚州优尼科石油公司（Union Oil）的石油输油设施坐落在皮吉特湾（Puget Sound）中的埃利奥特湾里一个填埋的矮山上，通过伯灵顿北部的铁路和埃利奥特大道来连接城市。这片区域原计划作为酒店和公寓的组合，但是由于附近西雅图艺术博物馆和公共土地信托的活动，

这片区域最终成为城市雕塑公园和活力滨水空间。3.6 公顷的地段上构筑了 760 米长的 Z 字形架高平架高台，但它并没有遮盖基础设施线路。通过预制混凝土坡道、砾石路和草坪等新景观元素，塑造了连续的地形，解决了 12 米高差的问题。人行路线从东南角 3200 平方米的草坪和金属展示亭（夜间作为发光的灯塔）出发，通过三部分来到岸边，是对西北地形原型的重新诠释。形态不一的几何形限定出不同的景观：城市、山和水。中间部分刚好对准雷尼尔山（Mount

Rainier，奥林匹克山脉的主峰，公园得名原因）的轴线。在岸边，新公园无缝连接沿岸向北的默特尔·爱德华公园（Myrtle Edwards Park）。人工地形的折叠和转折创造出一系列现代雕塑的室外空间，包括理查德·塞拉（Richard Serra）、特雷西塔·费尔南德斯（Teresita Fernández）和马克·迪翁（Mark Dion）的作品。这个项目不仅是一条从高处通向水面的通道，也是一个从城市中心地带的基础设施转变而来的开放公园，更是一个具有强烈可识别性的雕塑公园。

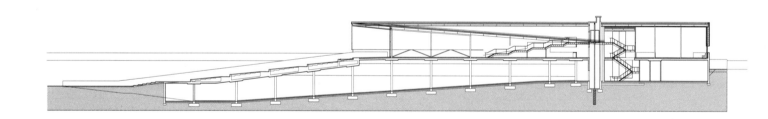

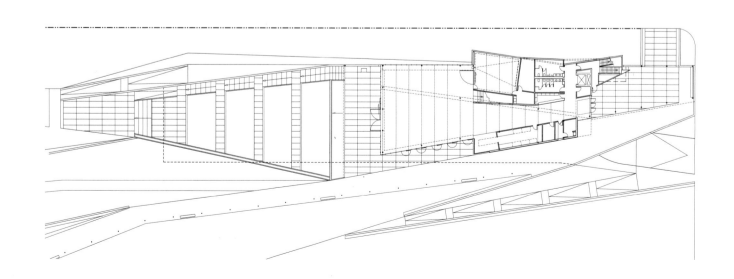

Vector Works

SEATTLE OLYMPIC SCULPTURE PARK

Seattle，Washington，USA

Architect：Weiss/Manfredi Architects
Landscape Architect：Charles Anderson Landscape Architecture
Date：2001–2007

改造前

改造后

4.5.4　案例 4　活力地下空间

海牙，荷兰
建筑师：大都会建筑事务所和 LAB-DA 事务所
修建时间：1994—2004 年

地下通道复合体

荷兰海牙的一个地下通道复合体位于海牙主要商业街格洛特大街（Grote Marktstraat）的地下。开发项目包括地下 2 层火车站、一个容纳 375 辆车的车库、一个永久的考古展览和海报博物馆。通道两旁是商业零售，通过其他车库连接了围绕 100 万平方米开发量的 CBD 岛环路停车场，地下复合体解放了地上的街道空间，将城市还给行人。纵剖面（长 1250 米，宽 15 米）由铁路线确定，通向地下 2 层的缓坡及空间（最低点为地下 12 米）承担其他功能，例如铁路上方的停车场。

这个巨大地下复合体也面临着挑战，应对方法是调整通道的宽度和高度，从而创造出一系列不同的空间，在空间上和视线上连接其他部分，并可以欣赏外界城市或天空的景色。通过通道将周围商店连接起来，充分结合了结构的完整性和经济的高效性。为解决通风问题，整个通道设计成一个"风管"为解决结构问题，墙、地板、顶棚共同起支撑作用。车库的组织呼应了线性的结构，朝向有轨电车站的透明墙为车库增添了活力。车库的纵向倾斜混凝土板是平台顶板的一部分，通往车库层的玻璃走廊和坡道也暗示了流线的连续性。出入口和走廊以及沿通道轴线或与通道相交的流线共同创造出多元的动感。所有这些相互渗透，都加强了行人的行进感。另外，日光在地下空间创造出了可感知的，像身处地面城市大厅那种安全感。地下通道几乎没有装饰，只采用了自然、人工照明系统和对比鲜明的木地板，以使模塑浇筑的混凝土墙产生动感。

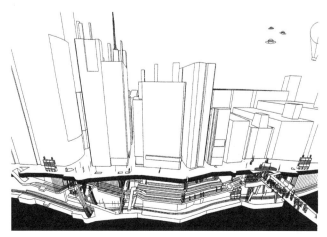

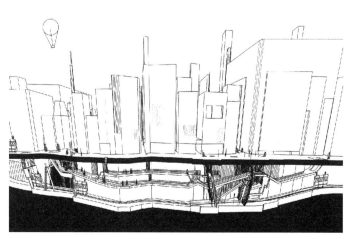

Vibrant Underground

SOUTERRAIN TUNNEL COMPLEX

The Hague，the Netherlands

Architect：OMA and LAB-DA

Date：1994-2004

4.6　展现公众理解力的景观画廊

当今世界，各国政府在交通基础设施项目上都投入了大量资金。与此同时，在过去的几十年间，公众在城市改造、修葺以及公共便利设施建设等方面的参与度也逐渐下降。随着公众对城市发展项目参与度的下降，集体空间的概念也发生了改变，基础设施作用公共空间重新得到了认知。这种认识表明，大多数当代公共交通的形式通过公共空间的传统理念得以保持和延续。公共交通十分廉价，群众普遍可以承担，即使是乘坐飞机这样略微高昂的交通工具，人们也能邂逅不同的人。交通枢纽通常是传统意义街道的延伸，它们既是城市生活的中心，也是公众聚集场所。在交通枢纽中，换乘交通工具的人们摩肩接踵、往来如流，地铁站、公交站和火车站等交通基础设施引导人们出行，也因此成为公众聚集地。与其他公共活动相比，交通基础设施更能吸引群众。

以往，交通基础设施多采用宏伟壮观的广场、拱顶和候车厅，彰显出繁荣与气派。作为苏联宣传（Soviet propaganda）的重要组成部分，莫斯科豪华的地铁站是公认的"人民的宫殿"（People's Palaces）（图 1）。纵观历史，19 世纪和 20 世纪初建设的火车站均是杰出的工程功绩以及城市声望的象征。伊利尔·沙里宁（Eliel Saarinen）设计的芬兰赫尔辛基火车站（Helsinki Railway Station）不仅整体上体现了城市的尊严，其材料和细节上也反映了国际情怀（nationalist sympathies）（图 2）。交通基础设施可以作为公共空间有两个方面的原因：一方面，人们因出行需要会在交通基础设施中聚集；另一方面，集体参与的旅程也有别于一般的出行，交通线路给旅客营造的空间感受至关重要。正如景观设计师克里斯·里德（Chris Reed）所说："交通基础设施空间可以被使用，并服务于社会、文化、生态和艺术。通过附属结构，现有交通基础设施可以实现功能上的分层，从而营造出全新的公共场所。"[1] 通过设立一系列连续活动的空间，或是利用沿途的风景，交通基础设施都可以将旅客注意力吸引到其经过的通道。为了消除远行带给人们的漂泊感，同时提升公共空间品质，交通线路的营造通过激发人们对景观结构或自然、建筑风光的关注，从而形成一个空间序列。

虽然如今，公共空间的法律保障正在受到私有化和市场的威胁，出现了交通换乘站商业化的现象。但是，仍有一些值得关注的特例，在西班牙，高速铁路网的建设带动了新车站的修建，无论是克鲁

图 1　人民的宫殿

莫斯科的地下系统早在 1902 年就开始规划了，但受到十月革命和俄国内战的影响而被推迟。当 1935 年第一座车站开放时，它便成为斯大林苏维埃政权为所有人创造富足、公正、快乐新世界的一个象征。车站精心设计得富丽堂皇，大量使用大理石、吊灯粉饰的顶棚。它们被称为"人民的宫殿"，用雕塑、马赛克和壁画将装饰风格从古典主义带进了社会现实主义。

图 2 简朴的雄伟

伊利尔·沙里宁设计的赫尔辛基火车站（1919 年）不仅是芬兰国家浪漫主义建筑最清晰的代表，也是 20 世纪早期大火车站的典型。受维也纳分离派（Vienna Secession）的启发，主厅以简洁的线条和大空间的设计相烘托，给人深刻的朴素感。正立面采用芬兰本地出产的花岗石；入口处设有宏大的拱廊，拱廊两侧放置着大型的握着地球仪的伟人雕塑和一个 48.5 米高的钟塔。室内也通过钢筋混凝土的拱顶和传统乡土建筑元素体现了这种力量感。

图 3 简洁的典雅

克鲁兹·奥尔蒂斯（Cruz y Ortiz）建筑师事务所曾为塞维利亚的圣胡斯塔（Santa Justa）火车站设计了一个独立的城市地标，火车站是连接马德里的高铁站。这个车站由灰白砌体建成，如同一个巨大的纪念碑，表达对早期现代主义的怀念。一侧的天篷将游客引导到集散中心，其室内是带落地窗的白墙和带铺装的地面。经过平缓的坡道可到达站台，为了让阳光直射进来，这些转换空间故意夸大屋顶的高度。六个隧道状的环形长拱门位于成对的轨道上方，所有屋顶的细节都强化了人们对这个公共空间的好感。

图4　几何体的力量

在马德里，西班牙的高铁车站（Atocha）从 1892 年开始就一直使用钢和玻璃这两种材料，这两种材料建设的车站相当于一个温室空间。建筑师拉菲尔·莫内奥主张用上行匝道将车流引入轨道上方，进入圆柱支撑的顶棚下方，从而形成了强有力的城市与建筑布局。所有轨道及站台上面有屋顶，停车场也被圆顶遮蔽，不同标高的人行坡道汇集到站前很大的铺装广场。

图5　洞穴状的公共领域

由 KHR 建筑事务所设计的哥本哈根地铁于 2002 年投入使用，流线清晰，简约但富有细节。所有建筑元素都基于 5.5 米的标准模数，而 5.5 米来源于自动化的地铁车厢的宽度。平滑的金字塔状的天窗上有一些小的棱镜，可以随着太阳的方向移动，并将太阳光折射到 20 米深的站台上。每个站只有一个入口，通过一段扶梯到中间夹层平台。材料包括灰色花岗石、混凝土、不锈钢，另外还有一个铝制的钟也显得特别突出。

兹·奥尔蒂斯（Cruz y Ortiz）设计的塞尔维亚车站（Seville station）还是拉菲尔·莫内奥（Rafael Moneo）设计的马德里车站（Madrid station），均是典雅的纪念性建筑，它们拒绝商业化，从而重塑了火车这一传统交通方式的尊严（图3、图4）。这两座车站采用大厅、通道与光线的运用相结合，营造出宏伟典雅的空间效果。另外，由KHR建筑事务所（KHR arkitekter）设计的哥本哈根地铁网（Copenhagen Metro network），采用智能的零部件，同时通过隧道内光线的运用营造出一种肃静、高雅的氛围（图5）。罗杰斯建筑事务所（Rogers Stirk Harbour + Partners）和拉梅拉建筑事务所（Estudio Lamela）联合设计的马德里巴拉哈斯国际机场（Barajas International Airport）扩建航站楼。这个建筑有非常明确的布局，巨大的走廊上方覆盖着波浪形式的日光监测设备（daylight-monitoring devices），这一设计增强了行人出入大厅的动感。

码头作为另外一种典型的交通换乘中心，传达出了明确启程的信息，同时，也是赏景的好去处。曼哈顿华尔街轮渡码头（Wall Street Ferry Terminal in Manhattan）的建设促进了该区域公共空间的升级。建筑师史密斯－米勒和霍金森（Smith-Miller+Hawkinson）以及景观设计师朱迪思·海因茨（Judith Heintz）采用适合滨水地带的现代化工业理念，打造了一个开放及私密空间相结合的候船区域，曼哈顿的工作人员和当地居民可以一起在此等待渡轮。在曼哈顿的高楼大厦中，质朴的码头与众不同，让旅客可以充分认识到码头独特且重要的地理位置。

作为新型公共空间的交通基础设施，它十分注重功能区块与空间本身之间的连接。青木淳（Jun Aoki）设计的东京马见原桥（Mamihara Bridge）及曼努埃尔·德·索拉－莫拉莱斯（Manuel de Solà-Morales）设计的比利时卢万公交站兼停车场（Louvain bus station and parking complex）均是增强与周围环境相互关系的典型案例。在卢万，精细规划的交通流线为车站广场注入了新的活力，交通基础设施、城市生活和景观之间的相互作用凸显了其作为公共空间的地位。即使是地下车库通道也令人惊喜，基于功能需要和效率驱动，车库通常并不是一个舒适的休闲空间，而Cuno Brullmann Jean-Luc Crochon + Associates 建筑事务所为法国尼斯机场设计的车库则是一个特例（图6），设计师美化了车库和航站楼之间的人行通道，并采用中庭设计，使旅客在人行道中便能看到美丽的花园。

1　Chris Reed，"Public Works Practice，"in *The Landscape Urbanism Reader*，ed. Charles Waldheim（New York：Princeton Architectural Press，2006），282.

图6　体面的停车场

法国尼斯机场2号航站楼配建的停车场（由Cuno Brullmann Jean-Luc Crochon + Associates 设计），包括独创的大体块、两个自然景观的东西向天井、一个优雅的步行循环系统，整体显得很得体。这个停车场有四层，共2700个停车位，种满棕榈和竹子的天井将其分割成相互独立的三个部分。天井四周是步行流线，不同层之间的步道坡度为10%，人们几乎感觉不到。

4.6.1　案例 1　波浪顶与彩色的树

巴拉哈斯机场扩建

马德里，西班牙

建筑师：理查德·罗杰斯建筑事务所和拉梅拉建筑事务所

工程师：安东尼·亨特事务所 INITEC 和（TPS）

修建时间：1997—2010 年

理查德·罗杰斯建筑事务所和拉梅拉建筑事务所设计的巴拉哈斯（Barajas）机场扩建工程，在马德里机场的基础上增加了大于 100 万平方米的功能性建筑面积，将旅客容量提升到每年 7000 万。这个新的第四航站楼位于两条新跑道的侧翼，巩固了马德里作为欧洲主要门户和欧洲与拉丁美洲联系的焦点地位。建筑按 18 米 ×9 米的结构网格模数设计，这样的重复结构可以无限延伸。

新航站楼最显著的部分是屋顶，由一排细长树枝状的混凝土柱子支撑起翅膀状的预制钢架，钢架上形成连续重复的小波浪。自然光通过精心设计的天窗射入航站楼的上层空间，同时也强调了屋顶的形式。屋顶张力大的区域有深凹槽，反映出受力的状态。屋顶分成了三个平行的条形空间，不干扰空间的活动。第一个条形空间包括登记、通行检查和安全控制；第二个包括候机室；第三个包括登机口（长 1.2 公里，可容纳 38 架飞机）。三个条状空间被巨大的天井隔开，天井里充满了自然光，乘客通道从中跨过，这样就产生了将景观引入室内空间的效果。从内部看，屋顶由密实的竹条覆盖，结构性的树状柱子涂上颜色，形成连续狭长的街景。对自然光巧妙的利用——日光从屋顶之间的缝隙直射到最底层的自动运输系统——以及足够的遮阴空间，降低了建筑的能耗。建筑呈南北走向，主要立面呈东西走向，这是保护建筑免受过多太阳辐射的最佳布局方案。主立面也通过屋顶大挑檐的遮蔽而阴凉宜人。

Wavy Roof and Colored Structural Trees

BARAJAS AIRPORT EXTENSION

Madrid，Spain

Architect：Richard Rogers（Rogers Stirk Harbour + Partners）and Estudio Lamela

Engineer：Anthony Hunt Associates，INITEC，and Tarmac Professional Services（TPS）

Date：1997-2010

4.6.2　案例 2　谦逊的城中码头

华尔街轮渡码头

纽约市，纽约州，美国

建筑师：史密斯 – 米勒和霍金森建筑师事务所

景观设计师：朱迪思 · 海因茨

工程师：奥雅纳事务所

修建时间：1995—1999 年

优雅谦逊的新华尔街轮渡码头由史密斯 – 米勒和霍金森建筑师事务所共同设计，该项目是对原 11 号码头的重建，也是纽约市改善下曼哈顿交通设施、提供亲水公共开放空间的长期战略的一部分。11 号码头位于东河（East River）边缘，罗斯福路高架下方。货船运输为了更低廉的停泊位租金选址在新泽西而非纽约，11 号码头的旧功能也被废弃。为满足人们亲水需要，这里经过重新设计成为一个充满生机的公共空间。这个 260

平方米的轮渡码头，是近几十年纽约的首例，服务于到新泽西、布鲁克林、斯塔滕岛和拉瓜迪亚机场的小规模私营渡船。

这个整体呈水平方向的精致建筑提供了室内外、土与水之间的灵活转换。朝南的大铝架玻璃门上方置有向上倾斜的悬臂，在室外形成一个等候区的开放走廊，与码头的休息区分开。咖啡馆位于出入口处，为通勤者和游客服务。半透明的纤维玻璃和钢构成的天篷从建筑东西两侧挑出，延

伸了渡口的等候空间。轮渡码头、办公室、支持空间和座椅在码头北缘，形成了更多自由开放的空间。中午，码头为游客及当地社区和华尔街工作者提供遮蔽的阴凉空间。低调朴实的建筑材料与滨水建筑功能相和谐。这个轮渡码头如同是一座城市里的阁楼，设于临水而上的开放大平台上。景观设计师朱迪思 · 海因茨利用从原 11 号码头保留下来的材料设计了木质长凳，以及带格子甲板的走道，以便在水面上行走。

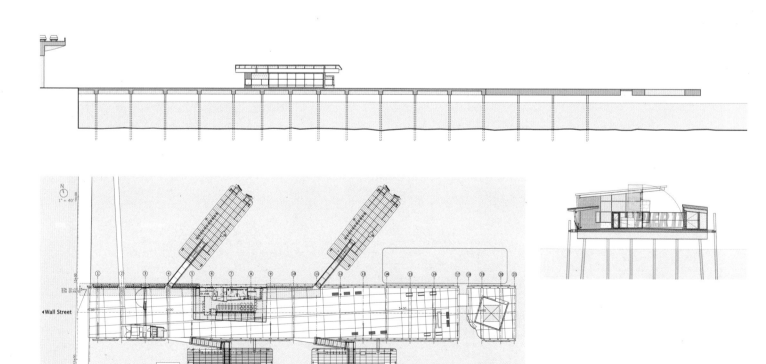

Self-Effacing Urban Pier

WALL STREET FERRY TERMINAL

New York City, New York, USA

Architect : Smith-Miller + Hawkinson Architects
Landscape Architect : Judith Heintz Landscape Architect
Engineer : Ove Arup & Partners
Date : 1995-1999

4.6.3　案例3　桥的通行与凝视

马见原大桥

熊本，日本
建筑师：青木淳建筑联合事务所
工程师：Chuo Consultants
修建时间：1994—1995 年

　　马见原（MAMIHARA）大桥位于日本熊本县苏阳（Soyo）镇中心，是熊本艺术城邦计划（KAP）的一部分。这座桥设计虽然很简单，但是却具有创新意义，特别在日本县级地区公共建筑与结构的开发建设方面对象征意义的新空间策略具有重要意义。熊本县位于九州岛南部，该计划是一个为提升整个熊本县公共建设的大规模区域开发计划。它在公共项目（包括桥梁、老年之家、博物馆和文化中心）中具有重要意义，这些公共项目

已经在全县范围内设定了目标，意图调整现有的管理政策的融合文化的多样性。青木淳将马见原大桥设计为一个长 38.25 米的公共文化站，中空的钢架桥既是连接物，同时也是景观。苏阳镇位于山区一条国道的十字路口，曾作为驿站而繁荣过。这条路跨过河流，保持了街道的连续与城镇结构的完整。这座桥把日本传统拱桥的曲线应用到设计中，形状如嘴唇，暗示人们来此散步。上下两层之间设有柱子（下弦杆是受拉构件，柱子是受

压构件）：上层宽 5.8 米，供行人和汽车通行，桥的另一端是两块巨石，由具有神圣意火的绝索拴在一起；下层宽 7.5 米，临近水面，仅供步行。反弓形中部最低点距上层 3 米。下层桥面铺有 45 毫米厚的雪松板；中间有两个圆洞，一个直径 2.8 米，一个直径 2.2 米。透过这两个圆洞，行人可以欣赏下面的河道。下层部分除了栏杆，其他所有细部都符合公共工程的标准规范。

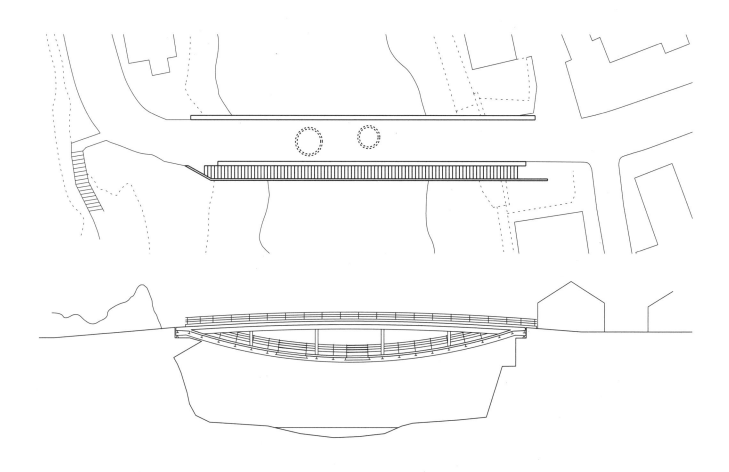

Bridge of Passage and Contemplation

MAMIHARA BRIDGE

Kumamoto，Japan

Architect：Jun Aoki & Associates
Engineer：Chuo Consultants
Date：1994-1995

4.6.4 案例 4 组合

联合车站广场

卢万，比利时

建筑师：曼努埃尔·德·索拉－莫拉莱斯 /A33
城市设计师：Projectteam Stadsontwerp，马塞尔·斯梅茨指导
工程师：SWK
修建时间：1996—2002 年（一期）

自从比利时卢万（Louvain）通往布鲁塞尔和国际机场的铁路通道被打通，新的不动产便拥有更多投资的机会。受益于此，这座大学城的轨道交通门户及周围环境也发生了很大的改变。规划团队（Projectteam Stadsontwerp）将车站周边狭长的储备区基于形态学的概念进行了城市设计。在其城市边界上，这种线性开发由位于两端的大型公共建筑构建起来。在郊区靠近凯瑟尔洛（Kessel-Lo）的地方，是一个具有复合功能中心和带状公园的城市会客厅，以及一个服务步行与骑行者的慢行景观廊道，此廊道通往位于之前铁路站点附近的主要住宅区。萨米联合事务所（Samyn and Partners）设计的火车站具有折中的风格，装饰了由钢和玻璃构成的新天篷，同时也重新设计了整个车站广场。索拉－莫拉莱斯将之前成组团布置的公共汽车站整合成一个合理的新公共汽车站，并将其融入广场北段 L 形的办公建筑中，整座建筑都属于公共汽车公司。这个车站的标志是七个不同的带天窗的顶棚结构，每一个都对应一条公共汽车道。红色的砖砌构造使这个巨大的结构与周围环境微妙地相互融合。

公共汽车站与火车站成直角布局，与一个巨大的地下停车场相连。这个停车场有着地下通道、小路以及地下坡道系统，直接通向广场中心。车行道沿着曾经分割了历史城区与车站地区的环城高速路设置，通过下穿隧道连接到停车场，恢复了站前广场作为公共开放大空间的尊严与气势，昔日的战争纪念碑也恢复了整洁。采光井和通往地下停车场的阶梯对纪念碑起到了强调的作用，也形成了室内室外、地上地下的子单元。从城市到车站的通道均衡地到达地上和地下层，广场也因青石板铺装和成列的边灯而显得端庄。地下停车场由于坡道、高差的丰富变化，创造出人意料的独特景致，优雅的伞形天窗阵列显示出庄乎的仪式感。连接城市广场到火车站台和另一方向的轨道（靠凯瑟尔洛方向）的地下通道倾斜并富有动感，也能照射进足够的自然光。不同的路线方式产生不同的依赖关系，这种可组合的处理方式使整个车站更具力量感。

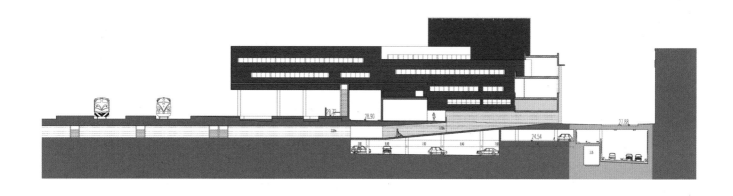

Sectional Manipulation

INTERMODAL STATION SQUARE

Louvain，Belgium

Architect：Manuel de Solà-Morales/A33
Urban Design：Projectteam Stadsontwerp，directed by Marcel Smets
Engineer：SWK
Date：1996-2002（1st phase）

参考文献

GENERAL BIBLIOGRAPHY

Allemand, Sylvain, François Ascher, and Jacques Lévy. *Le sens du mouvement*. Paris: Belin, 2004.

Allen, Stan. *Points + Lines: Diagrams and Projects for the City*. New York and Princeton: Architectural Press, 1999.

Alonzo, Eric. *Du rond-point au giratoire*. Marseille and Paris: Parenthèses/Certu, 2005.

Appleyard, Donald, Kevin Lynch, and John R. Meyers. *The View from the Road*. Cambridge: MIT Press, 1964.

Ascher, François and Mireille Apel-Muller, eds. *The Street Belongs to All of Us*, Vauvert: Au diable, 2007.

Augé, Marc. *Non-places: Introduction to an Anthropology of Supermodernity*. Translated by John Howe. London: Verso, 1995.

Banham, Reyner. *Los Angeles: The Architecture of Four Ecologies*. New York: Harper & Row, 1971.

Barles, Sabine, and André Guillerme. "L'urbanisme souterrain." *Moniteur architecture AMC* no. 100 (1999): 46-53.

Binney, Marcus. *Architecture of Rail: The Way Ahead*. London: Academy Editions, 1995.

Castells, Manuel. *The Rise of Network Society*. Cambridge: Blackwell Publishers, 1996.

Clifford, James. *Routes: Travel and Translation in the Later Twentieth Century*, Cambridge: Harvard University Press, 1997.

Cresswell, Tim. *On the Move: Mobility in the Modern Western World*. New York and London: Routledge, 2006.

Cullen, Gordon. *Townscape*. London: The Architectural Press, 1961.

Easterling, Keller. *Organization Space: Landscapes, Highways, and Houses in America*. Cambridge and London: MIT Press, 1999.

Feldman, Leslie. *Freedom as Motion*. Lanham: University Press of America, 2001.

Flink, James. *The Automobile Age*. Cambridge: MIT Press, 1988.

Hall, Peter. "A Tale of Two City Railways." *Town & Country Planning* 68, no. 5 (1999): 146-49.

Halprin, Lawrence. *Freeways*. New York: Reinhold, 1966.

Henley, Simon. *The Architecture of Parking*. London: Thames & Hudson, 2007.

Il paesaggio delle freeway = The View from the Road. Lotus Navigator no. 7 (2003).

Infrascape. AREA no. 79 (2005).

Jackson, John B. *Landscape in Sight*. New Haven: Yale University Press, 1997.

Jones, Will. *New Transport Architecture*. London: Mitchell Beazley Publishers, 2006.

Julià Sort, Jordi. *Metropolitan Networks*. Barcelona: Editorial Gustavo Gili, 2006.

Kaplan, Caren. *Questions of Travel: Postmodern Discourses of Displacement*. Durham: Duke University Press, 1996.

Loyer, Béatrice. "Lieux de transport: design et environnement." *Techniques et Architecture* no. 440 (1998): 101-5.

Marx, Leo. *The Machine in the Garden*. Oxford: Oxford University Press, 1964.

Mazzoni, Cristiana. *Stazioni: architetture 1990–2010*. Milan: Federico Motta Editore, 2001.

McCluskey, Jim. *Road Form and Townscape*. London: Architectural Press, 1979.

Mialet, Frédéric. "Dossier. Transports: le siècle de l'intermodalité." *d'Architectures* no. 92 (1999): 30-31.

Mostafavi, Mohsen, ed. *Landscape Urbanism: A Manual for the Machinic Landscape*. London: AA Publications, 2004.

Mumford, Lewis. *The Highway and the City*. New York: Harcourt, Brace and World, 1963.

Parcerisa, Josep, and Maria Rubert de Ventos. *Metro*. Barcelona: Edicions UPC, 2002.

Pascoe, David. *Airspaces*. London: Reaction Books, 2001.

Périmètres d'intermodalité/Transport Territory = Techniques & Architecture no. 491 (2007).

Prelorenzo, Claude, and Dominique Rouillard, eds. *Le temps des infrastructures*. Paris: L'Harmattan, 2007.

Prelorenzo, Claude, and Dominique Rouillard, eds. *La métropole des infrastructures*, Paris: Picard, 2009.

Rambert, Francis, ed. *Architecture on the Move: Cities and Mobilities*. Paris: City on the Move Institute and Barcelona: Actar, 2003.

Richards, Jeffrey, and John M. MacKenzie. *The Railway Station: A Social History*. Oxford: Oxford University Press, 1986.

Russell, James S., ed. *The Mayor's Institute: Excellence in City Design*. New York: Princeton Architectural Press, 2002.

Sassen, Saskia. *The Global City: New York, London, Tokyo*, 2nd ed. Princeton: Princeton University Press, 2001.

Schwarzer, Mitchell. *Zoomscape: Architecture in Motion and Media*. New York: Princeton Architectural Press, 2004.

Sert, José Luis. *Can Our Cities Survive?* Cambridge: Harvard University Press, 1944.

Smets, Marcel. "The Contemporary Landscape of Europe's Infrastructures = Il nuovo paesaggio delle infrastrutture in Europa." *Lotus international* no. 110 (2001): 116-43.

Southworth, Michael, and Eran Ben-Joseph. *Streets and the Shaping of Towns and Cities*. Washington, Covelo and London: Island Press, 2003.

Stilgoe, John. *Metropolitan Corridor*. New Haven: Yale University, 1982.

Taxworthy, Julian, and Jessica Blood. *The Mesh Book: Landscape/Infrastructure*. Melbourne: RMIT University Press, 2004.

Thorne, Martha, ed. *Modern Trains and Splendid Stations: Architecture, Design, and Rail Travel for the Twenty-First Century*. London: Merrell, 2001.

Tiry, Corinne. *Les mégastructures du transport*. Lyon: Certu, 2008.

Tunnard, Boris, and Christopher Pushkarev. *Man-Made America: Chaos or Control?* New Haven: Yale University Press, 1963.

Tschumi, Bernard. *The Manhattan Transcripts*. New York: St. Martin's Press, 1994.

Urry, John. *Sociology beyond Societies: Mobilites for the Twenty-First Century*. London and New York: Routledge, 2000.

Venturi, Robert, Denise Scott Brown, and Steven Izenour. *Learning from Las Vegas*. Cambridge: MIT Press, 1972.

Virilio, Paul. *Speed and Politics: An Essay on Dromology*. New York: Columbia University Press, 1986.

Waldheim, Charles. *The Landscape Urbanism Reader*. New York: Princeton Architectural Press, 2006.

Webb, Bruce. "Engaging the Highway." *a+u: Architecture and Urbanism* no. 94 (1994).

Whyte, William H. *The Last Landscape*. New York: Doubleday & Co, 1968.

CHAPTER 1
Kowloon Rail Station, Hong Kong, China (p. 17)

Binney, Marcus. *Architecture of Rail: The Way Ahead*. London: Academy Editions, 1995, 52-57.

Blackburn, Andy. "Kowloon Station: The Integrated City." *Asian Architect and Contractor* 28, no. 9 (1999): 12-13, 15-16.

Cairns, Robert. "Kowloon, Hong Kong's Landmark Station." *Asian Architect and Contractor* 27, no. 6 (1998): 35-36, 38, 40, 42.

Farrell, Sir Terry. *Terry Farrel: Selected and Current Works*. Mulgrave: Images, 1994, 206-16.

"Kowloon Station, Hong Kong." *World Architecture* no. 48 (1996): 124-25.

"Masterplanning a City." *Asian Architect and Contractor* 28, no. 9 (1999): 18-19.

Mazzoni, Cristiana. *Stazioni: architetture 1990–2010*. Milan: Federico Motta Editore, 2001, 146-59.

Melvin, Jeremy. "Under one Roof." *Blueprint* no. 196 (2002): 38-42.

Pitman, Simon. "Contract 503C: Kowloon Station." *Asian Architect and Contractor* 27, no. 8 (1997): 41-42, 44, 46-48, 51.

Thomas, Ralph. "The Great Indoors." *Blueprint* no. 212 (2003): 62-66.

Thorne, Martha, ed. *Modern Trains and Splendid Stations: Architecture, Design, and Rail Travel for the Twenty-First Century*. London: Merrell, 2001, 66-69.

"Union Square." *Asian Architect and Contractor* 32, no. 1 (2003): 12-14, 17.

"A Very British Consulate." *Architects' Journal* 205, no. 4 (1997): 38-39.

Underground Pedestrian Passages, Montreal, Canada (p. 18)

Besner, Jacques, and Clément Demers. "La face cachée de Montréal = The Hidden Face of Montreal." *Architecture d'aujourd'hui* no. 340 (2002): 100-105.

Lachapelle, Jacques. "Unterirdisches Montreal." *Werk, Bauen & Wohnen* no. 7-8 (1994): 14-23.

Jubilee Line Underground Stations, London, UK (p. 19)

Aldersey-Williams, Hugh. "Down the Tube: An Extension to the Jubilee Line Will Reverse the Neglect of London Underground's Design Legacy." *Architectural Record* 181, no. 6 (1993): 120-25.

"Arqueología ferroviaria: Estación de Westminster, Línea Jubilee", "Una gruta abovedada: Estación de Canary Wharf, Línea Jubilee." *Arquitectura Viva* no. 71 (2000): 30-33, 36-39.

Baillieu, Amanda. "Jubilee Line, Londra." *Domus*, no. 748 (1993): 48-55.

Hall, Peter. "A Tale of Two City Railways." *Town & Country Planning* 68, no. 5 (1999): 146-49.

Hardingham, Samantha. "Norman Foster: stazione di Canary Wharf, Jubilee Line Extension, Londra = Canary Wharf Station, Jubilee Line Extension, London." *Domus* no. 825 (2000): 50-55.

Irace, Fulvio. "Canary Wharf." *Abitare* no. 396 (2000): 106-9.

"Jubilee Line Extension, Londres." *Techniques & Architecture* no. 455 (2001): 34-41.

"Larvas de cristal: stación de metro en Canary Wharf, Londres." *Arquitectura Viva* no. 65 (1999): 48-49.

McGuire, Penny. "Grand Canary: Underground Station, Canary Wharf, London." *Architectural Review* 207, no. 1240 (2000): 51-55.

"Norman Foster: Canary Wharf Station, Jubilee Line Extension, London, U.K." *GA document* no. 62 (2000): 120-27.

Pashini, Luca. "Architetti per la metropolitana di Londra = The Jubilee Line Extension Project, London." *Casabella* 64, no. 678 (2000): 64-83.

Pawley, Martin, and Romano Roland Paoletti. "Going Underground." *Architects' Journal* 211, no. 4 (2000): 26-37.

Powell, Kenneth. "Modern Movement: London's Jubilee Line extension." *Architecture Today* 105 (2000): 36-38, 41-42, 44-48, 51-52, 55.

Powell, Kenneth. *New London Architecture*. London: Merrell, 2001, 30-31.

Russell, James S. "Engineering Civility: Transit Stations", "Canary Wharf, Jubilee Line Extension, London." *Architectural Record* 188, no. 3 (2000): 129-33, 138-41.

Slessor, Cathernie. "Underground Jubilation." *Architectural Review* 205, no. 1227 (1999): 54-55.

"U-Bahnstation Canary Wharf in London = Canary Wharf Underground Station in London." *Architektur + Wettbewerbe* no. 185 (2001): 34-37.

"U-Bahnstation Canary Wharf in London = Canary Wharf Underground Station, London = Stazione della metropolitana Canary Wharf a Londra = Station Canary Wharf à Londres = Estación de metro en Canary Wharf, London." *Detail* 41, no. 1 (2001): 88-91.

"U-Bahnstation Westminster in London = Westminster Underground Station in London." *Architektur + Wettbewerbe* no. 185 (2001): 32-33.

"Underneath the Politics: Underground Station, Westminster, London." *Architectural Review* 207, no. 1240 (2000): 60-63.

Wegerhoff, Erik. "Die Erweiterung der Jubilee Line." *Baumeister* 97, no. 6 (2000): 36-47.

Welter, Volker. "U-Bahnbau als Stadtpolitik: die Erweiterung der Londoner Jubilee Linie." *Bauwelt* 91, no. 23 (2000): 34-37.

Wessely, Heide. "Stationen der Jubilee Line, London = Jubilee Line Stations, London = Jubilee Line Extension: nuove stazioni metropolitane a Londra = Les stations de la ligne du Jubilé, Londres." *Detail* 40, no. 4 (2000): 620-24.

"Westminster." *Abitare* 396 (2000): 112-13.

Woodward, Christopher. "Simply the Best: Canary Wharf Metrostation van Foster and Partners in Londen." *Architect* 31, no. 6 (2000): 44-50.

Zunino, Maria Giulia. "Londra: Jubilee Line Extension." *Abitare* no. 396 (2000): 104-105.

Rail Station Renovation, Stuttgart, Germany (p. 20)

Bund Deutscher Architekten BDA et al. with Meinhard von Gerkan, eds. *Renaissance of Railway Stations: The City in the 21st Century*. Stuttgart: BDA, 1996, 156-63.

Davey, Peter. "In the Public Eye: Underground Station, Stuttgart, Germany." *Architectural Review* 213, no. 1274 (2003): 66-69.

De Matteis, Federico. "La nuova stazione di Stoccarda." *Industria delle costruzioni* no. 337-338 (1999): 76-79.

"Hauptbahnhof in Stuttgart." *Architektur + Wettbewerbe* no. 178 (1999): 14-17.

"Hauptbahnhof Stuttgart." *Arch plus* no. 159-160 (2002): 74-79.

"La nuova stazione centrale di Stoccarda = Stuttgart Hauptbahnhof." *Spazio e società* 20, no. 83 (1998): 58-65.

Lynn, Greg. "Hauptbahnhof: Ingenhoven Overdiek, Kahlen & Partner." *Quaderns d'arquitectura i urbanisme* no. 220 (1998): 130-31.

Meyer, Ulf. "Ingenhoven Overdiek Architekten: Main Station Stuttgart, Stuttgart, Germany 1997–2013." *a+u: Architecture and Urbanism* no. 396 (2003): 78-87.

Pacey, Stephen. "The Natural Look." *RIBA Journal* 110, no. 2 (2003): 79-81.

Pavarini, Stefano. "La stazione di Stoccarda = A New Cathedral." *l'Arca* no. 128 (1998): 4-9.

Sayah, Amber. "Hauptbahnhof Stuttgart." *Bauwelt* 88, no. 30 (1997): 1658-59.

Thorne, Martha, ed. *Modern Trains and Splendid Stations: Architecture, Design, and Rail Travel for the Twenty-first Century*. London: Merrell, 2001, 91-92.

Tiry, Corinne. "Stuttgart ouvre la voie vers le ciel." *Architecture d'aujourd'hui* no. 321 (1999): 32-35.

"Visionär: Bau-, Licht- und Lufttechnik zum Projekt Bahnhof Stuttgart." *Intelligente Architektur* no. 12 (1998): 66-69.

Tramline and Terminal, Nice, France (p. 21)

"Au chausse-pied." *Techniques & Architecture* no. 455 (2001): 30-33.

Boudet, Dominique. "Le Ray: La nouvelle entrée nord", "La mise en valeur des grands espaces historiques: La place Massena", "La mise en valeur des grands espaces historiques: Place Garibaldi." *Moniteur architecture AMC*, no. 163 (2006): 164, 168-69, 170-71.

Boudet, Dominique, Jacques Peyrat, and Claire Reclus. "Nice: l'urbanisme catalyseur du développement." *Moniteur architecture AMC* no. 163 (2006): 151-59.

Dana, Karine. "Atelier Barani: centre de maintenance du tramway, Nice." *Moniteur architecture AMC* no. 180 (2008): 92-99.

Dana, Karine, and Marc Barani. "Atelier Barani: centre de maintenance du tramway, Nice." *Moniteur architecture AMC* no. 184 (2008): 88-99, 224.

"Le tramway: Un grand projet à l'échelle de la ville", "Deux nouveaux pôles de centralité", "De nouvelles entrées de ville." *Moniteur architecture AMC* no. 120 (2001): 158-63, 164-69, 170-75.

"Marc Barani: Tramway of Nice and its Greater Surroundings, Nice, France 1996–1997." *a+u: Architecture and Urbanism* no. 370 (2001): 62-65.

Redecke, Sebastian. "Die Linie 1 in Nizza: das Depot- und Werkstattgebäude der Strassenbahn in Nizza: Marc Barani." *Bauwelt* 99, no. 25 (2008): 14-35.

A29 Highway, Haute-Normandie, France (p. 23)

"Autostrada di Normandia." *Lotus Navigator* no. 7 (2003): 106-11.

Boyer, Charles-Arthur. "Architectuur als landschap = Architecture as Landscape: Atelier Badia-Berger: project in Normandië." *Archis* no. 8 (1997): 54-59.

"Équiments." *Techniques et Architecture* no. 429 (1996): 101-6.

Kerveno, Yann. "Une belle discrète." *Construction moderne* no. 89 (1996): 11-15.

Smets, Marcel. "The Contemporary Landscape of Europe's Infrastructures = Il nuovo paesaggio delle infrastrutture in Europa." *Lotus international* no. 110 (2001): 116-43.

A77 Tollstations, Dordives/Cosnes-sur-Loire, France (p. 23)

Arnaboldi, Mario Antonio. "La rivoluzione ha le tempie grigie: A Toll Station in France." *l'Arca* no. 162 (2001): 62-67.

Metro Line 14, Paris, France (p. 24)

Barles, Sabine, and André Guillerme. "L'urbanisme souterrain." *Moniteur architecture AMC* no. 100 (1999): 46-53.

"Design et transport: meteor, urbanité souterraine." *Techniques et Architecture* no. 427 (1996): 92-93.

Fitoussi, Brigitte. "Linea metropolitana 14, Parigi = The Métro Line 14, Paris." *Domus* no. 812 (1999): 48-49.

Fitoussi, Brigitte. "Roger Tallon: météor, la nuova metropolitana automatica di Parigi = Météor: The New Automatic Paris Metro." *Domus* no. 812 (1999): 54-58.

Houzelle, Beatrice. "Connexions: transports publics à Paris." *Techniques & Architecture* no. 412 (1994): 50-57.

Loyer, Béatrice. "Lieux de transport: design et environnement." *Techniques et Architecture* no. 440 (1998): 101-5.

Mialet, Frédéric. "Dossier: transports: le siècle de l'intermodalité." *d'Architectures* no. 92 (1999): 30-31.

"Réalisations 1998: Equipements." *Moniteur architecture AMC* no. 94 (1998): 152-53, 128.

Roulet, Sophie. "Renouveau du métro ou l'espace en question." *Architecture intérieure créé* no. 286 (1998): 70-73.

Rouyer, Rémi. "Météor, maîtrise d'ouvrage, génie civil, architectes: les conditions du débat." *Architecture intérieure créé* no. 286 (1998): 32-39, 42-47.

Tramline, Saint-Denis/Bobigny, France (p. 24)

"Alexandre Chemetoff." *Architecture d'aujourd'hui* no. 303 (1996): 65.

"La tranvia di Saint-Denis = The Tramway of Saint-Denis." *Casabella* 53, no. 553-54 (1989): 66-67, 123-24.

Lucan, Jacques. "Seine-Saint-Denis: tramway." *Moniteur architecture AMC* no. 41 (1993): 30-31.

"Paseo del Tranvía, Saint-Denis, La Courneuve, Drancy, Bobigny, Francia." *Escala* 40, no. 199 (2004): 71.

Rocca, Alessandro, and Jacques Lucan. "Saint-Denis-Bobigny." *Lotus international* no. 84 (1995): 86-101.

"Tranvía = Tramway." *Quaderns d'arquitectura i urbanisme* no. 225 (2000): 101.

Vanstiphout, Wouter. "De tuinman en de stad: het werk van Alexandre Chemetoff en het Bureau des Paysages." *de Architect* 25, no. 2 (1994): 68-69.

High Speed Bus Track, Amsterdam, the Netherlands (p. 25)

Costanzo, Michele. "NIO architecten: una nuova vita per gli 'spazi tecnici' = NIO architecten: New Life for 'Technical Spaces'." *Metamorfosi* no. 57 (2005): 44-53.

Guardigli, Decio. "La forma delle idee: Fluid Vehicle and Cyclopes." *l'Arca* no. 194 (2004): 12-17.

"High Speed Bus Track in Kerntraject Zuidtangent: Maurice Nio." *C3 Korea* no. 252 (2005): 130-41.

Jansen, Joks. "De flexibiliteit van een systeem: ontwerp Zuidtangent in regio Amsterdam van VHP en Dok." *de Architect* 32, no. 2 (2001): 34-39.

Kersten, Paul. "Die Südtangente in Holland = The 'Zuidtangent': The Southern Tangent in the Netherlands." *Topos: European Landscape Magazine* no. 42 (2003): 26-31.

Van Cleef, Connie. "Sheltering in Style: Bus Shelters, Haarlem, the Netherlands." *Architectural Review* 216, no. 1293 (2004): 40-41.

Lechwiesen Service Station, Munich-Lindau Highway, Germany (p. 26)

Dawson, Layla. "Autobahn prototype." *Architectural Review* 203, no. 1214 (1998): 56-58.

"Drive in: Tank- und Rastanlage Lechwiesen." *Deutsche Bauzeitung* 132, no. 4 (1998): 66-77.

Herzog, Thomas. "Prototyp: Tank- und Rastanlage Lechwiesen." *Deutsche Bauzeitschrift* 46, no. 8 (1998): 51-56.

Sowa, Axel. "Thomas Herzog et associés: prototype en bord de route, Allemagne." *Architecture d'aujourd'hui* no. 322 (1999): 40-45.

Bilbao Metro, Bilbao, Spain (p. 28)

"Bauen für den Aufschwung." *Werk, Bauen + Wohnen* no. 12 (1996): 38-42.

"Bilbao Metro, Spain." *Architecture + Design* 21, no. 1 (2004): 162-65.

"The Bilbao Metro." In *Two Projects by Foster and Partners: The Carré d'Art, Nîmes & The Bilbao Metro*, introd. P. G. Rowe. Massachusetts: Harvard University Graduate School of Design 1998, 31-41.

Cohn, David. "Metro in Bilbao." *Bauwelt* 87, no. 5 (1996): 182-83.

Cohn, David. "Starparade: Verkehrsbauten in Bilbao." *Deutsche Bauzeitung* 133, no. 2 (1999): 54-59.

"Dos estaciones del Metro de Bilbao = Two Stations of Bilbao Metro Railway System." *A+T* no. 7 (1996): 64-79.

"Ferrocarril Metropolitano de Bilbao." *ON Diseño* no. 170 (1996): 162-77.

Mialet, Frederic. "Transports: le siècle de l'intermodalité." *d'Architectures* no. 92 (1999): 34-35.

Mistry, Mary. "Basque Underground." *Architectural Review* 201, no. 1203 (1997): 54-59.

"Norman Foster: Bilbao Metro, Bilbao, Spain." *CA document* no. 52 (1997): 98-101.

"Norman Foster: Ferrocarril metropolitano, Bilbao = Metropolitan Railway, Bilbao." *AV Monografías = AV Monographs* no. 57-58 (1996): 42-45.

"Norman Foster: Ferrocarril Metropolitano, Bilbao = Metropolitan Railway, Bilbao." *AV Monografías = AV Monographs* no. 79-80 (1999): 94-99.

"Stations chics pour métros de choc." *Architecture d'aujourd'hui* no. 267 (1990): 52-53.

"Unter Tage: Neugestaltung der Metro in Bilbao." *Architektur, Innenarchitektur, Technischer Ausbau* 105, no. 7-8 (1997): 72-75.

Houston MetroRail, Houston, Texas, USA (p. 30)

Barna, Joel Warren. "Rail Plans for Houston, Dallas." *Progressive Architecture* 71, no. 8 (1990): 32, 37.

Crossley, David. "Tracking Change: The Current Word on Houston's Transit Agenda." *Cite: The Architecture and Design Review of Houston* no. 72 (2007): 24-27.

Kwarter, Michael. "Just-in-time Planning: New York + Houston." *Architectural Design* 75, no. 6 (2005): 88-93.

Newberg, Sam. "Light Rail Comes to Minneapolis." *Planning* 70, no. 5 (2004): 6-11.

Spieler, Christof. "Down the Line: How Will Light Rail Change Houston?" *Cite: The Architecture and Design Review of Houston* no. 59 (2004): 14-19.

Spieler, Christof. "Houston Hitches a Ride on Light Rail." *Architecture* 93, no. 2 (2004): 35-36.

Spieler, Christof. "Trains of Thought: Six Cities, Six Light-Rail Systems, Six Visions." *Cite: The Architecture and Design Review of Houston* no. 58 (2003): 18-25.

Spieler, Christof. "METRO: What's Next?: Planned Extensions Will Connect Neighborhoods to Rail, But Will the Neighbors Want It?' *Cite: The Architecture and Design Review of Houston* no. 61 (2004): 14-19.

Thompson, Gregory L., and Thomas G. Matoff. "Keeping Up with the Joneses: Radial vs. Multidestinational Transit in Decentralizing Regions." *Journal of the American Planning Association* 69, no. 3 (2003): 296-312.

Curitiba Bus System, Curitiba, Brazil (p. 32)

Ceccarelli, Nicolo. "Curitiba, una città 'sostenibile' = Curitiba, a Sustainable City." *Spazio e società* 18, no. 70 (1994): 66-81.

"Curitiba: um sistema visual urbano." *Projeto* no. 177 (1994): 73-77.

Di Giulio, Susan. "Architect, Mayor, Environmentalist: An Interview with Jaime Lerner." *Progressive Architecture* 75, no. 7 (1994): 84-85, 110.

Frausto, Martha E. "Planning Theories and Concepts, Implementation Strategies, and Integrated Transportation Network Elements in Curitiba." *Transportation Quarterly* 53, no. 1 (1999): 41-55.

Guillen, Carlos. "Solid Waste Management in Curitiba, Brazil." *Ekistics* 60, no. 358-359 (1993): 85-91.

Hunt, Julian. "The Urban Believer: A Report on Jaime Lerner and the Rise of Curitiba, Brazil." *Metropolis* 13, no. 8 (1994): 66-67, 74-77, 79.

Kroll, Lucien. "Creative Curitiba." *Architectural Review* 205, no. 1227 (1999): 92-95.

Lerner, Jaime. "Brasil Curitiba: un sistema de transporte urbano integrado." *CA: revista oficial del Colegio de Arquitectos de Chile* no. 58 (1989): 44-51.

Lerner, Jaime. "Daadkracht: Curitiba en de potenties van de stad = Making It Happen: Curitiba and the Potentials of the City." *Archis* no. 12 (2000): 18-23.

Macedo, Joseli. "City Profile: Curitiba." *Cities* 21, no. 6 (2004): 537-49.

Meurs, Paul. "Een ecologische metropool in Brazilië: Curitiba." *de Architect* 25, no. 2 (1994): 52-59.

Leidsche Rijn Bridges, Utrecht, the Netherlands (p. 34)

Corbellini, Giovanni. "Pragmatismo, sperimentazione, ironia: strategie recenti fra progetto e infrastrutture nei Paesi Bassi." *Paesaggio urbano* no. 4 (2004): 24-31.

Havik, Klaske. "De kunst van het construeren: bruggen van Max.1, West 8 en Marijke de Goey." *de Architect* 32, no. 5 (2001): 70-73, 105.

"I ponti di Leidsche Rijn'. *Lotus Navigator* no. 7 (2003): 74-77.

Speaks, Michael. "Gran naranja blanda = Big Soft Orange." *AV Monografías = AV Monographs* no. 73 (1998): 34-42.

Speaks, Michael. "Design Intelligence. Part 7: Maxwan." *a+u: Architecture and Urbanism* no. 393 (2003): 140-47.

Tilman, Harm. "'We willen ieder plan laten lukken': Max.1 en de weerbarstige praktijk." *de Architect* 29, no. 5 (1998): 52-65, 116-17.

International Airport, Singapore, Singapore (p. 36)

"Aéroport Changi = Changi Airport, Singapour – Singapour: Skidmore Owings +." *Moniteur architecture AMC*, special issue (2009): 122-23.

"Skidmore, Owings & Merrill: Changi International Airport Terminal 3." *Architecture* 90, no. 4 (2001): 88-91.

"Terminal 3 Building, Changi International Airport, Singapore." *SOM Journal* 1 (2001): 104-19.

"Three Projects at Changi International Airport, Changi, Singapore 1998–2001." *a+u: Architecture and Urbanism* no. 386 (2002): 74-93.

Weathersby, William et al. "Lighting." *Architectural Record* 191, no. 11 (2003): 227-32, 234, 239-44, 246, 249, 251-52, 254.

Sepulveda and Century Boulevards, Los Angeles, USA (p. 37)

Choi, Wonsun. "Dance of Light." *L.A. Architect*, March-April 2001: 38-39.

Currimbhoy, Nayana. "Lighting." *Architectural Record* 189, no. 2 (2001): 177.

Hammatt, Heather. "Auto focus: The Approach to Los Angeles International Airport is Seen in a New Light." *Landscape Architecture* 90, no. 10 (2000): 34, 36.

Linn, Charles et al. "Lighting…" *Architectural Record* 189, no. 2 (2001): 175-201.

"Nuovo landmark per Los Angeles = A New Landmark for Los Angeles." *Domus* no. 832 (2000): 28-29.

Pedersen, Martin C. "City High Lights: Outdoor Lighting Design Has the Power to Transform Urban Landmarks – and Even Create New Ones." *Metropolis* 21, no. 9 (2002): 88-91.

Russell, James S., ed. *The Mayor's Institute: Excellence in City Design.* New York: Princeton Architectural Press, 2002, 68-69.

Trauthwein, Christina. "Dusk 'til Dawn." *Architectural Lighting* 16, no. 1 (2001): 24-27.

International Airport, Seville, Spain (p. 37)

"De la tierra al cielo: nueva terminal del aeropuerto de San Pablo, Sevilla, 1987–1991." *AV Monografías = AV Monographs* no. 36 (1992): 52-60.

Dixon, John Morris. "Welcome to Seville." *Progressive Architecture* 73, no. 7 (1992): 82-85.

Hessel, Andrea. "Sevilla: Wo, bitte, geht's zur EXPO?' *Baumeister* 89, no. 8 (1992): 35-39.

"Il nuovo aeroporto di Siviglia di Rafael Moneo." *Casabella* 56, no. 590 (1992): 23.

Irace, Fulvio et al. "Le nuove porte della città = The New Gates of the City: Barcellona, Siviglia, Londra, Osaka." *Abitare* no. 305 (1992): 210-11, 218-19, 308.

Moneo Valles, Rafael. "Flughafengebäude in Sevilla." *Deutsche Bauzeitschrift* 40, no. 8 (1992): 1129-38.

Pink, John. "Flight and the Souk." *Architectural Review* 190, no. 1144 (1992): 69-74.

"Rafael Moneo: Branch Office, Bank of Spain and New San Pablo Airport Terminal l." *a+u: Architecture and Urbanism* no. 274 (1993): 65-80.

"Rafael Moneo: terminal de Séville." *Techniques et Architecture* no. 401 (1992): 127-31.

Rodermond, Janny. "Sevilla Airport: de hof van Moneo." *de Architect thema* no. 46 (1992): 56-59.

Sainz, Jorge. "Una mezquita aérea: nuevo aeropuerto en Sevilla." *Arquitectura Viva* no. 22 (1992): 14-21.

Ustarroz, Alberto. "Rafael Moneo: il nuovo aeroporto di Siviglia." *Domus* no. 736 (1992): 36-47.

Metro, Porto, Spain (p. 38)

Cannatà, Michele; Fernandes, Fátima. "Territorio compartido: la nueva red de metro de Oporto." *Arquitectura Viva* no. 109 (2006): 34-37.

Confurius, Gerrit. "Diskret, unauffällig, bürgerlich: Neubau einer Metro in Porto: Architekt, Eduardo Souto de Moura, Porto." *Bauwelt* 96, no. 21 (2005): 44-47.

Machabert, Dominique. "Re-designing the Town: Subway, Porto." *Techniques & Architecture* no. 466 (2003): 55-57.

Ménard, Jean-Pierre. "Flux mécaniques: stations de metro, Porto, Portugal." *Moniteur architecture AMC* no. 173 (2007): 144-46.

"Metro de Porto, Portugal = Porto Metropolitan Train, Portugal: Eduardo Souto de Moura, arquitecto." *ON Diseño* no. 276 (2006): 268-77.

Solà, Manuel de. "Estaciones del metro a Porto i Copenhague: criptes publiques." *Quaderns d'arquitectura i urbanisme* no. 252 (2006): 64-65.

Souto de Moura, Eduardo. "Unter Grund und über Brücken: Metro für Porto = Below the Earth and over Bridges: A Metro for Porto." *Topos: European Landscape Magazine* no. 24 (1998): 32-35.

Souto de Moura, Eduardo, Jacques Lucan, and Eduard Bru. "Eduardo Souto de Moura: obra reciente = Recent Work." *2G: revista internacional de arquitectura = International Architecture Review* no. 5 (1998): 84-89.

Souto de Moura, Eduardo, Luis Rojo de Castro. "Eduardo Souto de Moura 1995–2005." *El Croquis* no. 124 (2005): 136-45.

Souto de Moura, Eduardo. "Porto: Edouardo Souto de Moura's Stations for the City's New Metro Dystem." *Architecture Today* no. 168 (2006): 18-20, 23.

Souto de Moura, Eduardo, Cornelia Tapparelli, and Marco Mulazzani. "Eduardo Souto de Moura: metropolitana, Porto, Portogallo." *Casabella* 70, no. 740 (2005): 112-31.

Ferry Terminal, Mihonoseki, Japan (p. 39)

Chow, Phoeve. "Meteoric Rise." *Architectural Review* 201, no. 1203 (1997): 44-48.

Gubitosi, Alessandro. "Ferry Terminal at Mihonoseki, Japan." *l'Arca* no. 100 (1996): 42-47.

Hein, Carola. 'Prestige en vermaak: grands projets in Japan = Prestige and Diversion: Grands Projets in Japan." *Archis* no. 2 (1998): 48-61.

"Meteor Plaza." *Kenchiku bunka* 51, no. 595 (1996): 57-64.

"Mihonoseki Terminal: Shin Takamatsu Architect & Associates." *Japan Architect* no. 14 (1994): 100-103.

"Schlagkräftig: zwei Fährterminals in Japan: Mihonoseki." *Architektur, Innenarchitektur, Technischer Ausbau* 105, no. 7-8 (1997): 42-45.

"Shin Takamatsu Architect & Associates: Meteor Plaza." *Japan Architect* no. 24 (1996): 138-39.

"Shin Takamatsu Architect & Associates: Meteor Plaza, Shimane, 1994–95." *GA Japan: environmental design* no. 20 (1996): 16-33.

"Shin Takamatsu: Shichinuiko Terminal, Nima-cho, Shimane Prefecture." *Architectural Design* 64, no. 5-6 (1994): 86-87.

Denver International Airport, Denver, Colorado, USA (p. 40)

Barreneche, Raul A. "Denver's Tensile Roof." *Architecture* 83, no. 8 (1994): 89-97.

Berger, Alan. "Screening Junkspace: Is Denver Squandering its Opportunity to Build a World-class Airport Landscape?" *Landscape Architecture* 93, no. 1 (2003): 36, 38-40.

Betsky, Aaron. "Denver International Airport door Fentress Bradburn Architects: de architectuur van de jet lag." *de Architect Dossier* no. 7 (1998): 34-37.

Blake, Edward. "Peak Condition." *Architectural Review* 197, no. 1176 (1995): 60-63.

Cattaneo, Renato. "Il grande terminal di Denver: A Canopied Air Terminal." *l'Arca* no. 73 (1993): 18-23.

Drewes, Frank F. "Denver International Airport." *Deutsche Bauzeitschrift* 43, no. 7 (1995): 97-102.

Fisher, Thomas. "Projects: Flights of Fantasy." *Progressive Architecture* 73, no. 3 (1992): 105-107.

Landecker, Heide. "Peak Performance: Elrey Jeppensen Terminal, Denver International Airport, Denver, Colorado, C.W. Fentress, J.H. Bradburn and Associates, Architect." *Architecture* 83, no. 8 (1994): 44-53.

Pavarini, Stefano. "Trentaquattro cime: Denver International Airport." *l'Arca* no. 87 (1994): 18-29.

Russell, James S. "Is This Any Way to Build an Airport?" *Architectural Record* 182, no. 11 (1994): 30-37, 97.

Stein, Karen D. "'Snow-capped' Symbol: Landside Terminal, Denver International Airport." *Architectural Record* 181, no. 6 (1993): 106-7.

Waldheim, Charles. "Airport Landscape." *Log* no. 8 (2006): 120-30.

TGV Méditerranée, Aix-en-Provence, Avignon and Valence, France (p. 42)

Bucci, Federico. "Le architetture del viaggiatore = Architectures for Travellers." *Ottagono* 34, no. 132 (1999): 46-51.

Caille, Emmanuel. "AREP-RFR: gare TGV Méditerranée, Avignon." *Moniteur architecture AMC* no. 120 (2001): 78-85.

Cardani, Elena. "Le nuove tappe della velocità: New TGV Stations." *l'Arca* no. 162 (2001): 54-61.

Duthilleul, Jean Marie, and Florence Michel. "La reconquête du sens." *Architecture intérieure créé* no. 262 (1994): 72-75.

Fontana, Jacopo della. "Accessibilità e intermodalità: Three TGV stations." *l'Arca* no. 130 (1998): 18-25.

Friedrich, Jan. "7.24 Uhr ab Gare de Lyon: drei Bahnhöfe für den TGV in Südfrankreich." *Bauwelt* 92, no. 37 (2001): 12-19.

"Gare TGV Méditerranée, Avignon." *Moniteur architecture AMC* no. 121 (2002): 88-89.

Klauser, Wilhelm. "Coherente strategie van landschap tot detail: drie TGV stations in Zuid-Frankrijk van AREP." *de Architect* 32, no. 11 (2001): 74-79.

"Le tre stazioni del TGV mediterraneo: Valence, Avignon, Aix-en-Provence = The Three Stations of the Mediterranean TGV." *Industria delle costruzioni* no. 367 (2002): 54-67.

Libois, Brigitte. "Knooppunten en hun landschappen: TGV Mediterranée, Frankrijk." *A+* no. 175 (2002): 98-105.

"Méditerranée: TGV, des gares hors la ville." *Connaissance des arts* no. 584 (2001): 32.

Mialet, Frederic. "Three New Stations for the TGV Méditerranée." *d'Architectures* no. 92 (1999): 41-43.

Schneider, Sabine. "Schnell wie der Mistral: drei neue TGV-Bahnhöfe eingeweiht." *Baumeister* 98, no. 8 (2001): 11.

Slessor, Catherine. "French Lessons: TGV stations, Provence, France, Valence station/Avignon Station/Aix Station." *Architectural Review* 213, no. 1274 (2003): 44-51.

"SNCF – AREP: Valence TGV Station, Valence, France." *GA document* no. 69 (2002): 42-49.

"Territoires d'intermodalité." *Techniques & Architecture* no. 455 (2001): 54-67.

"TGV – Méditerranée." *Architecture intérieure créé* no. 263 (1994): 86-91.

Van Acker, Maarten. "Infrastructurele landschappen met een publieke horizon: vijf projecten van Michel Desvigne Paysagiste." *de Architect* 39, no. 6 (2008): 40-47.

A16 Service Station, Bay of Somme, France (p. 44)

Gauzin-Muller, Dominique. "One Programme, Three Sites: Autoroute Service Points for the Somme, the Lot and the Correze." *d'Architectures* no. 133 (2003): 24-27.

Laforge, Christophe, Arnaud Yver, and Hannetel & Associés. "Pascale Hannetel." *Studies in the History of Gardens & Designed Landscapes* 23, no. 2 (2003): 152-68.

Pousse, Jean François. "Immersion: aire de la baie de Somme." *Techniques et Architecture* no. 441 (1999): 28-33.

"Réalisations 1998: Equipements." *Moniteur architecture AMC* no. 94 (1998): 155.

IJburg Bridges, Amsterdam, the Netherlands (p. 46)

Pieters, Dominique. "Bruggen slaan voor de toekomst: nieuwe realisaties van Wilkinson Eyre, Foster and Partners, Birds Portchmouth Russum, Grimshaw and Partners en Venhoeven c.s." *de Architect* 33, no. 4 (2002):

76-81.

Russell, James S. "Lacy Struts That Promise in a New City's Greatness." *Architectural Record* 190, no. 1 (2002): 59-61.

Humber River Bridge, Toronto, Canada (p. 48)

Carter, Brian. "Thunderbirds are go." *Architectural Review* 199, no. 1189 (1996): 58-59.

"Connections: Flight of the Thunderbird." *Canadian Architect* 41, no. 2 (1996): 12-13.

"Fahrrad- und Fussgängerbrücke über den Fluss Humber in Toronto, Kanada = The Humber River Bicycle Pedestrian Bridge in Toronto, Canada." *Architektur + Wettbewerbe* no. 168 (1996): 24-25.

CHAPTER 2

Central Artery/Tunnel, Boston, USA (p. 57)

Bowen, Ted Smalley. "New Plans Forming above and around Boston's 'Big Dig'." *Architectural Record* 192, no. 6 (2004): 54.

Bowen, Ted Smalley. "Big Dig Snafu Delays Boston Greenway Projects." *Architectural Record* 194, no. 10 (2006): 29.

Brown, Robert A. "Filling the Cut: After Years of Planning, the Rose Kennedy Greenway is Finally Taking Shape in Boston." *Urban Land* 65, no. 3 (2006): 65-68.

Campbell, Robert. "A Walk in Progress: A Tour of the (More or Less) Finished Sections of the New Rose Kennedy Greenway Reveals That Intentions Have Been Met – and Missed." *Landscape Architecture* 98, no. 3 (2008): 28-30, 32, 34.

Campbell, Robert, and Charles Lockwood. "The Big Dig: What's Up under Boston?" *Architectural Record* 190, no. 3 (2002): 84-86, 88.

Di Mambro, Antonio. "Il grande scavo di Boston = Boston's Big Dig." *Spazio e società* 14, no. 54 (1991): 24-51.

Faga, Barbara. "Boston's Big Dig." *Topos: European Landscape Magazine* no. 51 (2005): 86-92.

Freeman, Allen. "Above the Cut: The Big Dig Selects Landscape Teams for Three New Parks in Downtown Boston." *Landscape Architecture* 93, no. 3 (2003): 62-67.

Gisolfi, Peter. "Accidental Parks: Cities are Creating Open Space from Urban Remnants – But Can Remnants Effectively Bind the City Together?" *Landscape Architecture* 97, no. 8 (2007): 74-76.

Greenberg, Ken. "A Good Time for Cities." *Places* 19, no. 2 (2007): 4-11.

Murray, Hubert. "Il grande scavo continua = The Big Dig Continues: Central Artery/Tunnel, Boston." *Spazio e società* 18, no. 73 (1996): 32-49.

Murray, Hubert. "Paved with Good Intentions: Boston's Central Artery Project and a Failure of City Building." *Harvard Design Magazine* no. 22 (2005): 74-82.

Roy, Tamara, and Kelly Shannon. "Wanted: Visionary Landscape Designer: Boston's 'Big Dig'." *Archis* no. 5 (2003): 112-15.

Shaw, Barry. "Hiding the Highway." *Architectural Review* 190, no. 1141 (1992): 68-71.

Wallace Floyd Associates. "Grand Unifiers: The Central-Artery Tunnel Project, Boston, MA." *Harvard Architecture Review* 10 (1998): 24-29.

A5 National Road, Yverdon-les-Bains/Biel, Switzerland (p. 58)

Laimberger, Raoul. "Siedlung entlasten – Natur belasten? = L'intégration de l'A5 dans le paysage." *Anthos* 36, no. 1 (1997): 8-13.

HST Tunnel, Leiderdorp/Hazerswoude, the Netherlands (p. 59)

Bakker, Gemma. "De aanleg van de HSL: een rapportage = Building the HSL: A Report." *Archis* no. 5 (2000): 66-75.

Bosma, Koos. "Escapades in het Groene Hart: de HSL in een dwangbuis = Adventures in the Green Heart: High-speed Line in a Straightjacket." *Archis* no. 8 (1996): 18-25.

Bosma, Koos. "Gerommel in de marge of nieuwe aanpak? Parallelstudie HSL-Zuid = Borderline or Break-through? Parallel Study HSL-South." *Archis* no. 4 (1998): 56-57.

Jardins Wilson, Plaine Saint-Denis, France (p. 60)

Courajoud, Michel, and Benoît Scribe. "Jardins Wilson." *AA Files* no. 38 (1999): 2-9.

"Couverture et jardins de l'A1 a Saint Denis." *Moniteur architecture AMC* no. 90 (1998): 14.

"L'espace public ou la naissance d'une ville." *Moniteur architecture AMC* no. 104 (2000): 126-27.

Lortie, André. "Paris-phèrie: Plaine Saint-Denis e il 'Grand axe'." *Casabella* 56, no. 596 (1992): 32-43, 69-70.

Place des Célestins, Lyon, France (p. 62)

Charbonneau, Jean-Pierre. "Grand Lyon: samenhangende aanpak voor de hele agglomeratie." *de Architect* 27, no. 11 (1996): 48-61.

Chaslin, Francois. "Gli spazi publici della grande Lione." *Domus* no. 784 (1996): 7-13.

Danner, Dietmar. "Helix: das Parkhaus Célestins in Lyon." *Architektur, Innenarchitektur, Technischer Ausbau* 103, no. 7-8 (1995): 32-35.

"Erlebnisparkomanie." *Werk, Bauen + Wohnen* no. 10 (1995): 71.

"Essential Geometry: Restructuring of the Place des Celestins." *Techniques & Architecture* no. 419 (1995): 43-45.

Ménard, Jean-Pierre. "Details: Les parcs de stationnement entre urbanisme et urbanité." *Moniteur architecture AMC* no. 77 (1997): 62-79.

"Place des Célestins." *Bauwelt* 86, no. 25 (1995): 1436-37.

Tårnby Station, Tårnby, Denmark (p. 64)

"Tårnby Station." *Arkitektur DK* 43, no. 1 (1999): 50-55.

Silicon Graphics North Charleston Campus, Mountain View, California, USA (p. 66)

Betsky, Aaron. "Agile Architecture." *Architectural Record* 184, no. 5 (1996): 72-79.

Callaway, William. "A Secret Ingredient?" *Urban Land* 58, no. 11-12 (1999): 96-99.

Cohen, Edie Lee. "Silicon Graphics." *Interior Design* 61, no. 6 (1990): 166-71.

Drewes, Frank F. "Freigelegt – Büro in Kalifornien = Exposed – The Office in California." *Deutsche Bauzeitschrift* 44 (1996), special edition, 12.

Gillette, Jane Brown. "Parking at Its Best." *Landscape Architecture* 88, no. 2 (1998): 26, 28-31.

Lang Ho, Cathy. "Silicon Graphics, Mountain View, California." *Architectural Record* 186, no. 6 (1998): 154-58.

Martin, Michelle. "An Instant Landmark in Silicon Valley.' *World Architecture* no. 68 (1998): 64-69.

"Silicon Graphics Inc., Amphitheater, Technology Center and North Charleston Park, Mountain View, California." *Land Forum Special issue. The SWA Group: Recent Projects* no. 14 (2002): 107-10.

"Studios Architecture: North Charleston Campus, Silicon Graphics Computer Systems, Mountain View, California, U.S.A." *GA document* no. 53 (1997): 106-17.

Port Terminal, Nice, France (p. 69)

Boudet, Dominique. "La mise en valeur des grands espaces publiques: le port." *Moniteur architecture AMC* no. 163 (2006): 168, 172-73.

"De nouvelles entrées de ville." *Moniteur architecture AMC* no. 120 (2001): 170-75.

Channel Tunnel Rail Link, Kent, UK (p. 69)

Armour, Tom. "Channel Tunnel Rail Link, Kent, UK: Project Profile." *Landscape Design* no. 321 (2003): 26-27.

"En Route: A Round-up of News and Views of Some Current Transport Schemes." *Landscape Design* no. 320 (2003): 19-22.

Gibb, Richard, and David M. Smith. "BR Would Like to Apologize for the 14-Year Delay." *Town and Country Planning* 60, no. 11-12 (1991): 346-48.

Lloyd, Jiggy. "The Channel Tunnel Rail link." *Landscape Design* no. 190 (1990): 14-16.

Moor, Nigel. "South East Looks to East Thames Corridor for Rescue." *Building* 257, no. 5 (1992): 37.

Schiphol Airport Plantation, Amsterdam, the Netherlands (p. 70)

"Adriaan Geuze – West 8: urbanidad y paisaje = Urbanity and Landscape."

AV Monografías = AV Monographs no. 73 (1998): 92-101.

"Aménagement paysagers, aéroport de Schiphol, Amsterdam, Pays-Bas: West 8." *Architecture d'aujourd'hui* no. 363 (2006): 68-69.

Andela, Gerrie. "Uitdagende landschappen voor ontdekkingsreizigers: vervreemding en verzoening in het werk van West 8 = Challenging Landscape for Explorers: Estrangement and Reconciliation the Work of West 8." *Archis* no. 2 (1994): 40-41.

Bosma Koos, and Martijn Vos. "Het einde van de dinosaurus?: Overwegingen bij de uitbreiding van Schiphol." *Archis* no. 2 (1998): 8-17.

"Flughafengärten: Landschaftsarchitektur in Amsterdam-Schiphol." *Bauwelt* 90, no. 39 (1999): 2204-5.

Geuze, Adriaan. *West 8: Mosaics*, Ludion, 2006.

Graaf, Jan de. "Die Gärten von West 8 = The Gardens of West 8." *Topos: European Landscape Magazine* no. 11 (1995): 115-23.

"Landscaping Schiphol, Amsterdam, The Netherlands 1992–1996." *a+u: Architecture and Urbanism* no. 313 (1996): 66-69.

Primas, Urs. "Das bearbeitete Territorium." *Werk, Bauen + Wohnen* no. 10 (1997): 12.

Righetti, Paolo. "Schiphol in Progress." *l'Arca* no. 79 (1994): 26-31.

Rodermond, Janny. "De poëzie van het pretentieloze: werk van West 8." *de Architect* 24, no. 3 (1993): 45.

Rodermond, Janny, and Harm Tilman. "Holland: Remade oder Ready-made? = Holland: Re-made or Ready-made?' *Topos: European Landscape Magazine* no. 31 (2000): 32-40.

Van Dijk, Hans. "West 8: Landscape Design for an Airport." *Domus* no. 815 (1999): 18-19.

M6 Service Station, Tebay, UK (p. 70)

Dawson, Susan. "Motorway Services with a Touch of Wordsworth." *Architects' Journal* 200, no. 20 (1994): 28.

Transit Station, Everett, Washington, USA (p. 71)

MacLeod, Leo. "University at the Station." *Urban Land* 61, no. 7 (2002): 33.

Oslo Airport, Gardermoen, Norway (p. 72)

Affentranger, Christoph. "Neue Ära: Flughafen Gardermoein Oslo." *Deutsche Bauzeitung* 133, no. 2 (1999): 60-69.

Arosio, Enrico. "Aviaplan a Oslo: Aeroporto Gardermoen = Gardermoen Airport." *Abitare* no. 380 (1999): 118-23.

Bakken, Anton A. "Adkomstsonen: Oslo lufthavn Gardermoen adkomstsonen." *Byggekunst: the Norwegian Review of Architecture* 77, no. 1 (1995): 30-35, 52.

Davey, Peter. "Moving Places." *Architectural Review* 205, no. 1227 (1999): 42-43.

Erlien, Gisle. "Oslo Airport, Gardermoen: Planning." *Byggekunst: The Norwegian Review of Architecture* 81, no. 1 (1999): 16-19.

Feste, Jan. "Norwegen: die Nähe zur Natur = Norway: An Affinity for Nature." *Topos: European Landscape Magazine* no. 27 (1999): 56-62.

Gronvold, Ulf. "Oslo International Airport, Gardermoen." *Arkitektur, Arkitektur i Norge* 98, no. 8 (1998): 24-27.

Katborg, Peter. "Helhetsplan: Oslo lufthavn Gardermoen helhetspan." *Byggekunst: The Norwegian Review of Architecture* 77, no. 1 (1995): 24-29, 52.

Lund, Nils-Ole. "Oslo Airport at Gardermoen." *Byggekunst: The Norwegian Review of Architecture* 81, no. 1 (1999): 20-23.

Miles, Henry. "The Flying Norsemen: Airport, Gardermoen, Oslo, Norway." *Architectural Review* 205, no. 1227 (1999): 44-53.

Mulazzani, Marco. "Aviaplan: nuovo aeroporto Gardermoen. 1998. Oslo, Norvegia." *Casabella* 65, no. 695-696 (2001): 46-53.

"Overordnet landskapsplan: Aviaplan AS." *Byggekunst: The Norwegian Review of Architecture* 81, no. 1 (1999): 24-29.

Paganelli, Carlo. "Un frammento di ala: Oslo International Airport." *l'Arca* no. 130 (1998): 46-51.

Stokke, Gudmund. "Aviaplan AS: Gardermoen, Oslo, Norway." *Arkitektur: The Swedish Review of Architecture* 101, no. 5 (2001): 22-25.

Stokke, Gudmund. "Oslo Airport, Gardermoen: Masterplan", "Terminal Building." *Byggekunst: The Norwegian Review of Architecture* 81, no. 1

(1999): 12-15, 26-41.

Vedal, Terje. "Adkomstsonen: 13.3 Landskapsarkitekter AS." *Byggekunst: The Norwegian Review of Architecture* 81, no. 6 (1999): 30-35.

Parc de la Gare d'Issy-Val de Seine, Issy-les-Moulineaux, France (p. 74)

Ménard, Jean-Pierre. "Details: les parcs de stationnement entre urbanisme et urbanité." *Moniteur architecture AMC* no. 77 (1997): 61-68.

Plateau de Kirchberg, Luxembourg (p. 76)

Fonds Kirchberg. "Evolutionary Phases in the Urbanization of the Kirchberg Plateau." *a+u: Architecture and Urbanism* no. 433 (2006): 56-59.

Latz, Peter. "Die Grünflächen auf dem Plateau de Kirchberg in Luxembourg." *Gartenkunst* 8, no. 1 (1996): 153-60.

Latz, Peter. "Reclaiming Public Open Space, Avenue John F Kennedy, Kirchberg, Luxembourg." *Topos: European Landscape Magazine* no. 41 (2002): 87.

Latz, Peter. "The Idea of Making Time Visible." In *About Landscape: Essays on Design, Style, Time and Space*. Edition Topos (European Landscape Magazine). Basel: Birkhäuser, 2003, 77-82.

Nottrot, Ina. "The Development of the Kirchberg District." *a+u: Architecture and Urbanism* no. 433 (2006): 94-102.

Ballet Valet Parking Garage, Miami Beach, Florida, USA (p. 78)

Barreneche, Raul A. "Miami Beach Comes of Age." *Architecture* 85, no. 4 (1996): 98-107.

Dunlop, Beth. *Arquitectonica*. New York: Rizzoli, 2004.

Kasdin, Neisen. "Preserving a Sense of Place: Public-private Projects in Miami Beach Stand Up to the Challenge." *Urban Land* 59, no. 4 (2000): 18, 20.

Takesuye, David. "ULI Awards Profile: Ballet Valet: Miami's South Beach Public Parking: Retail Facility." *Urban Land* 59, no. 4 (2000): 124-25.

Zunino, Maria Giulia. "La Miami che sarà = Miami: The Shape of Things to Come." *Abitare* no. 395 (2000): 156-62.

Interchange Park, Barcelona, Spain (p. 80)

Ceccaroni, Marco. "Parc Trinitat tracce lineari: a Barcelona, Spagna." *Abitare* no. 331 (1994): 134-37.

"Freizeitanlage im Autobahnkreisel 'La Trinitat', Barcelona, 1990–1993." *Werk, Bauen + Wohnen* no. 6 (1995): 14-17.

"Parc de la Trinitat." *Garten + Landschaft* 104, no. 1 (1994): 27-31.

"Parks im Abseits der Städte." *Bauwelt* 87, no. 37 (1996): 2142-45.

"Parque del nudo de la Trinitat. Barcelona: Enric Batlle y Joan Roig, arquitectos." *ON Diseño* no. 153 (1994): 93-97.

Salazar, Jaime. "Knooppunt La Trinitat in Barcelona door Roig en Battle: begrip voor stedelijke wanorde." *de Architect Dossier* no. 10 (1999): 60-67.

Parkway, Sant Cugat del Vallès, Spain (p. 81)

Batlle Durany, Enric. "Linien im Raster = Grids and Lines." *Topos: European Landscape Magazine* no. 29 (1999): 46-49.

"Bridge in Collfava, Sant Cugat del Valles (Batlle & Roig)." *Architecti* 10, no. 45 (1999): 63-65.

Ceccaroni, Marco. "E. Batlle e J. Roig in Catalogna: Parc Central de Sant Cugat." *Abitare* no. 354 (1996): 154-57.

"Enric Batlle & Joan Roig, Parque central, Sant Cugat (Barcelona) = Central Park, Sant Cugat (Barcelona)." *AV Monografías = AV Monographs* no. 51-52 (1995): 122-24.

"Espacios libres del Plan Parcial Coll Favà, Sant Cugat del Vallés = Open Spaces of the Coll Favà Partial Plan, Sant Cugat des Vallés." *On Diseño* no. 176 (1996): 176-81.

"Parque central de Sant Cugat del Vallès: Enric Batlle y Joan Roig, arquitectos." *ON Diseño* no. 157 (1994): 112-17.

RN170, Saint-Gratien, France (p. 81)

"Boulevard Intercommunal du Parisis." *Lotus Navigator* no. 7 (2003): 61-64.

Smets, Marcel. "The Contemporary Landscape of Europe's Infrastructures = Il nuovo paesaggio delle infrastrutture in Europa.' *Lotus international* no. 110 (2001): 116-43.

Bus Terminal, Baden-Rütihof, Switzerland (p. 82)

Remmele, Mathias. "Ortsbezogen, spannungsvoll, bildhaft: Knapkiewicz & Fickert, Bustermimal Baden-Rütihof und Siedlung Lokomitive Winterthur." *Archithese* 37, no. 1 (2007): 38-45.

Simon, Axel. "Coach Terminal, Baden-Rütihof: Knapkiewicz & Fickert." *A10: New European Architecture* no. 11 (2006): 38-39.

Von Fischer, Sabine. "Reiselust: Bustermimal für Twerenbold Reisein Rütihof bei Baden, von Knapkiewicz & Fickert Architekten, Zürich." *Werk, Bauen + Wohnen* no. 10 (2006): 34-39.

Riverfront Park, Pittsburg, USA (p. 83)

"Allegheny Riverfront Park, Lower Level, Pittsburgh, PA: Architects: Michael Van Valkenburgh Associates." *Land Forum* no. 5 (2000): 70-73.

Bullivant, Lucy. "New Relationship between Landscape Architecture and Urban Design: 5. Landscape as a Living Medium: Michael Van Valkenburgh Associates." *a+u, Architecture and Urbanism* no. 430 (2006): 130-35.

Freeman, Allen. "Going to the Edge: With the Linear Allegheny Riverfront Park, Pittsburgh Starts Weaving Together its Downtown and Rivers." *Landscape Architecture* 93, no. 7 (2003): 86-91, 106-7.

Hasbrouck, Hope, and Jason Sowell. "Urbanism und Landschaftsarchitektur = Cities Revamping Waterfronts." *Garten + Landschaft* 117, no. 4 (2007): 20-22.

"Michael Van Valkenburgh Associates: Allegheny Riverfront Park." *Architecture* 86, no. 1 (1997): 92-93.

Moffat, David. "Allegheny Riverfront Park, Pittsburgh, Pennsylvania." *Places* 15, no. 1 (2002): 10-13.

Nyren, Ron. "Top Ten Urban Parks." *Urban Land* 65, no. 10 (2006): 58-62.

Pearson, Clifford A. "Michael Van Valkenburgh Takes People for a Walk over the Water's Edge in his Design for Pittsburgh's Allegheny Riverfront Park." *Architectural Record* 188, no. 3 (2000): 102-5.

Thompson, Ian. "The Pittsburgh Weddings." *Landscape Design* no. 298 (2001): 13-15.

Weller, Richard. "Michael Van Valkenburgh Associates: Allegheny Riverfront Park [ed.] by Jane Amidon." *Landscape Australia* 28, no. 109 (2006): 72.

Louisville Waterfront Park, Louisville, Kentucky, USA (p. 84)

Calkins, Meg. "Return of the River: Hargreaves Associates Redefines the American Park to Heal an Urban Waterfront and Help the People of Louisville Regain Their River." *Landscape Architecture* 91, no. 7 (2001): 74-83.

Hargreaves, George. "Surcos: las formas del paisaje reciclado = Furrows: The Shapes of Recycled Landscape." *Quaderns d'arquitectura i urbanisme* no. 217 (1998): 162-69.

Hasbrouck, Hope, and Jason Sowell. "Urbanism und Landschaftsarchitektur = Cities Revamping Waterfronts." *Garten + Landschaft* 117, no. 4 (2007): 20-22.

Hasegawa, Hiroki. "Louisville Waterfront, Louisville." *Process* no. 128 (1996): 102-7.

Hudnut, William H. "Reclaiming Waterfronts." *Urban Land* 58, no. 7 (1999): 50-55.

Nyren, Ron. "Top Ten Urban Parks." *Urban Land* 65, no. 10 (2006): 58-62.

Thompson, J. William. "Rethinking River City." *Landscape Architecture* 86, no. 8 (1996): 70-77, 83.

Vaccarino, Rossana. "I paesaggi ri-fatti = Re-made Landscapes." *Lotus international* no. 87 (1995): 82-107.

Faliron Coast, Athens, Greece (p. 86)

Fragonas, Panos. "Regenerating Faliron Bay and Reconnecting the City with the Sea." *Architecture in Greece, E arhitektonike tou demosiou horou sten Europe* 37 (2003): 112-15.

Ingersoll, Richard. "My Big, Fat, Greek Olympics." *Architecture* 93, no. 7 (2004): 29-30.

Kalandides, Ares. "Olympia in der Stadt: die innerstädtischen Wettkampfstätten." *Bauwelt* 95, no. 29 (2004): 30-31.

Papayannis, Thymio. "Sanierung der Bucht von Faleron, Athen = Faleron Bay: Large-scale Restoration of the Athens Seafront." *Topos: European*

Landscape Magazine no. 38 (2002): 55-59.

Rambert, Francis. "Revitalisation of the Falaire Coast by the Olympic Games." *d'Architectures* no. 112 (2004): 38-39.

Reichen, Bernard. "Neuordnung der Faliro-Küste in Athen." *Garten + Landschaft* 114, no. 8 (2004): 13-15.

Reichen, Bernard, and Philippe Robert. *Reichen and Robert*. Basel: Birkhäuser, 2003, 58-61.

Hoenheim-Nord Terminus, Strasbourg, France (p. 88)

Adam, Hubertus. "Magnetfeld am Stadtrand: Zaha Hadid, Interchange Terminal Hoenheim-Nord, Strasbourg, 1999–2001 = Champ magnétique en bordure de ville: Zaha Hadid, terminus de transbordement Hoenheim nord, Strasbourg 1999–2001." *Archithese* 31, no. 4 (2002): 56-61.

Ascher, Francois et al. "Tramway terminus Line в, Hoenheim, Strasbourg (Zaha Hadid)." *Techniques & Architecture* no. 455 (2001): 24-29.

Davoine, Gilles. "Zaha Hadid: parking et terminus de tramway, Strasbourg-Hoenheim." *Moniteur architecture* AMC no. 116 (2001): 52-56.

Egg, Anne Laure. "Station multimodale: terminus land art, Hoenheim." *Architecture intérieure créé* no. 299 (2000): 90-95.

Fairs, Marcus. "Zaha's Park-and-Ride: Hoenheim Traffic Interchange, Strasbourg; Architects." *Building* 266, no. 8185 (2001): 40-47.

Fernández-Galiano, Luis. "Mayo: paisajes de pasión = May: Landscapes of Passion." *A V Monografías = A V Monographs* no. 99-100 (2003): 170-73.

Giovannini, Joseph. "Field of Motion." *Architecture* 90, no. 9 (2001): 136-42.

Hadid, Zaha, Walter Nägeli, and Mohsen Mostafavi. "Zaha Hadid 1996–2001. Beginnings and Ends." *El Croquis* no. 103 (2000): 140-47.

Höhl, Wolfgang. "Voorbij betekenis en object: Tramterminal in Hoenheim-Nord door Zaha Hadid." *de Architect* 32, no. 11 (2001): 70-73.

"Intercambiador, Estrasburgo (Francia) = Intermodal Transportation Terminal, Strasbourg (France)." *A V Monografías = A V Monographs* no. 91 (2001): 98-103.

Kimmel, Laurence. "Plan, masse – Zaha Hadid à Hoenheim: L'architecture-paysage." *Faces* no. 55 (2004): 18-22.

"Parking et terminus de tramway, Strasbourg-Hoenheim." *Moniteur architecture* AMC no. 121 (2002): 80-83.

Paschini, Luca. "Zaha Hadid: parcheggio, Strasburgo 2001." *Casabella* 66, no. 702 (2002): 78-87.

Pavarini, Stefano. "Terminal multinodale: Honenheim-Nord, Strasbourg." *l'Arca* no. 145 (2000): 4-7.

Pavarini, Stefano. "Transport Junction, Strasbourg. 1999." *Arca plus* 7, no. 25 (2000): 68-71.

Ruby, Ilka, and Andreas Ruby. "Landed Square." *Architectural Design* 74, no. 4 (2004): 76-79.

"Terminus Hoenheim-Nord, Strasbourg, Strasbourg, France 1999–2001." *a+u: Architecture and Urbanism* no. 374 (2001): 44-51.

Trasi, Nicoletta. "Mies van der Rohe Awards 2003." *l'Arca* no. 185 (2003): 56-59.

"Zaha Hadid: visionnaire et/ou réaliste?" *Architecture d'aujourd'hui* no. 324 (1999): 108-9.

"Zaha M. Hadid: Car Park and Terminus Hoenheim-Nord, Strasbourg, France." *GA document* no. 66 (2001): 102-7.

Verneda Parking Lot, Barcelona, Spain (p. 90)

"Organisation of an Interior Block Space, Barcelona." *ON Diseño* no. 212 (2000): 154-61.

Toledo Escalators and Car Park, Toledo, Spain (p. 92)

Acuña, Paloma. "José Antonio Martínez Lapeña & Elías Torres Tur, Architects: La Granja Escalator, Toledo, Spain." *Architecture* 89, no. 10 (2000): 130-35.

Bertolucci, Carla. "Spanish Steps: External Staircase, Toledo, Spain." *Architectural Review* 211, no. 1260 (2002): 52-55.

"Escalera de La Granja = La Granja escalator." *Via arquitectura* 9 (2001): 92-97.

"Escalera de la Granja, Toledo = La Granja Escalators, Toledo." *A V Monografías = A V Monographs* no. 87-88 (2001): 92-96.

"Escaleras de la Granja en Toledo." *Arquitectura* no. 325 (2001): 6.01-6.17.

"Escaleras de la Granja, Toledo = Escalators of la Granja, Toledo." *ON Diseño* no. 224 (2001): 216-25.

Fernández-Galiano, Luis. "2000 En Doce Edificios = 2000 in Twelve Buildings." *A V Monografías = A V Monographs* no. 87-88 (2001): 218-25.

Jakob, Markus. "Das rollende Stadttor." *Werk, Bauen + Wohnen* no. 6 (2005): 12-13.

"José Antonio Martínez Lapeña & Elias Torres Tur, Architects: La Granja Escalator, Toledo, Spain 1997–2000." *a+u: Architecture and Urbanism* no. 375 (2001): 116-23.

"La Granja escaleros = La Granja Stairs." *Quaderns d'arquitectura i urbanisme* no. 231 (2001): 76-83.

"La herida leve: escaleras de la Granja, Toledo." *Arquitectura Viva* no. 75 (2000): 92-95.

Martínez Lapeña, Jose Antonio, and Elías Torres Tur. "Im Zickzack nach ober = The Great Escalator of Toledo." *Topos: European Landscape Magazine* no. 36 (2001): 64-66.

"Rolltreppe in Toledo = Escalator in Toledo = Scala mobile a Toledo = Escalier roulant à Tolède = Escalera mecánica e Toledo." *Detail* 42, no. 4 (2002): 420-23.

"Rolltreppe in Toledo." *Bauwelt* 92, no. 19 (2001): 24-25.

"S.L.: Escalier mécanique, Tolède, Espagne = Mechanical Stairs, Toledo, Spain: Lapena-Torres arquitectos." *Architecture d'aujourd'hui* no. 340 (2002): 72.

Séron-Pierre, Catherine. "Martinez Lapeña & Torres Tur: escalier mécanique urbain, Tolède." *Moniteur architecture* AMC no. 118 (2001): 64-67.

Villari, Alessandro. "José Antonio Martínez Lapeña, Elias Torres Tur – incisioni: risalita a Toledo = Incisions: Climbing Toledo." *Spazio e società* 22, no. 92 (2000): 12-21.

Highway Coverage, the Hague, the Netherlands (p. 95)

Boekraad, Cees, and Wilfried van Winden. "Een plaza op de highway: Grotiusplaats in Den Haag." *de Architect* 24, no. 10 (1993): 55-57.

Van Rossem, Vincent. "Stadträume mit konträrem Gesicht: drei Sanierungs-projekte in Den Haag." *Bauwelt* 88, no. 43-44 (1997): 2450-57.

Railway Station, Frankfurt, Germany (p. 95)

Bodenbach, Christof. "ICE, BRT und FRA: Fernbahnhof Flughafen Frankfurt von Bothe Richter Teherani." *Baumeister* 96, no. 8 (1999): 6.

Bothe, Jens. "Zukunftsweisend: ICE-Bahnhof Frankfurt Airport." *Architektur, Innenarchitektur, Technischer Ausbau* no. 10 (1997): 32.

Dawson, Layla. "Frankfurt Gateway: Station, Frankfurt Airport, Germany." *Architectural Review* 205, no. 1227 (1999): 78-81.

"Fernbahnhof Flughafen Frankfurt am Main." *Bauwelt* 90, no. 24 (1999): 1310.

Russell, James S. "ICE Station, Frankfurt, Germany." *Architectural Record* 190, no. 1 (2002): 120-23.

Thorne, Martha, ed. *Modern Trains and Splendid Stations: Architecture, Design, and Rail Travel for the Twenty-first Century*, London: Merrel, 2001, 87-88.

Highway Control Center, Nanterre, France (p. 96)

"Autobahnviadukt: Autobahnbrücke mit Betriebsgebaude in Nanterre." *Architektur, Innenarchitektur, Technischer Ausbau* 105, no. 7-8 (1997): 56-61.

Bennett, David. *The Architecture of Bridge Design*. London: Telford, 1997, 134-37.

Cardani, Elena. "Motorways Control Centre, Nanterre (1999). (Odile Decq and Benoit Cornette)." *Arca plus* 7, no. 25 (2000): 78-83.

Cardani, Elena. 'Un'agenda di idee: For Motorway Services." *l'Arca* no. 145 (2000): 64-69.

Gubitosi, Alessandro. "Un'agenda di idee: A Motorway Centre in Nanterre." *l'Arca* no. 90 (1995): 44-47.

Mialet, Frederic. "L2, A14." *d'Architectures* no. 83 (1998): 30.

"Odile Decq and Benoît Cornette." *Architectural Design* 64, no. 5-6 (1994): 42-49.

"Odile Decq, Benoît Cornette: ponte autostradale e centro di controllo, Nanterre = Highway Bridge and Highway Control Center, Nanterre." *Domus* no. 791 (1997): 24-27.

Ruby, Andreas. "Abgehängt: Autobahnkontrollzentrum und Hochstrasse A14 in Nanterre." *Bauwelt* 86, no. 31 (1995): 1690-93.

Slessor, Catherine. "Highway Patrol: Motorway Control Centre, Nanterre, France." *Architectural Review* 205, no. 1227 (1999): 82-84.

Such, Robert. "Space for Change." *Architectural Design* 70, no. 3 (2000): 94-97.

"Translation: viaduc et centre d'exploitation des autoroutes." *Techniques et Architecture* no. 422 (1995): 88-91.

"Viadotto e centro di gestione delle autostrade a Nanterre = Viaduct and the Motorway Management Centre in Nanterre." *Industria delle costruzioni* no. 367 (2002): 20-25.

Chassé Site, Breda, the Netherlands (p. 98)

Borasi, Giovanna. "oma – West 8 – Petra Blaisse/Inside Out – Xaveer de Geyter: Chassé Terrain, Breda." *Lotus international* no. 120 (2004): 88-111.

"oma: Chassé, Breda." *Quaderns d'arquitectura i urbanisme* no. 238 (2003): 162-87.

"oma: Chassé Terrain, Breda: aparcamiento = Parking." *a+t* no. 20 (2002): 24-29.

"Tiefgarage." *Bauwelt* 94, no. 14 (2003): 22-23.

Gran Via de les Corts Catalanes, Barcelona, Spain (p. 100)

"Gran Via, Barcelone, Espagne – parc et couverture partielle = 'Gran Via', Barcelona, Spain – Park and Partial Covering: Arriola & Fiol arquitectes." *Architecture d'aujourd'hui* special issue no. 363 (2006): 84-895.

Rieder, Max. "The Gran Via in Barcelona." *Topos: European Landscape Magazine* no. 53 (2005): 94-97.

Porta Susa TGV Station, Turin, Italy (p. 102)

Foppiano, Anna. "Torino Porta Susa = New H-S station: Torino Porta Susa." *Abitare* no. 453 (2005): 202-5.

"Gare de Turin, Porta Susa, Italie." *Architecture méditerranéenne* no. 59 (2003): 74-76.

"Grandi eventi, grandi opere = Major Events, Major Works." *Domus* no. 850 (2002): 26.

Guarnieri, Marco. "Torino Porta Susa: Illustrations of Competition Entries Including that of Winners AREP." *Parametro* 35, no. 258-259 (2005): 114-23.

"Progetto vincitore: Arep." *l'Arca* no. 187 (2003): 22-35.

Baveno Bridge, Baveno, Italy (p. 104)

Zunino, Maria Giulia. "Il ponte di Baveno (Novara) = Bridge, Baveno (Novara)." *Abitare* no. 389 (1999): 172-73.

Highway Bridge, Klosters, Switzerland (p. 107)

"An Klosters vorbei: die Sunnibergbrück bei Klosters, Graubünden, CH." *Deutsche Bauzeitung* 132, no. 5 (1998): 78-83.

"Hänger." *Werk, Bauen + Wohnen* no. 9 (1997): 9-12.

Menn, Christian. "L'art de combiner l'impératif économique à l'esthétique = Nice Price … Good Looks." *Architecture d'aujourd'hui* no. 335 (2001): 62-63.

Schregenberger, Thomas. "Tre ponti recenti in Svizzera e Germania = Three Recent Bridges in Switzerland and Germany." *Domus* no. 827 (2000): 18-19, 24.

"Sunnibergbrücke, Schweiz = Sunniberg Bridge, Switzerland = Pont Sunnibergen en Suisse." *Detail* 39, no. 8 (1999): 1450-51.

HST Bridge, Dordrecht, the Netherlands (p. 107)

Bakker, Gemma. "Brug over het Hollandsch Diep = Bridge over Hollandsch Diep." *Archis* no. 11 (2000): 42-49.

Kloos, Maarten. *Benthem Crouwel: 1980–2000.* Rotterdam: 010 Publishers, 1999, 226-29.

Maes, Ann. "HSL-Zuid = HSL in the Netherlands." *Abitare* no. 453 (2005): 208-11.

International Airport, Bilbao, Spain (p. 108)

"Aeropuerto de Bilbao = Bilbao Airport." *ON Diseño* no. 221 (2001): 356-79.

"Aeropuerto de Sondica, Bilbao = Sondica Airport, Bilbao." *AV Monografías = AV Monographs* no. 87-88 (2001): 26-33.

"Aeropuerto y torre de control de Sondica = Sondica Airport and Control Tower, 1990 & 1993, Bilbao (Spain)." *AV Monografías = AV Monographs* no. 61 (1996): 84-87.

"Bauen für den Aufschwung." *Werk, Bauen + Wohnen* no. 12 (1996): 34-35.

Dal Co, Francesco. "Santiago Calatrava: aeroporto Sondica e torre di controllo = Sondica Airport and Control Tower, Bilbao 2000." *Casabella* 65, no. 686 (2001): 18-37, 88-89.

"Santiago Calatrava." *a+u: Architecture and Urbanism* no. 305 (1996): 118-19.

"Santiago Calatrava 1989–1992." *El Croquis* 11, no. 57 (1992): 78-83.

"Santiago Calatrava: Aeropuerto Sondica, Bilbao, España, 1990–2000." *Lotus international* no. 108 (2001): 84-91.

Sicignano, Enrico. "Santiago Calatrava: la poesia della struttura e della materia = Santiago Calatrava: The Poetry of the Structure and of Matter." *Industria delle costruzioni* 30, no. 299 (1996): 4-54, cover.

"Un atto sublime: New Sondica Airport, Bilbao." *l'Arca* no. 152 (2000): 4-17.

Wohlin, Rasmus. "Fågel, fisk eller terminal?" *Arkitektur: The Swedish Review of Architecture* 101, no. 5 (2001): 44-49.

Railway Station Shanghai, China (p. 108)

Arnaboldi, Mario Antonio. "Una poetica spaziale: Shanghai-South Rail Station." *l'Arca* no. 221 (2007): 8-17.

Bussel, Abby. "Big Wheel Keep on Turning: A Massive Intermodal Station Helps Mobilize Shanghai's Burgeonning Population." *Architecture* 95, no. 7 (2006): 46-49.

Mascaro, Florian. "La gestion de projet: partage des données et travail collaboratif." *Architecture intérieure créé* no. 313 (2004): 130-31.

Ménard, Jean-Pierre. "Chantier: Shanghai Express." *Moniteur architecture AMC* no. 153 (2005): 36-38.

Vogliazzo, Maurizio. "Arep in China: in Shanghai and Beijing." *l'Arca* no. 190 (2004): 56-61.

Millau Viaduct, Millau, France (p. 110)

Bennett, David. *The Architecture of Bridge Design.* London: Telford, 1997, 116-33.

Buonomo, Marc, and Lionel Blaisse. "Entre ciel et terre: Viaduc, Millau, France." *Architecture intérieure créé* no. 312 (2003): 108-17.

Cardani, Elena. "Discreto ma calibrato: Millau Viaduct." *l'Arca* no. 172 (2002): 89.

Dubois, Marc. "Flinterdunne messtreep." *de Architect* 36, no. 3 (2005): 80-83.

"Europe: Millau Viaduct, France." *Architects' Journal* 221, no. 24 (2005): 80-86.

Futagawa, Yoshio. "Two Bridges: Millau Viaduct, Millau, Averyon, France, and Millennium Bridge, London." *GA document* no. 12 (1999): 138-43.

Hunt, Anthony. "Delight: Millau Bridge Joins the Lineage of Awesome European Viaducts." *Architectural Review* 217, no. 1300 (2005): 98.

Irace, Fulvio. "Sul Grand Canyon d'Europa = Over the Grand Canyon of Europe." *Abitare* no. 447 (2005): 91-97, 158.

Lane, Thomas. "C'est magnifique: Architects: Foster & Partners." *Building* 269, no. 8350 (2004): 46-52.

Martin, Jean-Marie. "La strada sospesa più alta del mondo: Foster and Partners: Viadotto Millau, Millau, Averyon, Francia = Foster and Partners, Millau Viaduct, Averyon, France: A Work Spanning Two Centuries." *Casabella* 69, no. 734 (2005): 80-91.

Mead, Andrew. "Foster's French Flying Lesson." *Architects' Journal* 220, no. 23 (2004): 6-7.

"Millau Viaduct (Grand Viaduc de Millau)." *Kenchiku bunka* 51, no. 601 (1996): 30-34.

"Norman Foster: Millau Viaduct, Millau, Aveyron, France." *GA document* no. 86 (2005): 108-11.

"Spectacle in Southern France: The Millau Viaduct." *Space Design* no. 387 (1996): 98-99.

Stephens, Suzanne. "Bridges That Seem to Float on Air Illustrate Feats of Architecture and Engineering." *Architectural Record* 195, no. 8 (2007): 78-79.

"Viadotto di Millau, Aveyron, Francia = Millau Viaduct, Averyon, France." *Industria delle costruzioni* 42, no. 399 (2008): 34-39.

Walther, René. "Harfenreihe über dem Tarn: le Grand Viaduc de Millau, Südfrankreich – Entwurf, Michel Virlogeux, Architekt, Norman Foster." *Deutsche Bauzeitung* 140, no. 2 (2006): 28-35.

Walther, René. "Schrägseilbrücke = Cable-stayed Bridge: le Grand Viaduc de Millau, Frankreich – Entwurf/Design, Michel Virlogeux, Architekt/Architect, Lord Norman Foster." *Deutsche Bauzeitung* 140, no. 6 (2006): 50-53.

Oriente Station, Lisbon, Portugal (p. 112)

Amoretti, Aldo et al. "Esposizione universale di Lisbona: l'oceano, un patrimonio per il futuro = Lisbon World Exposition: The Oceans, A Heritage for the Future." *Abitare* no. 370 (1998): 184-97.

Arnaboldi, Mario Antonio. "Il disegno della stazione: 'Do Oriente' statione in Lisbon." *l'Arca* no. 96 (1995): 22-25.

Arnaboldi, Mario Antonio. "Estacao do Oriente, Lisbon (Santiago Calatrava)." *l'Arca plus* 4, no. 12 (1997): 104-7.

Barata, Paulo Martins. "Uno shed sopra il ponte = Shed over the Bridge." *Lotus international* no. 99 (1998): 82-91.

Binney, Marcus. *Architecture of Rail: The Way Ahead*, Academy Editions. London, 1995, 84-91.

Calatrava, Santiago. "Estação do Oriente: der Bahnhof von Santiago Calatrava." *Bauwelt* 89, no. 26 (1998): 1514-17.

Cohn, David. "Arboleda frente al mar: estación intermodal de Lisboa." *Arquitectura Viva* no. 38 (1994): 102-7.

"Do Oriente railway station, Lisbon; Architects: Santiago Calatrava." *GA document* no. 43 (1995): 16-19.

"Estacao do Oriente, Lisboa 1993." *Architecti* 7, no. 31 (1995): 60-69.

"Estación de Oriente = Oriente Station, 1993, Lisbon (Portugal)." *AV Monografías = AV Monographs* no. 61 (1996): 102-3.

"Gare de l'Orient, Expo'98 Lisbonne." *Architecture méditerranéenne* no. 52 (1999): 145-52.

Jodidio, Philip. *Building a New Millennium*. Cologne and London: Taschen, 1999.

Jodidio, Philip. *Santiago Calatrava*. Cologne and London: Taschen, 2001.

Lemoine, Bertrand. "Gare d'Oriente: gare ferroviaire et routière, Lisbonne." *Acier pour construire* no. 59 (1998): 8-15.

Mialet, Frédéric. "Dossier. Transports: Le siècle de l'intermodalité." *d'Architectures* no. 92 (1999): 44-45.

Molinari, Luca. "Segnali sul territorio: le stazioni di Calatrava = New Landmarks: Calatrava's Stations." *Ottagono* 34, no. 132 (1999): 52-59.

Rambert, Francis. "Interview with Santiago Caltrava about the Orient Railway Station." *d'Architectures* no. 84 (1998): 42-43.

"Santiago Calatrava: Competition Project for the Orient Station, Lisbon, Lisbon, Portugal 1994." *a+u: Architecture and Urbanism* no. 298 (1995): 26-33.

"Santiago Calatrava: Orient Station, Lisbon, Portugal." *GA document* no. 56 (1998): 84-97.

Sat, Claudio, and Luis Vassalo Fossa. "Expo Lisbona 98." *Casabella* 62, no. 654 (1998): 66-85.

Sharp, Dennis et al. "Orient station, Lisbon." *Architectural Monographs, Santiago Calatrava* no. 46 (1996): 98-103.

Sicignano, Enrico. "Santiago Calatrava: la poesia della struttura e della materia = Santiago Calatrava: The Poetry of the Structure and of Matter." *Industria delle costruzioni* 30, no. 299 (1996): 4-54.

Spier, Steven. "Orient Express." *Architectural Review* 204, no. 1217 (1998): 34-35.

Thorne, Martha, ed. *Modern Trains and Splendid Stations: Architecture, Design, and Rail Travel for the Twenty-first Century*. London: Merrel, 2001, 20-23, 120-25.

Casar de Cáceres Bus Station, Casar de Cáceres, Spain (p. 114)

"Bus Station, Casar de Caceres, Spain: Justo García Rubio, 2003." *Architecture of Israel* no. 68 (2007): 12-13.

Daguerre, Mercedes. "Justo García Rubio: stazione di autobus, Casar de Cáceres, Spagna." *Casabella* 70, no. 740 (2005): 154-61.

"Estación de autobuses del Casar de Cáceres = Bus Station Casar de Cáceres: Justo García Rubio, arquitecto." *ON Diseño* no. 252 (2004): 296-305.

"Justo García Rubio: Casar de Cáceres Sub-regional Bus Station, Casar de Cáceres, Spain." *GA document* no. 95 (2007): 94-99.

"Justo Garcia Rubio: estación de autobuses, Casar (Cáceres) = Bus Station,

Casar de Cáceres (Cáceres)." *AV Monografías = AV Monographs* no. 105-106 (2004): 64-67.

"Justo García Rubio Arquitecto: Casar de Cáceres Subregional Bus Station, Cáceres, Spain 2003." *a+u: Architecture and Urbanism* no. 245 (2006): 78-85.

Pisani, Mario. "Stazione per autobus a Casar, Cáceres = Bus Station Casar, Cáceres." *Industria delle costruzioni* 39, no. 384 (2005): 26-27.

Spencer, Ingrid. "This Stop: Curvy Concrete for a Bus Station Spain." *Architectural Record* 193, no. 11 (2005): 75-76.

North Terminal, Washington National Airport, Washington, DC, USA (p. 116)

"Cesar Pelli wins AIA Gold Medal." *Progressive Architecture* 76, no. 2 (1995): 31, 36.

Guiraldes, Pablo. "El arte de volar." *Summa+* no. 34 (1998): 66-79.

Linn, Charles. "Cesar Pelli's New Passenger Terminal at National Airport in Washington, D.C., Eases the Life of the World-Weary Traveller." *Architectural Record* 185, no. 10 (1997): 88-95.

Riera Ojeda, Oscar, ed. *National Airport Terminal: Cesar Pelli*. Gloucester, Mass.: Rockport, 2000.

Schwartz, Adele C. "Washington National to Get a New Terminal – at Last." *Airport Forum* 25, no. 5 (1995): 16-19.

Vitta, Maurizio. "Architettura, funzione e storia: A New Terminal in Washington." *l'Arca* no. 103 (1996): 28-31.

Vitta, Maurizio. "Pragmatismo e funzionalismo: New Terminal at Washington National Airport." *l'Arca* no. 124 (1998): 28-35.

CHAPTER 3

Tunnel and Ferry Terminal, Mannheller, Norway (p. 127)

Bjørbekk, Jostein. "Warten auf die Fähre = Waiting for the Ferry." *Topos: European Landscape Magazine* no. 24 (1998): 83-87.

"Bjørbekk & Lindheim, Ferry Terminal di Mannheller." *Lotus Navigator* 7 (2002): 128-32.

"Mannheller fergekai, Sogndal." *Byggekunst: The Norwegian Review of Architecture* 80, no. 6 (1998): 28-31.

Footbridge, Rapperswil/Hurden, Switzerland (p. 128)

Bieler, Walter. "Wood Construction in Bridge Building." *Archithese* 32, no. 6 (2002): 30-33.

Viaduct Promenade, Paris, France (p. 128)

Amelar, Sarah. "From Railway to Greenway." *Architecture* 86, no. 4 (1997): 138-42.

Attias, Laurie. "Building." *Metropolis* 16, no. 4 (1996): 66, 99-101.

Berger, Patrick, and Jacques Lucan. "Patrick Berger." *a+u: Architecture and Urbanism* no. 11 (1999): 70-79.

Garcias, Jean-Claude. "Il percorso degli animali = The Parade of Animals." *Lotus international* no. 97 (1998): 82-88.

Lucan, Jacques. "Au risque de la banalité." *Moniteur architecture AMC* no. 64 (1995): 56-57.

Meade, Martin. "Parisian Promenade." *Architectural Review* 200, no. 1195 (1996): 52-55.

"Viaduc de la Bastille in Paris = 'De la Bastille' Viaduct in Paris." *Detail* 36, no. 5 (1996): 829-34.

A837 Rest Stop, Crazannes, France (p. 129)

"Area di Crazannes." *Lotus Navigator* no. 7 (2003): 113-17.

Bann, Stephen, Michel Conan, and John Dixon Hunt. "Bernard Lassus." *Studies in the History of Gardens & Designed Landscapes* 23, no. 2 (2003): 169-74.

Conan, Michel. "The Quarries of Crazannes: Bernard Lassus's Landscape Approach to Cultural Diversity." *Studies in the History of Gardens & Designed Landscapes* 23, no. 4 (2003): 347-65.

"Intervenciones en autopistas, Francia." *Escala* 40, no. 199 (2004): 74-75.

"Intervenciones en autopistas (Francia) = Interventions in the Highway (France)." *AV Monografías = AV Monographs* no. 91 (2001): 94-97.

Lassus, Bernard. "Landschaft als Lehre." *Werk, Bauen + Wohnen* no. 10 (1997): 24-27.

Lassus, Bernard. "Steinbruch-Skulptur an der Autobahn = A Rest Area with a Difference." *Topos: European Landscape Magazine* no. 24 (1998): 88-93.

Lassus, Bernard. "Dynamite with Design in Mind." *Landscape Design* no. 288 (2000): 19-20.

Lassus, Bernard. "Histoires pour demain." *Gartenkunst* 12, no. 2 (2000): 227-48.

Oneto, Gilberto. "Paesaggio ri-cavato." *Ville giardini* no. 342 (1998): 54-57.

National Routes Project, Norway (p. 130)

Berre, Nina, ed. *Detour. Architecture and Design along 18 National Tourist Routes*, Oslo: Statens Vegvesen and Nasjonale Turistvegar, 2007.

Garabit Highway Rest Area, Garabit, France (p. 132)

Vexlard, Giles. "Motorway Service Station Garabit, France." *Topos: European Landscape Magazine* no. 53 (2005): 86-89.

Mont Saint-Michel Jetty, Mont Saint-Michel, France (p. 134)

"Der Weg ist das Ziel: Feichtinger Architectes." *Architektur & Bauforum* no. 221 (2002): 81-85.

"La quête de l'île: projet maritime du Mont Saint-Michel = The Island's Guest: Restoration of the Maritime Character of Mont St.-Michel." *Techniques et Architecture* no. 487 (2006): 80-85.

Manet, Marie-Claude. "Mont-Saint-Michel: son caractère maritime sera-t-il enfin rétabli?" *Sites et monuments* no. 156 (1997): 12-15.

Trasi, Nicoletta. "Mont-Saint-Michel: un paesaggio marittimo ritrovato = Mont-Saint-Michel: A Rediscovered Maritime Landscape." *Metamorfosi* no. 47 (2003): 8-11.

Walch, Dorothea. "Mont-Saint-Michel, Frankreich = Mont-Saint-Michel, France." *Topos: European Landscape Magazine* no. 48 (2004): 94-101.

High Line Park, New York City, New York, USA (p. 136)

Chamberlain, Lisa. "Open space overhead." *Planning* 72, no. 3 (2006): 10-11.

Epple, Eva-Maria. "High Line Park in New York." *Garten + Landschaft* 114, no. 3 (2004): 26-27.

Feldman, Cassi. "Friends in High Places: In the Shadow of the High-Line, Other Open-space Efforts Wither." *City Limits* 29, no. 1 (2004): 8-9.

"Field Operations, New York, USA." *a+t* no. 25 (2005): 98-117.

Gisolfi, Peter. "Accidental Parks: Cities are Creating Open Space from Urban Remnants – But Can Remnants Effectively Bind the City Together?" *Landscape Architecture* 97, no. 8 (2007): 74-76.

Hardy, Hugh. "The Romance of Abandonment: Industrial Parks." *Places* 17, no. 3, (2005): 32-37.

Kayatsky, Ilan. "New York's High Line Reveals First Look at its New Plans." *Architectural Record* 193, no. 5 (2005): 60.

Kayatsky, Ilan. "High Line Finalists Unveil Imaginative Designs." *Architectural Record* 192, no. 8 (2004): 36.

Keeney, Gavin. "The Highline and the Return of the Irreal." *Competitions* 14, no. 4 (2004): 12-19.

"La coltre sopra i binari: Field Operations, Diller and Scofidio + Renfro sovrappongono a una linea ferroviaria di Manhattan un parco lineare = The Blanket over the Tracks: Field Operations, Diller and Scofidio + Renfro Lay Out a Linear Park on Top of a Railroad Line in Manhattan." *Lotus international* no. 126 (2005): 106-11.

Lang Ho, Cathy. "Walking the High Line." *Architecture* 91, no. 9 (2002): 120.

Nicolin, Paola. "Diller Scofidio – Ed Ruscha." *Abitare* no. 453 (2005): 122.

Richardson, Tim. "Elevated NY Landscapes." *Domus* no. 884 (2005): 20-29.

Steen, Karen E. "Friends in High Places: How a Pair of Self-proclaimed 'Neighborhood Nobodies' Saw an Abandoned Elevated Railway and Envisioned a New Park." *Metropolis* 25, no. 4 (2005): 118-23, 149, 151, 153, 155, 157.

Stegner, Peter. "High Line in the Museum of Modern Art." *Topos: European Landscape Magazine* no. 51 (2005): 6.

Ulam, Alex. "New York's High Line Spurring Innovative Buildings and Planning." *Architectural Record* 194, no. 6 (2006): 54.

Ulam, Alex. "Taking the High Road: New York City's Defunct High Line Rail Trestle is Ready to Be Reinvented." *Landscape Architecture* 94, no. 12 (2004): 62, 64-69.

"Umnutzung der Highline, New York." *Bauwelt* 95, no. 39 (2004): 8.

Widder, Lynnette. "The Central Park of Our Century: Entwicklungsprojekte um die stillgelegte Bahnstrasse 'Highline' in New York." *Bauwelt* 97, no. 19 (2006): 46-49.

Bibliothèque François Mitterrand Station, Paris, France (p. 138)

"Atmosfere metropolitane: BNF Underground Station, Paris." *l'Arca* no. 145 (2000): 89.

"Connexions: transports publics à Paris." *Techniques et Architecture* no. 412 (1994): 50-57.

Footbridge, Boudry, Switzerland (p. 140)

Amelar, Sarah. "Passerelle on the Areuse, Boudry, Switzerland." *Architectural Record* 192, no. 6 (2004): 252-53.

Baus, Ursula. "Verdichteter Weg: Brücke über die Areuse bei Boudry." *Deutsche Bauzeitung* 137, no. 5 (2003): 62-67.

Cètre, Jean-Pierre. "Cadre pittoresque – passerelle sur l'Areuse: Geninasca Delefortrie, architectes." *Faces* no. 53 (2003): 53-57.

"Fussgängerbrücke in Boudry = Pedestrian Bridge in Boudry = Ponte pedonale a Boudry = Passerelle piétonne à Boudry = Puente peatonal en Boudry." *Detail* 43, no. 6 (2003): 608-9.

Quinton, Maryse. "Laurent Geninasca et Bernard Delefortrie: passerelle en forêt, Boudry, Suisse." *Moniteur architecture AMC* no. 141 (2004): 58-61.

Tower Lighting, La Courneuve, France (p. 141)

Vitta, Maurizio. "La torre della luce = A Lighting Tower in La Courneuve." *l'Arca* no. 104 (1996): 76-79.

Escalator, Elevator and Bridge, Lérida, Spain (p. 142)

Busquets, Joan, and Luis Domènech Girbau. "Dalla città alla cittadella: un piano per Lérida." *Casabella* 49, no. 514 (1985): 16-27.

Gregotti, Vittorio. "Amadó e Domènech a Lérida: l'architetto e la città." *Abitare* no. 349 (1996): 155-61.

Hernandez, Juan M. "Nuove strutture di transizione a Lerida: un progetto di Amadò, Busquets, Domènech, Puig = New Transitional Structures at Lerida." *Lotus international* no. 59 (1989): 62-73.

"Neugestaltung des historischen Zentrums von Lérida, E = Redesigning the Historical Centre of Lérida." *Detail* 27, no. 5 (1987): 483-88.

"Neuordung des Stadtquartiers Canyeret, Lerida/Spanien = Rehabilitation of the District Canyeret, Lerida/Spain." *Architektur + Wettbewerbe* no. 148 (1991): 8-9.

Solà-Morales Rubió, Ignasi. "Murallas que no separan: Amadó y Domènech en Lérida." *Arquitectura Viva* no. 15 (1990): 16-20.

Metrocable Line, Medellín, Spain (p. 142)

"Metro de Medellín, Medellín, Colombia." *Escala* 39, no. 188 (2001): 38-42.

Viviescas, Fernando M. "La institución de la ciudad por el espacio público: el complejo metropolitano Tren-Boulevar-Río Medellín." *Escala* 30, no. 176 (1997): 31-37.

Ferry Terminal, Naoshima, Japan (p. 143)

"Kazuyo Sejima + Ryue Nishizawa (SANAA): Marine Station Naoshima, Kagawa, 2003–06." *GA Japan: environmental design* no. 83 (2006): 52-61.

"Marine Station Naoshima, Kagawa Pref. 2003–06." *Japan Architect* no. 64 (2007): 40-41, 128.

Sejima, Kazuyo, Ryue Nishizawa, and Juan Antonio Cortes. "SANAA Kazuyo Sejima Ryue Nishzawa, 2004–2008." *El Croquis* no. 139 (2008): 102-19.

Sejima, Kazuyo et al. "SANAA: Kazuyo Sejima + Ryue Nishizawa 1998–2004." *El Croquis* no. 121-122 (2004): 222-27.

"Terminal de Ferries Naoshima, Japón = Naoshima Ferry Terminal, Japan: Architects, Kazuo Sejima, Ruye Nishizawa, Rikiya Yamamoto, Erica Hidaka." *Via arquitectura* 17, Summer (2007): 94-99.

"Terminal de Transbordadores de Naoshima = Naoshima Ferry Terminal, 2003–2006, Kagawa (Japón = Japan)." *AV Monografías = AV Monographs* no. 121 (2006): 100-105.

Rijeka Memorial Bridge, Rijeka, Croatia (p. 144)

"3LHD: Memorial Bridge, Rijeka, City of Rijeka, Croatia 2001." *a+u: Architecture and Urbanism* no. 390 (2003): 92-97.

"3LHD: ponte monumento a Rijeka, Croazia = Bridge-Monument at Rijeka, Croazia – Memorial Bridge, Rijeka, Croatia, 1997–2001." *Lotus international* no. 130 (2007): 91-94.

Amelar, Sarah. "Mememorial Bridge, Rijeka, Croatia." *Architectural Record* 192, no. 6 (2004): 258-59.

"Brückenmahnmal in Rijeka = Bridge Memorial in Rijeka = Ponte commemorativo a Rijeka = Pont commémoratif à Rijeka = Puente commemorativo en Rijeka." *Detail* 44, no. 6 (2004): 647-51.

"Memorial Span: Mahnmalsteg in Rijeka: architekten, 3LHD." *Deutsche Bauzeitung* 137, no. 5 (2003): 38-45.

"Memory Span: Memorial Bridge, Rijeka, Croatia." *Architectural Review* 212, no. 1270 (2002): 45-47.

A16 Highway, Bienne (Switzerland) to Belfort (France) (p. 146)

Davoine, Gilles. "Autoroute transjurane." *Moniteur architecture AMC* no. 97 (1999): 68-73.

Geissbühler, Dieter. "Bad in Bellinzona, Transjurane und AlpTransit Gotthard: die Landschaft in der Arbeit Flora Ruchat-Roncatis." *Archithese* 27, no. 4 (1997): 44-47.

Gresleri, Glauco. "La Transjurane/architettura per l'autostrada." *Parametro* no. 191 (1992): 90-93.

Pelzel, Traudy. "Flora Ruchat Roncati: nuova trasversale ferroviaria del gottardo, Svizzera 1993–2015." *Casabella* 69, no. 732 (2005): 20-23.

Craigieburn Bypass, Melbourne, Australia (p. 148)

Adams, Scott. "Craigieburn Bypass in Melbourne." *Topos: European Landscape Magazine* no. 54 (2006): 71-73.

Beza, Beau. "Benchmark Bypass." *Landscape Australia* 28, no. 109 (2006): 16-18, 20-22.

Broome, Beth. "A Souped-up Bypass is a Destination in Its Own Right." *Architectural Record* 193, no. 8 (2005): 55-56.

Capezzuto, Rita. "Australian Bypass." *Domus* no. 882 (2005): 118-21.

Van Schaik, Leon. "Craigieburn Bypass." *Architecture Australia* 94, no. 4 (2005): 60-67.

Portland Aerial Tram, Portland, Oregon, USA (p. 150)

Brake, Alan G. "Architecture on the Go." *Architecture* 92, no. 12 (2003): 73-74.

Cava, John. "Urban High Eire: Portland's Aerial Tram." *l'Arcade* 21, no. 4 (2003): 47-48.

"Direkte Verbindung: agps architecture, Portland Aerial Tram." *Archithese* 38, no. 1 (2008): 8-11.

Gragg, Randy. "Portland, AGPS Architecture and Arup Tease Drama out of the Aerial Tram, a Landmark of Engineering Bravado." *Architectural Record* 195, no. 8 (2007): 126-32.

Libby, Brian. "L.A. Firm Wins Competition for Portland Aerial Tram." *Architectural Record* 191, no. 5 (2003): 50.

Robben Island Ferry Terminal, Cape Town, South Africa (p. 152)

Barac, Matthew. "The Stuff of Legend." *World Architecture* no. 108 (2002): 62-66.

"The Clock Tower Precinct." *Architect & Builder* 53, no. 1 (2002): 42-67.

"Nelson Mandela Gateway to Robben Island Building." *South African Architect* no. 3-4 (2002): 30-36.

"Robben Island Ferry Terminal Building, Victoria & Alfred Waterfront, Cape Town." *South African Architect* no. 7-8 (2000): 30-31.

E4 Highway Sections, Sundsvall, Sweden (p. 157)

Schibbye, Bengt. "Högt spel vid Höga Kusten." *Arkitektur: The Swedish Review of Architecture* 97, no. 2 (1997): 14-17.

Suneson, Torbjörn. "Sweden: Top Managers for Open Spaces." *Topos: European Landscape Magazine* no. 27 (1999): 50-55.

Wingren, Carola. "The City's Threshold." *Topos: European Landscape Magazine* no. 24 (1998): 94-100.

Rail and Bus Terminal, Santo André, Brazil (p. 158)

Corbioli, Nanci. "Obra premiada cria opções de transporte e ajuda a revitalizar região industrial." *Projeto* no. 250 (2000): 46-51.

"Em busca da integração do transporte público." *Projeto* no. 251 (2001): 72-73.

Normandy Bridge and Viaduc, Le Havre/Honfleur, France (p. 158)

Asensio Cerver, Francisco. *New Architecture. 11: Recent works*, Barcelona: Arco, 1997: 234-45.

"Le pont de Normandie." *Deutsche Bauzeitschrift* 43, no. 10 (1995): 149-54.

Strasbourg Tram (Line A), Strasbourg, France (p. 160)

Belmessous, Hacène. "L'effet tramway: premier bilan d'une renaissance." *Architecture intérieure créé* no. 286 (1998): 74-76, 79.

Diedrich, Lisa. "Strassburg: Comeback der Trambahn = Strasbourg: The Tram's Comeback." *Topos: European Landscape Magazine* no. 15 (1996): 110-16.

Garnier, Juliette. "Le Tramway de Strasbourg." *Moniteur architecture AMC* no. 61 (1995): 32-37.

"Le renouvellement Strasbourgeois." *Techniques et Architecture* no. 400 (1992): 40-43.

Mialet, Frédéric. "Dossier. Le tramway: des coutures dans le bâti." *d'Architectures* no. 97 (1999): 25-27, 30-31.

Ruf, Janine. "Vom Münster zur Trabantenstadt: Seit 12 Jahren verändert die Tram das Gesicht von Strassburg." *Bauwelt* 97, no. 19 (2006): 30-35.

Scharf, Armin. "Stadtmobil: das Comeback der Strassenbahn." *Deutsche Bauzeitung* 129, no. 5 (1995): 120-21.

Thurn und Taxis, Lilli. "Trambahn für Strassburg." *Baumeister* 92, no. 9 (1995): 54-60.

"Tranvía = Tramway." *Quaderns d'arquitectura i urbanisme* no. 225 (2000): 102-5.

Douro Promenade, Porto to Matosinhos, Portugal (p. 162)

Hauswald, Kerstin. "Porto 2002: Promenaden am Douro = Porto 2002: promenades on the Douro." *Topos: European Landscape Magazine* no. 41 (2002): 39-45.

Kjoerulff-Schmidt, Arendse. "Paseio Marítimo strandpark." *Landskab* 86, no. 2 (2005): 52-53.

Palazzo, Elisa. "La forma dell'acqua. Il margine atlantico e fluviale a Porto." In *Passeggiate luno molti mari*, ed. Marco Massa. Florence: Artout Maschietto, 2005.

"Passeio Atlántico." *Arquitectura*. no. 335 (2004): 76-79.

Øresund Bridge and Tunnel, Copenhagen (Denmark) to Malmö (Sweden) (p. 164)

"Broens portraet." *Arkitektur DK* 44, no. 6 (2000): 304-11.

"Building Bridges." *Architectural Review* 207, no. 12 (2000): 78-79.

"Missing link: Halbzeit für die Öresundbrücke." *Deutsche Bauzeitung* 132, no. 11 (1998): 14.

"Øresund Verbindung zwischen Dänemark und Schweden = Øresund Link between Denmark and Sweden." *Architektur + Wettbewerbe* no. 168 (1996): 37.

Falbe-Hansen, Klaus, and Örjan Larsson. "Die Brücke über den Öresund." *Bauwelt* 92, no. 12 (2001): 40-47.

Hultin, Olof. "Bro till himmelen? = A Bridge to Heaven?" *Arkitektur: The Swedish Review of Architecture* 100, no. 2 (2000): 4-15.

Melvin, Jeremy. "Building Profile: The Øresund Link." *Architectural Design* 71, no. 3 (2001): 99-103.

Møller, Pouli, and Roger Svanberg,. "Øresundsforbindelsen, kyst til kyst = The Oresund Link, Coast to Coast." *Landskab* 80, no. 3-4 (1999): 58-65.

Müller, Robert. "Lichtspiele: nur mit einer passenden Beleuchtung lässt sich der Charakter einer Brücke auch bei Dunkelheit ablesen." *Deutsche Bauzeitung* 132, no. 5 (1998): 145, 148-49.

Øresundsbroen = The Øresund Bridge." *Arkitektur DK* 40, no. 4-5 (1996): 330-33.

Rotne, Georg Kristoffer Stürup. "Øresundsbroen = The Øresund Bridge." *Arkitektur DK* 44, no. 6 (2000): 312-29.

Williams, Austin. "Suspended Animation." *Architects' Journal* 212, no. 20 (2000): 34-36.

Bridge, Amsterdam, the Netherlands (p. 169)

Pieters, Dominique. "Bruggen slaan voor de toekomst: nieuwe realisaties van

Wilkinson Eyre, Foster and Partners, Birds Portchmouth Russum, Grimshaw and Partners en Venhoeven c.s." *de Architect* 33, no. 4 (2002): 81.

Schoonderbeek, Mark. "Het vele moet je maken: werk van Ton Venhoeven C.S." *de Architect* 30, no. 9 (1999): 58-65, 113.

Wortmann, Arthur. "Het Oostelijke Havengebied in Amsterdam: drie ontwerpen voor de Javabrug = Amsterdam's Oostelijke Havengebied: Three Designs for the Java Bridge." *Archis* no. 12 (1996): 5-7.

Footbridge, Evry, France (p. 170)
Hespel, Christophe. "DVVD: passerelle piétonne, Evry." *Moniteur architecture* AMC no. 175 (2008): 153-55.

Footbridge, Paris, France (p. 170)
Arnaboldi, Mario Antonio. "Tra due sponde: New Bridges." *l'Arca* no. 133 (1999): 34-43.

"Dessin du mois: étude de Marc Mimram pour la nouvelle passerelle Solférino à Paris." *Architecture d'aujourd'hui* no. 282 (1992): 64-65.

"Garde-corps." *Moniteur architecture* AMC no. 118 (2001): 119.

"La liaison territoriale: entretien avec Marc Mimram." *Techniques et Architecture* no. 406 (1993): 74-79.

McGuire, Penny. "French Connection." *Architectural Review* 209, no. 1250 (2001): 32-33.

Ménard, Jacques-Pierre. "Marc Mimram, ingénieur: la passerelle Solférino, Paris." *Architecture d'aujourd'hui* no. 326 (2000): 18-19.

Mimram, Marc. "Passerelle Solférino." *AA files* no. 31 (1996): 15-17.

Roulet, Sophie. "Traversées de Seine." *Architecture intérieure créé* no. 285 (1998): 6.

Such, Robert. "Redesigning the Seine." *Blueprint* no. 158 (1999): 13.

Mur Island, Graz, Austria (p. 172)
Acconci, Vito. "Mur Island, Graz, Austria." *Architectural Design* 78, no. 1 (2008): 100-101.

"Acconci Studio: The Island in the Mur, Graz, Austria 2001–2003." *a+u: Architecture and Urbanism* no. 396 (2003): 28-35.

Bossi, Laura. "L'isola che non c'era = The Island That Wasn' t." *Domus* no. 860 (2003): 26-27.

Carlini, Elena. "Un teatro nell'acqua: Vito Acconci a Graz." *Parametro* no. 249 (2004): 72-73.

Gregory, Rob. "Island in the Stream: Artificial Island, Graz, Austria." *Architectural Review* 213, no. 1276 (2003): 36-37.

Gullbring, Leo. "Café H$_2$0, Graz, Autriche: Vito Acconci." *Architecture d'aujourd'hui* no. 356 (2005): 18-19.

Imperiale, Alicia. "Vito Acconci: le regole del gioco = Rules of the Game." *Ottagono* 37, no. 156 (2002): 52-59.

Lind, Dianna. "On the Shores of the Mur, a Steel and Glass Plaything." *Architectural Record* 191, no. 5 (2003): 123-25.

Ménard, Jean-Pierre. "Structures dynamiques: île sur la rivière Mur, Graz, Autriche." *Moniteur architecture* AMC no. 146 (2004): 127-29.

Roulet, Sophie. "Une île du troisième type: forum urbain, Graz, Autriche." *Architecture intérieure créé* no. 312 (2003): 62-65.

Vogliazzo, Maurizio. "Agora: Dreams and Visions: Acconci Studio." *l'Arca* no. 179 (2003): 28-29, 39.

Zunino, Maria Giulia. "Vito Acconci a Graz: isola sul Mur = Island in the Mur." *Abitare* no. 429 (2003): 148-51.

Simone de Beauvoir Footbridge, Paris, France (p. 174)
Baldassini, Niccoló. "Un segno come ponte: The Bercy Footbridge in Paris." *l'Arca* no. 139 (1999): 20-23.

Dana, Karine. "Paris-passerelle." *Moniteur architecture* AMC no. 98 (1999): 23-24.

Descombes, Arnaud. "Naissance d'un pont: mise en place nocturne de la lentille centrale de la passerelle reliant Bercy à la Bibliothèque François-Mitterand." *Moniteur architecture* AMC no. 158 (2006): 20-22.

"Die letzte Pariser Brücke über die Seine: Dietmar Feichtinger." *Architektur & Bauforum* no. 200 (1999): 60-64.

"Fechtinger Architectes: Projekte." *Architektur & Bauforum* no. 208 (2000): 81-96.

Fromonot, Françoise. "Dietmar Feichtinger: ponte passerella Bercy-Tolbiac = Bercy-Tolbiac Footbridge, Parigi 1999." *Casabella* 64, no. 678 (2000): 44-47, 93.

Fuchs, Claudia. "Neues aus Paris-Bercy: Projekte und Wettbewerbe." *Garten + Landschaft* 109, no. 12 (1999): 18-21.

"Fussgängerbrücke Bercy-Tolbiac, Paris = Bercy-Tolbiac Pedestrian Bridge, Paris = Passerelle Bercy-Tolbiac, Paris." *Detail* 39, no. 8 (1999): 1445.

Lemoine, Bertrand. "Ein schwebender Spazierweg: die Fussgängerbrücke Simone de Beauvoir in Paris von Dietmar Feichtinger." *Werk, Bauen + Wohnen* no. 3 (2007): 40-45.

Loyer, Béatrice. "Effort discret: la passerelle Bercy-Tolbiac, Paris = Discreet Effort: Bercy-Tolbiac Footbridge, Paris." *Techniques et Architecture* no. 445 (1999): 34-35.

Niemann, Sebastian. "Nachgefragt in Paris: ein Österreicher an der Seine: Dietmar Feichtinger, seit 1989 in Paris." *Deutsche Bauzeitung* 141, no. 4 (2007): 56-60.

Pagès, Yves. "Feichtinger architectes, RFR ingénieurs: passerelle de Bercy-Tolbiac sur la Seine à Paris." *Moniteur architecture* AMC no. 132 (2003): 98-99.

"Projekt: Fussgängerbrücke Bercy-Tolbiac in Paris = Project: Footbridge Bercy-Tolbiac in Paris." *Architektur + Wettbewerbe* no. 185 (2001): 54-55.

Slessor, Catherine. "New Seine Crossing." *Architectural Review* 206, no. 1229 (1999): 20, 23.

Sowa, Axel, and Sebastian Niemann. "Passerelle Simone-de-Beauvoir, Paris: Feichtinger Architectes, RFR ingénieurs." *Architecture d'aujourd'hui* no. 367 (2006): 30-32.

Tonon, Carlotta, and Françoise Fromonot. "Cecil Balmond, Dietmar Feichtinger: nuove esperienze della progettazione strutturale." *Casabella* 71, no. 757 (2007): 76-85, 93-94.

Salerno Maritime Terminal, Salerno, Italy (p. 176)
Burdett, Richard. "Un futuro per Salerno = A Future for Salerno." *Domus* no. 829 (2000): 104-5.

"Concorsi per Salerno." *Casabella* 64, no. 683 (2000): 17-19.

"Ferry Terminal in Salerno, Salerno, Italy 1999." *a+u: Architecture and Urbanism* no. 374 (2001): 96-100.

Hadid, Zaha, Walter Nägeli, and Mohsen Mostafavi. "Zaha Hadid 1996–2001. Beginnings and Ends." *El Croquis* no. 103 (2000): 190-93.

"Maritime Terminal Salerno, Salerno, Italy." *GA document* no. 99 (2007): 30-33.

Arnhem Central Station, Arnhem, the Netherlands (p. 178)
"Architectuur opgelost in infrastructuur: het Arnhemse stationscomplex van UN Studio = Architecture Dissolved in Infrastructure: The Arnhem Station Complex by UN Studio." *Archis* no. 11 (2000): 10-21.

"Architettura di flussi: il diagramma dei flussi come origine della forma in un progetto di UN Studio = Flow Architecture: The Flowchart as Source of the Form in a Project by UN Studio." *Lotus international* no. 127 (2006): 78-81.

"Ben van Berkel: Arnhem Station Area (Masterplan, Transfer Hall, Bus Terminal, Willems Tunnel, Parking). 1996–2020." *Lotus international* no. 108 (2001): 76-79.

Bokern, Anneke. "Architektur gewordene Bewegungsflüsse: Arnhem Centraal von UN Studio, 1996–2007." *Werk, Bauen + Wohnen* no. 12 (2003): 18-25.

Brensing, Christian. "Stahlgeflecht und V-Stützen: Tunneleinfahrt und Parkdeck beim Bahnhof in Arnheim." *Bauwelt* 93, no. 42 (2002): 30-31.

Ibelings, Hans. "Flow: UN Studio's New Transit Hub Tries to Eliminate Signs by Using Light and Space as Wayfinding Devices." *Metropolis* 23, no. 5 (2004): 70-71.

"Ontwerp stationsgebied Arnhem, Van Berkel & Bos." *de Architect* 28, no. 7-8 (1997): 21-23, 68.

Rodermond, Janny, Caroline Bos, and Ben van Berkel. "Op weg naar een inclusieve ontwerpstrategie: in gesprek met Caroline Bos en Ben van Berkel." *de Architect* 29, no. 6 (1998): 60-65, 105.

Tiry, Corinne, and Christophe Hespel. "Parking, gare centrale d'Arnhem, Pays-Bas." *Moniteur architecture* AMC no. 158 (2006): 90-91.

Trelcat, Sophie. "Parking et tunnel, Arnhem, Pays-Bas = Garage & Tunnel, Arnhem, NL: UN Studio." *Architecture d'aujourd'hui* no. 340 (2002): 106-11.

Van Berkel. "Arnhem." *Daidalos* no. 69-70 (1998): 130-33.

Van Berkel, Ben, and Caroline Bos. "Arnhem, Pays-Bas: plan d'aménagement pour la gare centrale, projet en cours." *Architecture d'aujourd'hui* no. 321 (1999): 58-63.

Van Berkel, Ben, and Caroline Bos. "UN Studio: Arnhem Central." *AA files* no. 38 (1999): 23-31.

"Van Berkel & Bos: el músculo formal = The Formal Muscle." *AV Monografías = AV Monographs* no. 73 (1998): 64-71.

"Van Berkel & Bos: Infrastructural Project, Arnhem, The Netherlands." *Architectural Design* 69, no. 3-4 (1999): 66-69.

"UN Studio: Arnhem Central, Arnhem, the Netherlands." *CA document* no. 91 (2006): 44-47.

"UN Studio van Berkel & Bos: Arnhem Central, Arnhem, the Netherlands 1996–2007." *a+u: Architecture and Urbanism* no. 405 (2004): 88-95.

Incheon International Airport, Seoul, South Korea (p. 180)

Dawson, Susan. "Metal Works: Transport." *Architects' Journal* 215, no. 25 (2002): 1-16

Farrells, FTP. UK>HK: *Farrells Placemaking from London to Hong Kong and Beyond*, Hong Kong: MCCM Creations, 2008, 130-35.

Levinson, Nancy. "Transportation Centre, Incheon International Airport, Incheon, South Korea." *Architectural Record* 191, no. 8 (2003): 120-25.

Melvin, Jeremy. "Transportation Centre for Incheon Airport, Seoul." *Architectural Design* 72, no. 5 (2002): 115-19.

Melvin, Jeremy. "Under One Roof." *Blueprint* no. 196 (2002): 38-42.

Thomas, Ralph. "Space Station: Transportation Centre, Inchon International Airport, South Korea." *World Architecture* no. 103 (2002): 34-40.

"Transportation Centre, Inchon International Airport." *Architecture Today* AT profile supplement no. 1 (2002): 2-15.

Williams, Austin. "Terminal Triumphs." *Architects' Journal* 213, no. 12 (2001): 6-7.

CHAPTER 4

Transport Node, Nantes, France (p. 189)

Cardani, Elena. "Stazione e mercato: Place Pirmil in Nantes." *l'Arca* no. 88 (1994): 84-85.

"Mise en tension: station de tramway et marché couvert, Nantes." *Techniques et Architecture* no. 420 (1995): 92-93.

"Petites constructions: histoire(s) du kiosque." *Moniteur architecture AMC* no. 98 (1999): 72-73.

Stürzebecher, Peter. "Eine Erfolgsgeschichte: die Strassenbahn in Nantes." *Bauwelt* 91, no. 39 (2000): 36-39.

"Tranvía = Tramway." *Quaderns d'arquitectura i urbanisme* no. 225 (2000): 105.

Pedestrian Mall, Lund, Sweden (p. 190)

Andersson, Sven-Ingvar. "Sienapris 1998: Lunds stationsområde." *Landskab* 79, no. 6 (1998): 130-35, 144.

The Embarcadero, San Francisco, California, USA (p. 196)

Betsky, Aaron. "The City by the Bay Goes from Port to Sport." *Architectural Record* 184, no. 3 (1996): 13.

"The Embarcadero, San Francisco, California." *Land Forum* no. 1 (1999): 60-63.

Fisher, Bonnie. "From the Water's Edge." *Urban Land* 58, no. 1 (1999): 72-77.

Fisher, Bonnie. "Closeup: The Embarcadero." *Planning* 71, no. 1 (2005): 16-17.

Hinshaw, Mark. "Free from the Freeway – But Does the New Embarcadero Really Connect San Francisco to Its Waterfront?' *Landscape Architecture* 92, no. 5 (2002): 132, 131.

Hinshaw, Mark, Bonnie Fisher, and Boris Dramov. "[San Francisco's Embarcadero]." *Landscape Architecture* 92, no. 7 (2002): 9.

Lockwood, Charles. "San Francisco Reclaims its Downtown Waterfront." *Urban Land* 55, no. 10 (1996): 63-67.

Lockwood, Charles. "On the Waterfront: San Francisco Embarcadero Waterfront." *World Architecture* no. 58 (1997): 128-31.

Lockwood, Charles. "On the Waterfront." *Grid* 3, no. 3 (2001): 84-88.

Thompson, J. William. "Embarcadero: Free from the Freeway." *Landscape Architecture* 83, no. 6 (1993): 60-61.

Alicante Tram Stop, Alicante, Spain (p. 198)

Cohn, David. "Geheimnisvolle Architektur – hohe Ingenieurkunst: Strassen-bahnhaltestelle 'Sergio Cardell' in Alicante (E) – Architekten, Subarqui-tectura." *Deutsche Bauzeitung* 141, no. 11 (2007): 30-34.

Cohn, David. "A Traffic-stopping Tram Stop Floats on Air." *Architectural Record* 195, no. 12 (2007): 63.

Cohn, David. "Strassenbahnhaltestelle 'Sergio Cardell' in Alicante (E) = Tram Stop 'Sergio Cardell' in Alicante (E): Architekten/Architects: Subarquitectura." *Deutsche Bauzeitung* 142, no. 6 (2008): 56-59.

Herrero, Gonzalo. "Tram Stop, Alicante: Subarquitectura." *A10: New European Architecture* no. 17 (2007): 24-26.

"Subarquitectura: parada del tram = Tram Stop, Alicante." *Via arquitectura* Winter special issue (2007): 49-57.

"Subarquitectura: Tram Stop, Serigo Cardell Plaza, Alicante, Spain 2005." *a+u: Architecture and Urbanism* no. 441 (2007): 48-53.

Westend City Center, Budapest, Hungary (p. 201)

Slatin, Peter. "From Hollywood to Frankfurt." *Grid* 2, no. 1 (2000): 38.

Warson, Albert. "Trizec Hahn Launch Massive Central European Retail Drive." *World Architecture* no. 70 (1998): 31.

Bus and Rail Transit Station, San Francisco, USA (p. 201)

Collyer, Stanley. "Shifting the Center of Activity: San Francisco's Transbay Transit Center." *Competitions* 18, no. 1 (2008): 16-27, 64.

Evitts, Elizabeth A. "Three Proposals for San Francisco's Transbay Neigh-bourhood." *Architect* 96, no. 10 (2007): 22.

King, John. "Pelli-Hines Team Picked for Transbay." *Architectural Record* 195, no. 11 (2007): 35.

Krueger, Robert. "New San Francisco Transbay Transit Center Expected to Unite City's Transportation System." *Urban Land* 67, no. 3 (2008): 26-28.

LeTourneur, Chris, and Kieron Hunt. "Travel Retail: Transportation Hub Retail is Spurring Mixed-use Town Centers and Transit-oriented Development." *Urban Land* 62, no. 2 (2003): 52-59.

Lou, Ellen. "The Transbay Plan." *Urban Land* 63, no. 5 (2004): 98-99.

"Transbay May Lead to New San Francisco Skyline." *Architect* 97, no. 8 (2008): 23.

Redevelopment Charing Cross Station, London, UK (p. 202)

Binney, Marcus. "Über den Gleisen von Charing Cross: 'Embankment Place' in London." *Bauwelt* 83, no. 46 (1992): 2596-2601.

Davies, Colin, and Terry Farrell. "Underneath the Arches." *Architects' Journal* 193, no. 21 (1991): 30-39, 43-45.

Davies, Colin. "For Appearance's Sake: Embankment Place." *Architects' Journal* 193, no. 25 (1991): 66-67.

"Embankment Place." *Architectural Record* 175, no. 10 (1987): 132-33.

"Fitting Out a Gigantic Floorplate." *Architects' Journal* 198, no. 11 (1993): 47-55.

Ibelings, Hans. "Terry Farrell a Londra: Charing Cross nodo urbana." *Abitare* no. 313 (1992): 162-65.

Lueder, Christoph. "Embankment Place." *Deutsche Bauzeitschrift* 40, no. 8 (1992): 1139-47.

Moore, Rowan, and Terry Farrell. "Special Feature: Terry Farrell & Company." *a+u: Architecture and Urbanism* no. 231 (1989): 37-132.

Spring, Martin. "Vaulting Ambition." *Building* 253, no. 36 (1988): 40-45.

Spring, Martin. "Triumphal Arch." *Building* 256, no. 4 (1991): 45-90.

"Terry Farrell Partnership: Lee House & Embankment Place, London." *Architectural Design* 57 (1987): 50-54.

Welsh, John. "High & Mightly." *Building Design* no. 1034 (1991): 30-32.

Railway Station, Dortmund, Germany (p. 202)

Brinkmann, Ulrich. "Hauptbahnhof Dortmund." *Bauwelt* 88, no. 34 (1997): 1828-29.

Gubitosi, Alessandro. "Significante a 360: Dortmund Central Station." *l'Arca* no. 145 (2000): 12-19.

Heindl, Franziska. "Neue Bahnhöfe: Leipzig eröffnet, Wettbewerbe Stuttgart und Dortmund." *Baumeister* 95, no. 1 (1998): 12.

Kähler, Gert. "Architectural Encounters of the Fourth Kind: het werk van = Work by Bothe, Richter, Teherani." *Archis* no. 7 (1999): 60-71.

Müller, Sebastian. "Ein Ufo in Dortmund." *Bauwelt* 91, no. 48 (2000): 60-61.

Schiphol Airport Plaza, Amsterdam, the Netherlands (p. 203)

"Einer von fünf: Flughafenerweiterung Schiphol/Amsterdam." *Architektur, Innenarchitektur, Technischer Ausbau* 99, no. 7-8 (1991): 24-26.

"Flughafengebäude 'Schiphol Plaza', Amsterdam = 'Schiphol Plaza' Airport Building, Amsterdam = 'Schiphol Plaza', édifice de liaison de l'aéroport d'Amsterdam." *Detail* 37, no. 4 (1997): 570-76.

Gubitosi, Alessandro. "Le 'stazioni' per volare: Schiphol Plaza, Amsterdam." *l'Arca* no. 125 (1998): 40-45.

Máčel, Otakar. "Construir el futuro: ampliacíon del aeropuerto de Amsterdam." *Arquitectura Viva* no. 29 (1993): 28-33.

Melet, Ed. "De ingetogen machine: Terminal-West van Benthem Crouwel NACO architecten." *de Architect* 24, no. 9 (1993): 110-15.

Slawik, Han. "Schiphol 2000: der Ausbau der Amsterdamer Flughafens Schiphol (Benthem, Crouwel mit Netherlands Airport Consults)." *Deutsche Bauzeitung* 124, no. 11 (1990): 128-32.

Stungo, Naomi. "Air Extensions." *RIBA Journal* 100, no. 8 (1993): 36-39.

Tilman, Harm. "Terminal 3 op Schiphol van Benthem Crouwel NACO: machine of huiskamer." *de Architect Dossier* no. 7 (1998): 42-47.

Van Deelen, Paul. "Ambitie: Uitgroeien tot Mainport." *Bouw* 48, no. 12-13 (1993): 18-23.

Van Dijk, Hans. "Onderbroken probleemoplossing: Stationsgebouw West van Schiphol = Interrupted Problem-solving: West Terminal at Schiphol Airport." *Archis* no. 9 (1993): 35-45.

Van Dijk, Hans. "Benthem Crouwel NACO: aeroporto internazionale Schiphol, Amsterdam = Schiphol International Airport, Amsterdam." *Domus* no. 815 (1999): 8-19.

Wendt, Dave. "Springlevend zonder praatjes: Benthem Crouwel Architekten." *de Architect* 27, no. 1 (1996): 18-37.

Wortmann, Arthur. "Leerer Raum für Schiphol: Flughafenerweiterung in Amsterdam." *Bauwelt* 84, no. 31 (1993): 1610-11.

Leipzig Central Station, Leipzig, Germany (p. 204)

Bauer, Matthias. "Triumph des Kommerz: die 'Promenaden' im Leipziger Hauptbahnhof." *Deutsche Bauzeitung* 131, no. 12 (1997): 28.

"Flächen wecken im Stadtfoyer." *Deutsche Bauzeitung* 129, no. 5 (1995): 32-33.

Heindl, Franziska. "Neue Bahnhöfe: Leipzig eröffnet, Wettbewerbe in Stuttgart und Dortmund." *Baumeister* 95, no. 1 (1998): 12.

Hocquél, Wolfgang. "Bahnanlagen der Zukunft, II: Hauptbahnhof Leipzig." *Bauwelt* 85, no. 34 (1994): 1800-1801.

Hofmann, Helga. "Shop and go: die Renaissance der Bahnhöfe: Deutschlands grösste Marktplätze." *Architektur, Innenarchitektur, Technischer Ausbau* no. 3 (1998): 52-55.

"Pilotprojekt: Shopping-Mall im Leipziger Hauptbahnhof." *Architektur, Innenarchitektur, Technischer Ausbau* no. 3 (1998): 56-63.

"Promenaden Hauptbahnhof Leipzig, Leipzig, Germany." *Urban Land* 64, no. 2 (2005): 56-57.

Nordseepassage, Wilhelmshaven, Germany (p. 206)

Paganelli, Carlo. "Contrapposizioni: Nordseepassage, Wilhelmshaven." *l'Arca* no. 136 (1999): 12-19.

Kyoto Station, Kyoto, Japan (p. 208)

Binney, Marcus. *Architecture of Rail: The Way Ahead*, London: Academy Editions, 1995, 135-45.

Futagawa, Yukio, and Hiroshi Hara. "Hiroshi Hara." *GA document* no. 47 (1996): 20-23.

Hara, Hiroshi. "Hiroshi Hara: Kyoto Station Building, Kyoto-shi, Kyoto, Japan." *GA document* no. 52 (1997): 76-97.

Hein, Carola. "Prestige and Diversion: Grands Projets in Japan." *Archis* no. 2 (1998): 48-61.

Hein, Carola. "Shopping-Schlund: der neue Bahnhof von Kyoto und die Überlagerung von Verkehr und Kommerz." *Architektur, Innenarchitektur,*

Technischer Ausbau no. 3 (1998): 41-51.

"Hiroshi Hara + Atelier Ø: Kyoto Station Building." *Japan Architect* no. 28 (1998): 72-75.

"Hiroshi Hara + Atelier Ø: Kyoto Station Building, Kyoto, 1991–97." *GA Japan: environmental design* no. 28 (1997): 12-37.

"JR Kyoto Station: Hiroshi Hara and Atelier Ø." *Japan Architect* no. 7 (1992): 200-207.

"JR Kyoto Station (Reconstruction Proposal): Design Competition." *Japan Architect* no. 5 (1992): 236-37.

"Kyoto Station Building." *Kenchiku bunka* 52, no. 611 (1997): 25-32, 36-56, 57-64.

Mancke, Carol, and Michael Bade. "Kyoto's Latest Controversy." *World Architecture* no. 61 (1997): 40-44.

Noennig, Jörg Rainer. "Stad op doorreis: het Centraal Station van Kyoto van Hiroshi Hara." *de Architect* 31, no. 4 (2000): 38-43.

Thorne, Martha, ed. *Modern Trains and Splendid Stations: Architecture, Design, and Rail Travel for the Twenty-first Century*, London: Merrel, 2001, 99-101.

Dubai International Airport, Dubai, United Arab Emirates (p. 210)

Mirti, Stefano. "Contract = Custom: Dubai International Airport." *Abitare* no. 476 (2007): 243-44.

"Project Profile: Dubai Airport, Dubai." *Landscape Design* no. 320 (2003): 34.

Airport Terminal, Paris, France (p. 213)

Betsky, Aaron. "An Airport is not a Monument: Charles de Gaulle's Terminal 2E." *Deutsche Bauzeitung* 142, no. 6 (2008): 14-15.

"Equipements." *Moniteur architecture AMC* no. 139 (2003): 62-83.

Foges, Chris. "Pier Review: Charles de Gaulle Airport's Ill-fated Terminal 2E has been Reconstructed with Impressive Precision." *Architecture Today* no. 187 (2008): 72-74.

Guardigli, Decio. "Una Versailles per aerei: New Terminal E at the Paris Airport." *l'Arca* no. 179 (2003): 4-11.

"Modules en ligne à CdG2." *Moniteur architecture AMC* no. 130 (2003): 212-15.

Phillips, Ian. "Design par excellence." *Interior Design* 75, no. 3 (2004): 85-86, 88, 90.

Reina, Petger. "Investigation into Collapse of Terminal 2E Continues." *Architectural Record* 192, no. 7 (2004): 163-64.

Footbridge, London, UK (p. 214)

"'Blade of Steel' May be New London Bridge." *Architect & Builder* (1997): 20.

Davey, Peter. "Delight." *Architectural Review* 207, no. 1238 (2000): 106.

Hagen Hodgson, Petra. "Transformation zur Jahrtausendwende." *Werk, Bauen + Wohnen* no. 6 (1998): 6-19.

Hagen-Hodgson, Petra. "Neue Vernetzungen: Millennium- und Aufbruch-stimmung in London." *Deutsche Bauzeitung* 134, no. 6 (2000): 71-81.

Hart, Sara. "Troubled Bridge over Water: Arup & Partners Takes the Bounce Out of the Footsteps." *Architectural Record* 189, no. 3 (2001): 157.

"Il nuovo ponte sul Tamigi." *Industria delle costruzioni* 31, no. 312 (1997): 68-69.

"Millennium Bridge, London." *Detail* 39, no. 8 (1999): 1444.

"Norman Foster: Millennium Bridge, London, England." *GA document* no. 58 (1999): 20-23.

"Norman Foster: Millennium Bridge, London, U.K." *GA document* no. 69 (2002): 100-105.

Pavarini, Stefano. "Millennium Bridge." *l'Arca* no. 113 (1997): 4-7.

Pieters, Dominique. "Bruggen slaan voor de toekomst: nieuwe realisaties van Wilkinson Eyre, Foster and Partners, Birds Portchmouth Russum, Grimshaw and Partners en Venhoeven c. s." *de Architect* 33 (2002): 76-81.

Ridsdill Smith, Roger. "Foster and Partners, Ove Arup & Partners, Sir Anthony Caro: Millennium Bridge, Londra, Gran Bretagna 2002." *Casabella* 67, no. 709 (2003): 64-69.

Slavid, Ruth. "In the News." *Architects' Journal* 207, no. 10 (1998): 22-23.

Slavid, Ruth. "Foster and Caro Win with 'Simple' Bankside Bridge." *Architects' Journal* 204, no. 22 (1996): 10.

Sudjic, Deyan. "The Bridge that Wobbled." *Domus* no. 847 (2002): 92-103.

A77 Toll Station, Melun, France (p. 214)
Baldassini, Niccolò. "La geometria di Mimram: Structural Architecture." *l'Arca* no. 96 (1995): 26-33.
"Gare de péage autoroutier, Melun." *Moniteur architecture AMC* no. 67 (1995): 100-101.
"La liaison territoriale: entretien avec Marc Mimram." *Techniques et Architecture* no. 406 (1993): 74-79.
Picon, Antoine. *Marc Mimram*, Gollion: Infolio Editions, 2007, 166, 172-77.

Intermodal Terminal, Rochelle, Illinois, USA (p. 215)
Szatan, Jerry W. "On Track: Two New Developments are Helping Bolster the Chicago Region's Historic Role as a Freight Transportation and Distribution Center." *Urban land* 62, no. 6 (2003): 65-69.
Waldheim, Charles, and Alan Berger. "Logistics Landscape." *Landscape Journal* 27, no. 2 (2008): 219-46.

Suvarnabhumi Airport, Bangkok, Thailand (p. 216)
"Displacement Ventilation: Second Bangkok International Airport, Bangkok, Thailand." *World Architecture* no. 50 (1996): 140-41.
Dixon, John Morris. "Murphy-Jahn Joins Engineers Werner Sobek and Matthias Schuler to Bring Suvarnabhumi Airport, Bangkok's Sleek New Air Terminal, in for a Landing." *Architectural Record* 195, no. 8 (2007): 108-17, 132.
Heeg, Manfred. "Suvarnabhumi International Airport, Bangkok: Engineering, Konfektion und Montage des Membrandachs = Engineering, Manufacturing and Installing the Membrane Roof." *Detail* 46, no. 7-8 (2006): 824-25.
Holst, Stephan. "Suvarnabhumi International Airport, Bangkok: innovative Klimakonzeption = Innovative Climate Concept." *Detail* 46, no. 7-8 (2006): 820, 822.
"Internationaler Flughafen Bangkok: Suvarnabhumi Airport." *Intelligente Architektur* no. 57 (2006): 30-47.
"Passagier-Terminal-Komplex, Suvarnabhumi International Airport, Bangkok = Passenger Terminal Complex, Suvarnabhumi International Airport, Bangkok." *Detail* 46, no. 7-8 (2006): 810-14.
Pavarini, Stefano. "Forma e dimensione: Suvarnabhumi International Airport, Bangkok." *l'Arca* no. 225 (2007): 2-15.
Sobek, Werner. "Suvarnabhumi International Airport, Bangkok: Tragwerk und Formfindung= Structure and Form-finding." *Detail* 46, no. 7-8 (2006): 818-19.

Webb Bridge, Melbourne, Australia (p. 218)
Bowtell, Peter. "Webb Bridge, Melbourne." *Topos: European Landscape Magazine* no. 53 (2005): 26-27.
"Denton Corker Marshall in Collaboration with Robert Owen: Webb Bridge, Melbourne, Australia 2003." *a+u: Architecture and Urbanism* no. 412 (2005): 134-39.
"El ejemplo de Melbourne: nuevos bordes en común = Melbourne's E(i)xample: New Water's Edge in Common." *a+t* no. 26 (2005): 144-57.
Hart, Sara. "Architects Discover Bridge Design Can Be the Perfect Union of Art and Science." *Architectural Record* 192, no. 6 (2004): 279-84, 286.
Hénard, Jean-Pierre. "Structures dynamiques: Webb Dock Bridge, Melbourne, Australie." *Moniteur architecture AMC* no. 146 (2004): 130-31.
"Ponte d'arte = The Art Bridge." *Domus* no. 863 (2003): 110-15.
"Ponte pedonale e ciclabile a Melbourne, Australia = Webb Bridge, Melbourne, Australia." *Industria delle costruzioni* 42, no. 399 (2008): 52-57.
Reboli, Michele. "Denton Corker Marshall: Webb Bridge, Melbourne, Australia." *Casabella* 70, no. 740 (2005): 52-55.
Stephens, Suzanne. "Webb Bridge, Melbourne, Australia." *Architectural Record* 192, no. 6 (2004): 248-51.

Orival Service Station and Restaurants, Nivelles, Belgium (p. 220)
Calcagno, Benedetto. "Nivelles: area di servizio Totalfinaelf Europe = Nivelles: Total-Fina-Elf Europe Service Station." *Abitare* no. 428 (2003): 170-71.

Dubois, Marc. "Herwaardering van de automobiliteit." *de Architect interieur* no. 1 (2000): 48-51.
Dubois, Marc. "Un ponte sull'autostrada: Samyn and Partners, area di sevizio 'Aire de Nivelles'. 2001. Belgio." *Casabella* 65, no. 695-696 (2001): 74-81.
Fontana, Jacopo della. "Segno e servizi: Two Petrol Stations." *l'Arca* no. 145 (2000): 50-53.
Pieters, Dominique. "Dynamiek van beweging en demping: restaurantbrug en servicehaven 'Orival' door Philippe Samyn te Nijvel (B)." *de Architect* 32, no. 10 (2001): 90-93.
Quaquaro, Benedetto. "Sensibilità e misura: Along the Highway." *l'Arca* no. 188 (2004): 76-81.
Van Synghel, Koen, Dominique Pieters, and Marc Dubois. *Samyn & Partners, architecten en ingenieurs.* Gent and Amsterdam: Ludion Publishers, 2005, 48-51.

Railway and Bus Station, Lausanne, Switzerland (p. 225)
"Bernard Tschumi: Interface Flon Railway and Bus Station, Lausanne, Switzerland." *GA document* no. 67 (2001): 84-91.
"Bernard Tschumi: Interface Flon Station, Lausanne, Suisse, 1988–2001." *Lotus international* no. 108 (2001): 92-95.
"Bernard Tschumi: Ponts-Villes Projects, Lausanne, Switzerland." *Architectural Design* 64, no. 3-4 (1994): 64-69.
Davoine, Gilles. "Bernard Tschumi, Luca Merlini et Emmanuel Ventura: gare d'interconnexion, Lausanne." *Moniteur architecture AMC* no. 123 (2002): 42-46.
"Gare du Flon, Lausanne." *Werk, Bauen + Wohnen* no. 12 (2000): 1-6.
"'Gare du Flon' in Lausanne, Schweiz." *Architektur + Wettbewerbe* no. 140 (1989): 42-48.
Giovannini, Joseph. "Lines of Desire." *Architecture* 90, no. 7 (2001): 74-79.
Merlini, Luca, and Bernard Tschumi. "Ponts-Villes: Ideenwettbewerb für die Gare du Flon, Lausanne = Ponts-Villes concours d'idées pour l'aménagement de la Gare du Flon, Lausanne." *Archithese* 19, no. 1 (1989): 45-49.
"Métropont, ponte e nodo di scambio a Losanna = Interface Flon Railway and Bus Station, Lausanne." *Industria delle costruzioni* no. 367 (2002): 38-45.
Peverelli, Diego. "Interface des transports publics à Lausanne: architectes, Bernard Tschumi, Luca Merlini." *Faces* no. 54 (2004): 2962-63.
Tschumi, Bernard. "[Three Competition Entries]." *AA files* no. 18 (1989): 30-42.
Wieser, Christoph, and Martin Josephy. "Architektonische Verknüpfung von Stadtetagen." *Werk, Bauen + Wohnen* no. 12 (2000): 54-57.

Ferry Terminal, Tromsø, Norway (p. 225)
Pavarini, Stefano. "Splendido isolamento': Tromsø Terminal." *l'Arca* no. 189 (2004): 66-69.

Bicycle Storage, Amsterdam, the Netherlands (p. 226)
Betsky, Aaron. "Built Experiments." *Ottagono* 37, no. 154 (2002): 94-101.
Oosterman, Arjen. "A Bicycle Shed is a Building (Lincoln Cathedral is a Piece of Architecture): Amsterdam." *Archis* no. 2 (2001): 77-79.
"Results of Redesign Competition for Bicycle Shed at Amsterdam's Central Station: VMX Architects." *Archis* no. 4 (2001): 116-19.
Seidel, Florian. "Fünf Jahre lang neben Centraal: temporäre Fahrradgarage am Hauptbahnhof in Amsterdam." *Bauwelt* 92, no. 37 (2001): 32-33.
"VMX: Bicycle Park, Amsterdam." *Quaderns d'arquitectura i urbanisme* no. 239 (2003): 72-77.
"VMX Architects: Bicycle Storage, Amsterdam, the Netherlands 1998–2001; Apartment Block at Sarphatistraat, Amsterdam, the Netherlands 1998–2002." *a+u: Architecture and Urbanism* no. 403 (2004): 134-37.

Berlin Central Station, Berlin, Germany (p. 228)
Arnaboldi, Mario Antonio. "L'idiosincrasia di Eiffel: Lehrter Station, Berlin." *l'Arca* no. 139 (1999): 36-43.
Bachmann, Wolfgang. "Unterwegs im Berliner Hauptbahnhof." *Baumeister* 104, no. 1 (2007): 10.
"Berlin Hauptbahnhof: Lehrter Bahnhof." *Detail* 45, no. 12 (2005): 1449-55.
Brensing, Christian. "Tunnel Vision: Railway Station, Berlin, Germany."

Architectural Review 220, no. 1313 (2006): 52-59.

Brinkmann, Ulrich. "Pragmatisches Monument: der Berliner Hauptbahnhof in Betrieb: Architekten, gmp, Hamburg." *Bauwelt* 97, no. 26 (2006): 8-17.

Bund Deutscher Architekten BDA et al. with Meinhard von Gerkan, eds. *Renaissance of Railway Stations: The City in the 21st century*, in Stuttgart: BDA, 1996, 110-21, 250-257.

Caviezel, Nott. "Bahnhofbaustelle gigantisch: der neue Lehrter Bahnhof in Berlin von gmp von Gerkan, Marg und Partner Architekten." *Werk, Bauen + Wohnen* no. 12 (2003): 46-49.

Gerfen, Katie. "Glass Ceiling." *Architecture* 94, no. 2 (2005): 51-52.

Gerkan, Meinhard von. "The New Berlin's Infrastructure." *Domus* no. 770 (1995): 111-14.

Hamm, Oliver G. "Vom Kopf, über den Umsteige, zum Zentralbahnhof: der Lehrter Bahnhof in Berlin-Moabit." *Bauwelt* 84, no. 26 (1993): 1424-31.

Hettlage, Bernd. "Grosser Bahnhof: Eröffnung des Berliner Hauptbahnhofs." *Deutsche Bauzeitung* 140, no. 6 (2006): 20-22.

"Lehrter Bahnhof: Hauptbahnhof Berlin: Alles was Stahl mit Glas kann." *Intelligente Architektur* no. 57 (2006): 48-59.

"Lehrter Main Station in Berlin." *Detail* 1 (2006): 59-65.

"Linked in Lattice: Berlin Central Station." *Architecture + Design* 25, no. 1 (2008): 96-100, 102, 104.

Mazzoni, Cristiana. *Stazioni: architetture 1990–2010*. Milan: Federico Motta Editore, 2001, 250-53.

Mialet, Frédéric. "Dossier. Transports: le siècle de l'intermodalité." *d'Architectures* no. 92 (1999): 36-38.

Thorne, Martha, ed. *Modern Trains and Splendid Stations: Architecture, Design, and Rail Travel for the Twenty-First Century*. London: Merrel, 2001, 78-81.

Vyne, Anne. "Grand Central." *Architectural Review* 205, no. 1223 (1999): 47-49.

Waiss, Klaus-Dieter, Masahiko Yamashita, and Meinhard von Gerkan. "Architecture of Diversity and Harmony: Recent Works of von Gerkan, Marg and Partner." *Space Design* no. 380 (1996): 5-72.

"Zentralbahnhof Berlin: Lehrter Bahnhof." *Architektur + Wettbewerbe* no. 178 (1999): 38-39.

Yokohama Port Terminal, Yokohama, Japan (p. 230)

Alford, Simon. "Ticket to Ride." *Architects' Journal* 216, no. 9 (2002): 24-31.

Bideau, André. "Raumhaltiges Relief: Osanbashi Pier, FOA's real existierende Datscape." *Werk, Bauen + Wohnen* no. 11 (2002): 30-38.

Black, Stuart. "Foreign Office's Origami Adds Wow Factor to Yokohama Ferry Terminal." *RIBA Journal* 109, no. 7 (2002): 14-15.

Bullivant, Lucy. "Yokohama's Custom-made Ferry Terminal: Two Young Architects Pull Off the Commission of a Lifetime." *Metropolis* 22, no. 3 (2002): 100-105.

Buntrock, Diana. "The New Wave: Ferry Terminal, Yokohama." *World Architecture* no. 109 (2002): 52-60.

Daniell, Thomas. "Strange Attractor: The Yokohama International Port Terminal." *Archis* no. 5 (2002): 105-9.

Desmoulin, Christine. "Origamimétisme: Terminal Maritime International, Yokohama, Japon." *Architecture intérieure créé* no. 307 (2003): 78-83.

Dubbeldam, Winka. "Fluid Topologies: Archi-Tectonics: Dis-A-Pier: Fährterminal Yokohama, 1994." *Archithese* 30, no. 3 (2000): 32-34.

"F.A.O. Architects Limited: Yokohama International Passenger Terminal." *Japan architect* no. 45 (2002): 118-21.

Fernández-Galiano, Luis. "Summer: Roller Coaster Origami." *AV Monografías = AV Monographs* no. 99-100 (2003): 208-11.

"Foreign Office Architects." *AA files* no. 29 (1995): 7-21.

"Foreign Office Architects: International Ferry Terminal, Yokohama." *Quaderns d'arquitectura i urbanisme* no. 236 (2003): 172-86.

"Foreign Office Architects: plate-formes nouvelles." *Architecture d'aujourd'hui* no. 324 (1999): 75-88.

"Foreign Office Architects: Yokohama International Passenger Terminal." *Japan Architect* no. 48 (2003): 62-63.

"Foreign Office Architects: Yokohama International Passenger Terminal, Kanagawa, 2002-02." *GA Japan: environmental design* no. 57 (2002): 64-73.

"Foreign Office Architects: Yokohama International Port Terminal, Japan." *Architectural Design* 65, no. 5-6 (1995): xviii-xix.

"Foreign Office Architects: Yokohama International Port Terminal, Yokohama, Japan." *Architectural Design* 67, no. 9-10 (1997): 68-73.

"Foreign Office Architects: Yokohama International Port Terminal, Yokohama, Japan 2002." *a+u: Architecture and Urbanism* no. 370 (2001): 52-53.

"Foreign Office Architects: Yokohama Port Terminal, 1995–2002." *Lotus international* no. 108 (2001): 80-83.

Hays, Michael K., and Lauren Kogod. "Twenty Projects at the Boundaries of the Architectural Discipline Examined in Relation to the Historical and Contemporary Debates over Autonomy." *Perspecta* no. 33 (2002): 54-71.

Ibelings, Hans. "Pretty, But a Bit Dull, Too: Yokohama International Ferry Terminal." *Archis* no. 4 (2002): 92-93.

Kipnis, Jeffrey, Ciro Najle, and Toyo Ito. "Foreign Office Architects: Works and Projects." *2G: International Architecture Review* no. 16 (2000): 1-144.

Klauser, Wilhelm. "Fährterminal Yokohama: Konstruktion einer Plattform aus Stahl." *Bauwelt* 93, no. 26 (2002): 22-27.

Klauser, Wilhelm. "Kruising tussen scheepsbouw en origami: internationale haven-terminal von Foreign Office Architects in Yokohama." *de Architect* 33 (2002): 72-77.

Klauser, Wilhelm. "Zaera & Moussavi: Harbor Waves: Maritime Terminal, Yokohama." *AV Monografías = AV Monographs* no. 96 (2002): 110-23.

Klauser, Wilhelm. "Japanese Theme Parks: Occupying Home Base." *Architecture d'aujourd'hui* no. 348 (2003): 66-73.

Marzot, Nicola. "FOA, terminal passeggeri del porto di Yokohama." *Paesaggio urbano* no. 2 (2004): 16-33.

Meyer, Ulf. "New Non-Cartesian Geometry: Foreign Office Architects, Fährterminal Yokohama, 1995–2002." *Archithese* 32, no. 4 (2002): 46-51.

Meyer, Ulf. "Parque de pasajeros: Zaera y Moussavi, terminal marítima de Yokohama." *Arquitectura Viva* no. 84 (2002): 96-103.

Moore, Rowan. "Point of Departure." *Domus* no. 851 (2002): 64-75.

Moussavi, Farshid, and Alejandro Zaera Polo. "Exploiting Foreignness: A Conversation with Farshid Moussavi & Alejandro Zaera Polo." *El Croquis* no. 76 (1995): 18-43.

Moussavi, Farshid, and Alejandro Zaera Polo,. "Yokohama International Port Terminal." *Byggekunst: The Norwegian Review of Architecture* 79, no. 4 (1997): 46-53.

Moussavi, Farshid, and Alejandro Zaera Polo. "Foreign Office Architects Ltd: Terminal passeggeri del porto di Yokohama (2002), Osanbashi Pier, Yokohama, Giappone." *Casabella* 65, no. 695-696 (2001): 108-15.

Moussavi, Farshid et al. "Yokohama International Passenger Terminal." *Kenchiku bunka* 57, no. 660 (2002): 17-58.

Moussavi, Farshid et al. "Foreign Office Architects 1996–2003." *El Croquis* no. 115-116 (2003): 1-124.

Noennig, Jörg Raider, and Yoco Fukuda. "Alles fliesst: das Internationale Fährterminal in Yokohama: Architekten, Foreign Office Architects." *Deutsche Bauzeitung* 137, no. 4 (2003): 54-61.

Pollock, Naomi. "Foreign Office Architects Blurs the Line between Landscape and Building in Its Undulant Dunelike Yokohama Port Terminal." *Architectural Record* 190, no. 11 (2002): 142-49.

"Power Made Pliable." *Techniques et Architecture* no. 463 (2003): 79-83.

Righetti, Paolo. "Un molo internazionale: A Terminal for Yokohama." *l'Arca* no. 94 (1995): 34-47.

Scalbert, Irénée. "Foreign Office Architects: Yokohama International Port Terminal." *AA files* no. 30 (1995): 86-87.

Scalbert, Irénée. "Foreign Office Architects Ltd.: terminal passeggeri del porto di Yokohama, Yakohama, Giappone 2002." *Casabella* 67, no. 708 (2003): 30-41.

Slatin, Peter. "Origami Experience." *Architecture* 92, no. 2 (2003): 68-73.

Teague, Matthew, Susan Dawson, and Ruth Slavid. "Metal Works: Major Structures." *Architects' Journal* 215, no. 12, suppl. (2002): 1-16.

"Terminal in Yokohama." *Detail* 44, no. 11 (2004): 1312-16.

Tiry, Corinne, and Christophe Hespel. "Terminal Maritime International, Port de Yokohama, Japon." *Moniteur architecture AMC* no. 158 (2006): 100-101.

"United Kingdom: Foreign Office Architects." *Architectural Design* 66, no.

7-8 (1996): 76-79.

Van den Heuvel, Dirk. "Architectuur als een tautologische machine." *de Architect* 27, no. 3 (1996): 52-61.

Webb, Michael. "Cruise Control: International Port Terminal, Yokohama, Japan." *Architectural Review* 213, no. 1271 (2003): 26-35.

"Yokohama International Port Terminal." *Industria delle costruzioni* no. 367 (2002): 68-81.

"Yokohama International Port Terminal, Kanagawa, 1994–, Glass Center, Newcastle, England, 1994–." *GA Japan: environmental design* no. 14 (1995): 60-64.

Zaera Polo, Alejandro, and Farshid Moussavi. "Zaera-Polo and Moussavi: Young Dark Horses Win Yokohama Port Terminal Competition." *Kenchiku bunka* 50, no. 584 (1995): 73-110.

Zaera-Polo, Alejandro. "Roller-coaster Construction." *Architectural Design* 72, no. 1 (2002): 84-92.

Seattle Olympic Sculpture Park, Seattle, Washington, USA (p. 232)

Carter, Brian. "Art in the Park: Sculpture Park, Seattle, USA." *Architectural Review* no. 1332 (2008): 44-49.

Casciani, Stefano. "Il cimento di natura e artificio = The Trial of Nature and Artefact." *Domus* no. 908 (2007): 42-49.

Deitz, Paula. "Landform Future." *Architectural Record* 193, no. 10 (2005): 94-96, 98.

Enlow, Claire. "Zig Zag, Art on a Green Carpet: A Sculpture Park to Unfold on the Seattle Waterfront." *Landscape Architecture* 92, no. 8 (2002): 22-23.

Enlow, Claire, and Charles Anderson. "Art in the Open: Architecture and Infrastructure Support a Living Landscape in Seattle." *Landscape Architecture* 97, no. 8 (2007): 2, 100-109.

Gonchar, Joann. "Former Brownfield Site Reinvented as a Connection between the City and the Water's Edge." *Architectural Record* 195, no. 7 (2007): 159-60.

Gordon, Alastair. "Site Specific: Rejecting Object-driven Architecture, Weiss-Manfredi Create Functional Work of Great Beauty." *Metropolis* 23, no. 6 (2004): 82-87, 106-7.

Moffat, Sallie. "Shore Thing." *Architectural Lighting* 21, no. 6 (2007): 34-38.

Olson, Sheri. "Weiss-Manfredi Develops Plans for Seattle Sculpture Park." *Architectural Record* 190, no. 7 (2002): 36.

"Olympic Sculpture Park, 2901 Western Avenue, Seattle, Washington, USA." *a+t* no. 29 (2007): 138-45.

"Olympic Sculpture Park, Seattle, USA." *Topos: European Landscape Magazine* no. 60 (2007): 112-13.

Pastier, John. "Zorro-like Audacity: Weiss-Manfredi's Olympic Sculpture Park Boldly Reconnects Seattle to its Long-neglected Waterfront." *Metropolis* 26, no. 10 (2007): 176, 178, 180-81.

Pearson, Clifford A. "Weiss-Manfredi Weaves the Olympic Sculpture Park and its Mix of Art and Design into the Urban Fabric of Seattle." *Architectural Record* 195, no. 7 (2007): 110-17, 124.

Reeser, Amanda. "Weiss-Manfredi Architects: Olympic Sculpture Park." *Praxis: journal of writing + building* no. 4 (2002): 66-69.

Sokol, David. "Art Parks: Art Blended with Green Space." *Urban Land* 66, no. 11-12 (2007): 160-63.

"Weiss/Manfredi: Olympic Sculpture Park, Seattle Art Museum, Seattle, Washington, U. S. A." *GA document* no. 102 (2008): 98-107.

Weiss, Marion Gail, and Michael A. Manfredi. "Olympic Sculpture Park in Seattle." *Topos: European Landscape Magazine* no. 59 (2007): 38-44.

Weiss Manfredi Architects. "Olympic Sculpture Park." *Space* no. 480 (2007): 70-77.

Souterrain Tunnel Complex, The Hague, the Netherlands (p. 234)

Boudet, Dominique. "Galerie souterraine." *Moniteur architecture AMC* no. 149 (2005): 82-84.

De Mos, Pieter. "Verlicht Haags souterrain." *Bouw* 46, no. 14-15 (1991): 17-18.

Dijkstra, Rients. "Stedebouw achteraf: het Souterrain van OMA." *de Architect* 24, no. 10 (1993): 42-51.

"OMA: Souterrain, The Hague, The Hague, the Netherlands." *GA document* no. 84 (2005): 50-63.

Poli, Matteo. "OMA, deep down…" *Domus* no. 877 (2005): 64-69.

"Souterrain Den Haag." *Arch plus* no. 174 (2005): 22-25.

"Souterrain, The Hague, the Netherlands." *Industria delle costruzioni* 40, no. 388 (2006): 50-57.

"Souterrain, The Hague: Two Tram Stations and a Car Park, 1994–2004." *El Croquis* no. 134-135 (2007): 44-61.

Ter Borch, Ine. "Ondergrondse ruimtelijkheid: ondergrondse tramstations en parkeergarage in Den Haag." *de Architect* 35, no. 12 (2004): 66-71.

Railway Station, Seville, Spain (p. 237)

"Antonio Cruz & Antonio Ortiz: Santa Justa Railway Station, Seville." *AV Monografías = AV Monographs* no. 79-80 (1999): 34.

Binney, Marcus. *Architecture of Rail: The Way Ahead*. London: Academy Editions, 1995, 98-105.

Bottero, Maria. "Cruz e Ortis a Siviglia: Santa Justa, stazione di Luce." *Abitare* no. 313 (1992): 144-49.

Cenicacelaya, Javier. "Cruz & Ortiz: Stazione di Santa Justa, Siviglia." *Domus* no. 739 (1992): 29-37.

"Cruz et Ortiz: Gare Santa Justa, Séville." *Techniques et Architecture* no. 401 (1992): 98-103.

Cruz Villalón, Antonio, and Antonio Ortiz Garcia. "Antonio Cruz y Antonio Ortiz." *El Croquis* 10, no. 48 (1991): 4-76.

Cruz Villalón, Antonio, Antonio Ortiz Garcia, and Michel Toussaint. "Estación de Santa Justa, Sevilha." *Architécti* no. 10 (1991): 60-70.

Domínguez Ruz, Martín. "Das Objekt im städtischen Umfeld." *Archithese* 21, no. 5 (1991): 39-55.

"Estación de ferrocarriles Santa Justa, Sevilla." *ON Diseño* no. 139 (1992): 104-17.

"Estação ferroviária de Santa Justa." *Projeto* no. 156 (1992): 106-11.

Fernández-Galiano, Luis. "Five Stars: The Shapes of Social Opulence." *AV Monografías = AV Monographs* no. 51-52 (1995): 6-7.

Hamm, Oliver G. "Anschluss an Europa: Bahnhof Santa Justa, Sevilla." *Deutsche Bauzeitung* 126, no. 6 (1992): 50-55.

Hessel, Andrea. "Sevilla: Wo, bitte, geht's zur EXPO?' *Baumeister* 89, no. 8 (1992): 24-39.

Kusch, Clemens F. "Bahnhof Santa Justa in Sevilla/Spanien." *Deutsche Bauzeitschrift* 40, no. 3 (1992): 311-20.

Lahuerta, Juan-José. "The New Station of Seville: An Underground Movement." *Lotus international* no. 70 (1991): 6-22.

Russell, James S., and David Cohn. "Expo '92 Seville." *Architectural Record* 180, no. 8 (1992): 114-25.

Sainz, Jorge. "La escala justa: Cruz y Ortiz, nueva estación en Sevilla." *Arquitectura Viva* no. 20 (1991): 16-27.

"Santa Justa Railway Station, 1988–1991, Seville (Spain)." *AV Monografías = AV Monographs* no. 85 (2000): 42-49.

Slessor, Catherine. "Traveler's Jog." *Architectural Review* 190, no. 1144 (1992): 63-68.

Tilman, Harm. "Station Santa Justa Sevilla: Cruz en Ortiz versterken stedelijke structuur." *de Architect thema* 22, no. 9 (1991): 53-57.

"Vaults of Transit." *AV Monografías = AV Monographs* no. 51-52 (1995): 14-15.

Railway Station, Madrid, Spain (p. 238)

"Atocha." *El Croquis* 4, no. 19 (1985): 53-65.

"Atocha: nueva estación de ferrocarril, Madrid, 1985–1988." *El Croquis* 7, no. 36 (1988): 64-83.

Binney, Marcus. *Architecture of Rail: The Way Ahead*, London: Academy Editions, 1995, 92-97.

Capitel, Antón. "The Urbanized Station." *Lotus international* no. 86 (1995): 68-79.

Catalano, Patrizia. "Das Tor zur Innenstadt: der neue Atocha Bahnhof in Madrid." *Architektur, Innenarchitektur, Technischer Ausbau* 98, no. 7-8 (1990): 54-55.

Cohn, David. "Monument to mobility: Atocha Station, Madrid, Spain: Jose Rafael Moneo, Architect." *Architectural Record* 179, no. 7 (1991): 222-29.

Draaijer, Paul. "Het gebouw, niet de architect: het Atocha station in Madrid van Rafael Moneo." *Archis* no. 7 (1991): 12-20.

Frampton, Kenneth. "Rafael Moneo." *Architecture* 83, no. 1 (1994): 45-85.

Gazzaniga, Luca. "Rafael Moneo: Stazione di Atocha, Madrid." *Domus* no. 748 (1993): 29-39.

"J.R. Moneo: progetto per la Stazione di Atocha a Madrid." *Industria delle costruzioni* 24, no. 219 (1990): 64-65.

Kusch, Clemens F. "Bahnhof 'Atocha' in Madrid." *Deutsche Bauzeitschrift* 39, no. 6 (1991): 819-26.

Moneo, José Rafael, and Francesco Dal Co. "Special Feature: Rafael Moneo." *Architecture and urbanism* no. 227 (1989): 27-134.

"Rafael Moneo: Extension of Atocha Station, Madrid." In *Anuario 1993: Arquitectura espanola = Yearbook 1991: Spanish Architecture*, ed. A. Garcia-Herrera, Madrid, 1993, 42-49.

"Rafael Moneo a Madrid: Atocha, Nuclei di città." *Abitare* no. 313 (1992): 150-53, 220.

"Sobre las vías oblicuas: ampliación de la Estación de Atocha, Madrid, 1984–1992." *A & V* no. 36 (1992): 42-51.

Zardini, Mirko. "New Railway Constructions: Rafael Moneo: Renovation of the Atocha in Madrid." *Lotus international* no. 59 (1988): 100-113.

Zimmermann, Annie. "Rafael Moneo." *Techniques et Architecture* no. 382 (1989): 102-7.

Airport Parking, Nice, France (p. 238)

Cardani, Elena. "Un parcheggio-giardino: For Nice Airport." *l'Arca* no. 190 (2004): 91.

Tiry, Corinne, and Christophe Hespel. "Parking, aéroport de Nice." *Moniteur architecture AMC* no. 158 (2006): 92-93.

Metro, Copenhagen, Denmark (p. 239)

"Copenhagen Metro: KHR Architects." *C3 Korea* no. 246 (2005): 98-111.

Erlandsen, Helge, and Hans Trier. "Metroens forløb = The Metro Story." *Arkitektur DK* 47, no. 1 (2003): 36-43.

Keiding, Martin. "Metroens diskrete charme = The Metro's Discrete Charm." *Arkitektur DK* 47, no. 1 (2003): 2-7.

"Københavns Metro stationer under jorden = The Metro's Subterrainean Stations: arkitekt, KHR AS Arkitekter." *Arkitektur DK* 47, no. 1 (2003): 9-25.

"Københavns minimetro = Copenhagen minimetro." *Arkitektur DK* 40, no. 4-5 (1996): 266-71.

Kural, René. "The metro." *Quaderns d'arquitectura i urbanisme* no. 252 (2006): 74-79.

Liese, Julia. "Licht im Tunnel: die neue Metro in Kopenhagen = Light in the Tunnel: The New Metro in Copenhagen = Luce in galleria: la nuova metropolitana di Copenhaghen = Lunière dans le tunnel: le nouveau métro de Copenhague = Una luz en el túnel: el nuevo metro de Copenhague." *Detail* 44, no. 6 (2004): 628-32.

"Metro: die U-Bahn von Kopenhagen." *Bauwelt* 94, no. 22 (2003): 18-23.

"Metroens visuelle identitet = The Metro's Visual Identity Program: arkitekt, Mollerup Designlab A-S." *Arkitektur DK* 47, no. 1 (2003): 48-51.

"Seeing the Light: Metro System, Copenhagen, Denmark." *Architectural Review* 212, no. 1270 (2002): 70-71.

Solà, Manuel de. "Estaciones del metro a Porto i Copenhague: criptes publiques." *Quaderns d'arquitectura i urbanisme* no. 252 (2006): 64-65.

Steffensen, Erik. "H.C. Andersen ville have elsket Metroen = H.C. Andersen Would Have Loved the Metro." *Arkitektur DK* 47, no. 1 (2003): 44-47.

Barajas Airport Extension, Madrid, Spain (p. 240)

"Airport Terminal in Madrid." *Detail* 1 (2006): 66-72.

Cohen, David. "Madrid Barajas Airport, Madrid, Spain." *Architectural Record* 193, no. 10 (2005): 150-57.

"Flughafenterminal in Madrid = Airport Terminal in Madrid = Terminal aeroporto di Madrid = Terminal aéroportuaire à Madrid = Terminal del aeropuerto Madrid-Barajas." *Detail* 45, no. 12 (2005): 1456-62.

Ibelings, Hans. "Richard Rogers: Estudio Lamela: New Airport Terminal Barajas, Madrid." *A10: New European Architecture* no. 8 (2006): 62.

Kockelkorn, Anne. "Neuer Terminal am Flughafen Barajas, Madrid." *Bauwelt* 97, no. 8 (2006): 2.

Manterola Armisén, Javier. "Técnicas de vuelo: ampliación del aeropuerto de Barajas." *Arquitectura Viva* no. 107-108 (2006): 52-57.

"Nueva área terminal del Aeropuerto Madrid-Barajas = New Madrid-Barajas Airport Terminal Area: Richard Rogers & Partnership, Estudio Lamela, INITEC y TPS." *ON Diseño* no. 273 (2006): 112-45.

"Nueva área terminal del Aeropuerto Madrid-Barajas = New Madrid-Barajas Airport Terminal Area: Richard Rogers & Partnership, Estudio Lamela, INITEC y TPS." *ON Diseño* no. 276 (2006): 242-45.

Powell, Ken. "Madrid Airport." *Architects' Journal* 223, no. 16 (2006): 27-39.

Powell, Ken; Dawson, Susan. "Flight Fantastic." *Architects' Journal* 217, no. 21 (2003): 28-43.

"Richard Rogers: NAT New Terminal Building, Barajas Airport, Madrid, Spain." *GA document* no. 79 (2004): 70-73.

"Richard Rogers: New Area Terminal, Madrid Barajas Airport, Madirid [sic], Spain." *GA document* no. 90 (2006): 70-83.

"Richard Rogers: Barajas International Airport, Madrid, Spain." *GA document* no. 58 (1999): 88-91.

"Richard Rogers & Estudio Lamela: ampliación del aeropuerto, Barajas (Madrid) = Airport Extension, Barajas (Madrid)." *AV Monografías = AV Monographs* no. 111-112 (2005): 24-35.

Slessor, Catherine. "Spanish Soft Machine: Airport Terminal, Madrid, Spain." *Architectural Review* 220, no. 1313 (2006): 34-45.

Solomon, Nancy B. "Flights of Fancy in Long-span Design." *Architectural Record* 193, no. 10 (2005): 181-84, 186, 188.

Vogliazzo, Maurizio. "Luxe, calme et volupté: New Barajas Air Terminal, Madrid." *l'Arca* no. 214 (2006): 2-13.

Wall Street Ferry Terminal, New York City, New York, USA (p. 242)

"Smith-Miller – Hawkinson: Pier 11." *Quaderns d'arquitectura i urbanisme* no. 232 (2002): 146-57.

Stephens, Suzanne. "Smith-Miller + Hawkinson Architects Brings Architecture to the Public Realm with a Small Ferry Terminal on Pier 11 near Wall Street." *Architectural Record* 189, no. 5 (2001): 220-23.

Mamihara Bridge, Kumamoto, Japan (p. 244)

Aoki, Jun. "Mamihara Bridge: Jun Aoki & Associates." *Japan Architect* no. 14 (1994): 226-27.

"Jun Aoki & Associates, Mamihara Bridge, Kumamoto, 1994-95." *GA Japan: environmental design* no. 16 (1995): 140-43.

"Mamihara Bridge: Jun Aoki & Associates." *Japan Architect* no. 20 (1995): 138-39.

"Mamihara Bridge in Soyo, Japan." *Architektur + Wettbewerbe* no. 168 (1996): 28-29.

Intermodal Station Square, Louvain, Belgium (p. 246)

Capitanucci, Maria Vittoria. "Leuven: Station Square." *Abitare* no. 428 (2003): 192-93.

De Bruyn, Joeri. "A Passenger Centre in the Station Surroundings, Leuven (Manuel de Sola-Morales)." *A plus* no. 175 (2002): 74-81.

Montaner, Jose Maria. "Remodelling of Stationsplein, Louvain, Belgium." *Arquitectura.* no. 335 (2004): 72-75.

"Remodelacao da Praca da Estacao do Lovaina: Architects: Manuel de Solà-Morales." *Architecti* 15, no. 61 (2003): 22-29.

Smets, Marcel, ed. *Melding Town and Track: The Railway Area Project at Leuven*, Ghent and Amsterdam: Ludion, 2002, 176.

Taverne, Ed, and Marijke Martin. "The Railway Area in Leuven." *Archis* no. 9 (1993): 22-28.

图片来源

t=top, m=middle, b=bottom, l=left, r=right,
numeration from top to bottom

3LHD 144, 145tl, 145rl

Hervé Abbadie 45
Claude Abron 23tl, 23ml, 23mr
Acconci Studio 169t, 172, 173tr, 173mr, 173bl,
173br
agps architecture 150t
Luis Ferreira Alves 163l1, 163l3, 163l4
Sven-Ingar Andersson 190tl, 190tr
AREP Group 42l, 42br, 43tl, 43tr, 43ml, 43mr,
102, 103, 108b
Arriola & Fiol Arquitectes 100, 101
Atelier de Midi 74, 75
Erieta Attali 243m, 243bl, 243br
Gerhard Aumer 207tl

Iwan Baan 137ml, 137mr, 137br
Lodewijk Baljon 154l, 155bl, 155mr, 155br
Zsolt Batár 200t
Alain Baudry 170t
Cyril Becquart / Altivue 42tr
Javier Belzunce 238t
Benjamin Benschneider 233tl, 233mr, 233bl
Alan Berger cover, 215
Leif Bergum 127b
Hélène Binet 89t, 89bl
Bjørbekk & Lindheim 72
David Boureau 175tl, 175m
Jacques Boyer / Roger-Viollet 184l
Aljosa Brajdic 145bl, 145r2, 145r3, 145r4
Brasil Arquitetura 158m
Marcus Bredt 229
Robert Burley / Design Archive 49ml
Joan Busquets 95t

Santiago Calatrava 112, 113b
David Cardelús 93
Tristan Chapuis / Number 6 Factory 109
Young Chea 181ml
China Photos / Getty Images 222r, 223b
Cancan Chu / Getty Images 223t
City of Curitiba / PMC/IPPUC 33tl, 33r1
City of Louisville, Kentucky 85tl
Colegio Oficial de Arquitectos de Madrid 15
Paul Chemetov / Alexandre Chemetoff 24bl,
24br
Jean-Louis Cohen 236, 240, 241
Collectie Spaarnestad Photo 187b
Collectie Spaarnestad Photo/ANP 187t
Atelier Michel Corajoud 60, 61r
Stéphane Couturier / Artedia 63bl, 63br

Nikos Danielidis 87t, 87br
Richard Davies 29br
Michel Denancé 43br
Denton Corker Marshall 218, 219bl
Jan Derwig 47
Manuel de Solà-Morales 246
Michel Desvigne / Christine Dalnoky 63tl, 63tr,
63m
Dietmar Feichtinger Architectes 134, 135tr,
135ml, 135mr, 135bl, 135br, 174
Ramon Domènech / B01 arquitectes 142t

Patrick Duguet 81b

ECE Projektmanagement 205tl

Lina Faria 33r2, 33r3, 33r4, 33bl
Rosa Feliu 163m5
Fentress Architects 40t, 40bl
Jacques Ferrier Architectures 69t
Magne Flemsæter 131tr, 131ml, 131mr
Daniel Fondimare 135tl
Fonds d'Urbanisation Luxembourg 77m
Foreign Office Architects 230, 231b
Dan Forer 79tl, 79b
Foster + Partners 28, 29bl, 110-111
Klaus Frahm 207tr, 207ml, 207mr
Matthias Friedel 95b
David Frutos 199ml, 199bl
Octavio Frutos 193tl, 193tr, 193m

Justo Garciá Rubio 114, 115l
Jean-Pierre Gardet / POMA 142ml, 142mr, 142b
Antonio Gaudério 186r
Dennis Gilbert / VIEW 19
Jeff Goldberg / Esto 117tr, 117m, 117mr
Goldman Properties 78, 79tr, 79mr
John Gollings 84tl, 84tr, 85ml2, 85mr1, 85b,
148tr, 148br, 149b, 219ml, 219br
Grimshaw Architects 46
Antoine Grumbach 138b, 139

Hiroshi Hara + Atelier Phi 208, 209
Roland Halbe 89m, 89br
Hargreaves Associates 84b, 85tr, 86ml1, 85m,
85mr2
Andrea Helbling 151t
Herzog + Partner 26
HOK (Hellmuth Obata Kassabaum) 30, 31tl,
31ml, 31mr, 31br
HPP Architects 204, 205b
Timothy Hursley 41br
Peter Hyatt 148l, 149tr

Ingenhoven Architects 20

James Corner Field Operations 136, 137tr, 137bl
Thomas Jantscher 140, 147t
Ellen Jaskol 41t
JLAA (Jaime Lerner Arquitetos Associados) 32
Ben Johnson 110t, 111mr
Adam Jones 195tl, 195tr, 195b
Jones & Jones 194, 195m
Jun Aoki Associates 244

KHR arkitekter AS 64
M. Klein 61tr, 61ml, 61bl
Bernard Kohn 24tr
Nelson Kon 158t
Jørgen Koopmanschap 169b
Paul Kozlowksi 23tr
KuiperCompagnons 118, 119

Klaas Laan 155t
Luis Lamich 91tl, 91tr
Luis Lamich, Carlos Sanfeliu, Bernat
Martorell 90, 91b
Bernard Lassus 129
Latitude Nord 132, 132-133
Michael Latz 77tl
Latz + Partner 76-77, 77b

Fondation Le Corbusier 213t
Ronnie Levitan 153tl, 153tr, 153mr
Library of Congress 185, 186l
Janners Linders 107b, 203
London & Continental Railways (LCR) 69b
London Transport Museum Collection 161
Stéphan Lucas 43bl
Lucien le Grange Architects & Urban
Planners 152, 153bl, 153br
Luftbildverslag Hans Bertram 27r2

Bruno Mader Architectes 44, 133tl, 133tr, 133mr
Walter Mair 83b
Duccio Malagamba 37b
Mitsuo Manno 39t
Martínez Lapeña-Torres Arquitectes 92
Massachusetts Institute of Technology 122
Ed Massery 83tr
Peter Mauss / Esto 224
Maxwan 34br, 35l1, 35l2, 35l4, 35r3, 57m, 57b
Shannon McGrath 219t
Nick Merrick / Hedrich Blessing 40br, 41bl
Ole Meyer 65tr, 65m
Michelin et C(ie) 124
Satoru Mishima 231tl, 231tr, 231ml, 231mr
Vegar Moen 131b
Adam Mørk 239
Montgomery Sisam Architects 48
Jean-Marie Monthiers 141b, 214m, 214b
Jacques Mossot 158b
MOW AOSO- ATO 247bl, 247br
Stefan Müller-Naumann 27
Murphy/Jahn Architects / Werner Sobek 216
Jeroen Musch 34l, 34tr, 35l3, 35r1, 35r2, 226t
Museum of Finnish Architecture / Kari
Hakli 257t

Håkan Nordlöf 157

Odile Decq Benoît Cornette architectes
urbanistes 96t
Office for Metropolitan Architecture (OMA) 234
OKRA 189m, 189b

Hans Pattist 25
Pelli Clarke Pelli Architects 116, 116-117, 117tl,
117ml, 201m, 201b
Atelier Alfred Peter 160, 161
Marie-Françoise Plissart 247t, 247ml, 247mr
Attila Polgár 200b
Robert Polidori 243t
Aldo Enrico Ponis 104

Rabier / EPGD/EPAD 16r
RATP 24tl, 138tl, 138tr
Erik Recke / Datenland 202m, 202b
Reichen et Robert Associés 86, 87m1, 87m2,
87m3, 87bl
Christian Richters 170b, 221tl, 221m, 221bl,
221bm, 221br
Roma Design Group 196, 197
Paolo Rosselli 108t, 113tl, 113tr, 113ml, 113mr,
257b
Michele Rossi 105
Roger Rothan 88
Philippe Ruault 189t, 238b

Guia Sambonet 128b
Samyn and Partners 220, 221tl

作者简介

　　凯利·香农（Kelly Shannon），比利时鲁汶大学教授，曾为美国南加利福尼亚大学教授。她于 1988 年获得匹兹堡 – 卡内基梅隆大学建筑学学位，于 1994 年获得阿姆斯特丹贝尔拉格学院研究生学位。她是纽约注册建筑师，曾在多家国际事务所工作，包括纽约的米切尔·朱尔戈拉建筑师事务所（Mitchell Giurgola Architects）、伦敦的亨特·汤普森建筑事务所（Hunt Thompson）、热那亚的伦佐·皮亚诺建筑事务所（Renzo Piano）和雅典的吉甘特斯·增格里斯建筑事务所（Gigantes Zenghelis）。2004 年，她获得鲁汶大学博士学位，论文题目为"修辞与现实：探讨景观都市主义问题——以越南的三座城市为例"。她曾担任丹佛的科罗拉多大学、巴塞罗那的加泰罗尼亚大学和奥斯陆的阿霍建筑学院的客座教授，为欧洲的许多期刊撰稿，并多次参加国际设计竞赛。她与布鲁诺等人共同编写了《城市化的探索》（Explorations of/in Urbanism）和《奥萨城市群》（Urban Fascicles OSA）（由阿姆斯特丹 SUN 出版社出版）。她的研究兴趣包括城市分析、制图学、设计和景观都市主义的交叉领域，其大部分工作都集中在东南亚和南亚（越南、斯里兰卡、孟加拉国和印度）的景观、基础设施和城市化之间的动态演变关系。更具体地说，她的工作聚焦于与水和地形有关的景观都市主义战略的发展。

　　马塞尔·斯梅茨（Marcel Smets），比利时鲁汶大学景观都市主义教授，佛兰德州注册建筑师（2005—2010 年）。长期关注基础设施、城市发展、城市化和景观之间日益复杂的关系。1970 年，他在根特大学学习建筑学，1974 年在代尔夫特理工大学学习城市设计，1976 年获得鲁汶大学博士学位，并于 1978 年被任命为城市设计系教授。他是 ILAUD（1976）的创始人。1985 年和 2002 年分别为塞萨洛尼基大学（Thessaloniki）和哈佛设计研究生院的访问学者。同时他一直活跃在理论和历史领域，出版的书籍涉及建筑师惠布·霍斯特（Huib Hoste）及查尔斯·布尔斯（Charles Buls）的作品、对布鲁塞尔历史建筑的保护、比利时花园城市运动及 1914 年后比利时重建等。他担任过 Archis、Topos、Lotus、Casabella 等杂志的评论家，并多次担任竞赛评委。从 1989 年到 2002 年，斯梅茨教授担任斯塔德森特韦普项目团队（Projectteam Stadsontwerp）的主任，这是一个专注废弃工业和基础设施区域城市重建的研究和设计组织。此外，他还担任鲁汶（Leuven）、安特卫普（Antwerp）、胡伊拉尔特（Hoeilaart）、鲁昂（Rouen）、热那亚（Genoa）和科内利亚诺（Conegliano）等项目的首席城市设计师。其获奖项目——鲁汶车站改造已经被广泛报道。斯梅茨教授通过大量研究项目、发表文章及城市设计实践，在理论和实践方面深入探索了城市化、流动性和景观之间的关系。

译者简介

　　刘海龙，清华大学建筑学院景观学系特别研究员，博士生导师，哈佛大学设计学院访问学者。任住建部海绵城市建设技术指导专家委员会委员、国际景观生态学会会员（IALE）、美国景观师协会国际会员（ASLA）、美国河流管理学会会员（RMS）、中国风景园林学会会员（CHSLA）、中国城市科学研究会生态城市研究专业委员会（CSUS）会员、中国水利学会城市水利专业委员会委员、亚洲开发银行（ADB）顾问专家。主要研究领域为城市生态基础设施、景观都市主义、遗产保护网络等。主持3 项国家自然科学基金项目，参与多项国家与部门标准编制，完成 50 多项国家和省市级科研与实践项目，在国内外期刊、会议发表论文 40 多篇，合著 1 部、教材 1 部、译著 6 部。

致谢

衷心感谢荷兰建筑基金会、EFL 基金会和佛兰芒建筑与视觉艺术委员会的资助；感谢比利时科学研究基金，提供了斯梅茨教授学术休假的经费资助；感谢鲁汶大学的建筑与城市规划设计系的财务和后勤支持。

感谢支持本书编导的学者与教授。NAI 出版社的艾尔科·范·威利（Eelco van Welie）和卡罗琳·高蒂尔（Caroline Gautier）的长期支持；莫德·范·罗瑟姆（Maud van Rossum）和皮特·杰拉兹（Piet Gerards）的插图平面设计，以及比利·诺兰（Billy Nolan）细致的文本编辑，他们的努力使本书更加清晰。对来自让·路易·科恩（Jean-Louis Cohen）、格利特·德·布洛克（Greet De Block）、艾伦·布雷亚（Ellen Braae）、安妮赖斯·德·聂思（Annelies De Nijs）、吉莉安·法里斯（Jillian Farris）、瓦苏达·古古塔（Vasudha Gupta）、埃斯彭·豪格林（Espen Hauglin）、贾尼克拉森（Janike Larsen）、奈森·沃姆斯（Nathan Ooms）、马尔滕·范阿克（Maarten Van Acker）、沃德·威巴克（Ward Verbakel）、劳拉·维西那（Laura Vescina）、凯瑟琳·维尔金（Catherine Vilquin）和 Xiang Zeng 的图像采集专业和协助研究工作、编辑参考书目等，我们都深表感谢。此外，感谢安妮·科拉（Annie Collaer）、格利特·德·布洛克（Greet De Block）和维罗尼克·帕特图（Veronique Patteeuw）在起草和跟进申请资助方面的努力。最后，还要感谢潘海啸和让·弗朗索瓦·杜莱特（Jean-François Doulet）提供的中国项目相关的珍贵图像和信息。

亚历山德罗·罗卡（Alessandro Rocca）发表在 Lotus 的一篇文章，引发了斯梅茨教授对本书主题的兴趣。同时，凯利·香农的景观都市主义的博士论文也激发了她对该主题的研究。2004 年秋季，阿里克思·奎戈教授（Alex Krieger）为斯梅茨教授在哈佛大学设计研究生院提供了办公室。除此之外，哈佛大学弗朗西斯·洛布图书馆（Frances Loeb）和威德纳图书馆（Widener）惊人的收藏和周到的服务，以及冈德大厅（Gund Hall）内安静的工作场所，都为本书的撰写提供了必要的支持，保证了作者的研究及交流。包括与阿兰·柏格（Alan Berger）、胡安·布斯盖兹（Joan Busquets）、布鲁诺·德梅尔德（Bruno De Meulder）、亚历山大·德胡格（Alexander D'Hooghe）、肯尼思·弗兰姆普敦（Kenneth Frampton）、安德烈·洛克克斯（André Loeckx）、迪迪埃·里波斯（Didier Rebois）、爱德华·多里科（Eduardo Rico）、曼努埃尔德·索尔·莫拉莱斯（Manuelde Solà-Morales）、理查德·索默（Richard Sommer）、查尔斯·瓦尔德海姆（Charles Waldheim）和米尔科·扎迪尼（Mirco Zardini）的讨论，都为作者提供了巨大的学术灵感来源。

另外，还有内勒·普雷沃茨（Nele Plevoets）长期、系统和充满热情的工作，以及图恩·泉腾（Toon Quanten）在收集大量图像方面的长期支持。如果没有他们的帮助，这本书也无缘出版。

译后记

英文中的基础设施（infrastructure）是指，一个系统或组织的下部基础或基本框架；一个国家、州或区域的公共产品所组成的系统，或维持某种活动所必需的资源；抑或一个社区或社会正常运行必需的基础性设施、服务和设备。从 19 世纪末、20 世纪初开始的欧美城市地下交通、地下管道的建设，到中国目前的大规模高速铁路、公路、桥梁的发展，可以看到各类基础设施对于一座城市乃至一个国家发展的重要意义。

纵观全球，加强基础设施的运行通畅性以推动经济发展皆已成为共识。而对各类基础设施的设计，包括对道路、铁路、河道以及相应的站场、建构筑物的工程、建筑、景观设计，都位列城市环境建设最重要的任务之一。《当代基础设施景观》一书探讨了如何通过基础设施设计来支撑人居环境及景观系统的有机组织以及流动特性，表明基础设施不仅成为强化流动性的媒介，也作为一种设计特征，为城市特色作出贡献，并且也成为创造积极的公共空间体验的一种有力途径。本书从四个章节、以分类的方式来探讨这些问题，每一章都通过对来自全球范围的最重要设计师的关键性项目的分析来阐述其观点，从而展示了通过建筑学、景观设计、城市设计、工程设计的出色协作而实现的综合目标，从而对基础设施网络的有效运行、城市特色的营造和人居环境的改善产生至关重要的影响。

在中国，大规模的基础设施投资建设是拉动经济、扩大内需、改善民生、保障发展的关键措施。面对这些投资巨大、影响长远、众所瞩目的大量巨型建构筑物，一旦建成可以认为就会长期存在。那么，这些基础设施是否从工程技术、公共安全、经济成本、视觉美学、大众使用、社会活力、地域特色、文化内涵等方面都合理、有效、舒适、便利、宜人，无疑将基础设施的"设计"的重要性推到了十分突出的地位。而现实中，人们也许更关注传统的住宅、商业建筑、文化设施、公园绿地等范畴的城市元素的设计。但实际上，对城市结构、功能、环境起着更根本性作用的要素，却是这些规模巨大、无所不在的基础设施。从城市道路、市政管线、河道、绿地，到站场、码头、桥梁，再到通信、物流、互联网等，这些基础设施决定着城市的功能运转，也影响着市民日常生活品质。但中国国内目前对于道路、桥梁、水利设施、机场、站场等基础设施的设计，尽管有不少专业工程设计院所，但却并未在景观、建筑和城市设计学科中引起足够的重视。这一方面是因为学科领域划分、专业技能训练以及眼光、兴趣等等的问题所致，同时也是因为还未能从理论、实践上对基础设施这一对象进行多专业合作的充分探讨和研究。并且，国内目前的基础设施设计更多仅是"工程"设计（engineering），从某种程度上讲还谈不上一种实现多目标、多功能的高品质"公众设施"设计（civic design）。而从目前的实际建设量、工程投资额以及居民日常使用程度、频率等方面来看，以及从未来城市发展、更新、改善的趋势来看，各类基础设施必将成为城市建设和专业实践的主体之一。因此，目前对基础设施设计理论和实践研究的忽视或缺乏，无疑是一个巨大的遗憾。《当代基础设施景观》一书是由该领域的引领性研究者和实践者集多年工作和经验形成的力作。本书的翻译出版，会对中国的基础设施领域的设计实践和理论批判建构提供一个新的参考，也会为中国探索高品质的公共基础设施空间发挥较大的借鉴、指导作用。

本书的引进和翻译工作经历了一个较长的过程。译者在十多年前曾与本书作者凯利（Kelly）博士在北京的学术会议上有过交流。之后的 2011 年，刘海龙在哈佛大学设计学院访学期间，受凯利邀请担任其主持的《Cartographies of Hydrology》（GSD2447）课程评论员，就共同感兴趣的话题有过交流，当时这本书恰出版一年。2012—2015 年完成了对本书版权的引进及其他准备工作，具体翻译从 2015 年底开始。整体由刘海龙主持，翻译团队包括了刘兆凯、王星星、袁雪峰、邹尚武、杨帆等。译稿总体于 2017 年完成，2018 年经过多次校对与修改完善，于 2019 年初定稿。应该说，本书在翻译过程中该领域又有不少新的发展，包括国际上新的项目作品不断建成。但本书的核心内容——对当代基础设施景观的特征的总结、对其设计原则的分析，以及全面性的案例分类研究，仍具有时效性与借鉴意义。限于译者在语言与专业水平方面的局限，相关错误在所难免，敬请广大读者批评指正！

刘海龙

2019 年 4 月 20 日 于清华园

著作权合同登记图字：01-2015-6465 号

图书在版编目（CIP）数据

当代基础设施景观 ／（美）凯利·香农，（美）马塞尔·斯梅茨著；
刘海龙等译 . —北京：中国建筑工业出版社，2019.9
书名原文：The Landscape of Contemporary Infrastructure
ISBN 978-7-112-24027-2

I. ①当… II. ①凯…②马…③刘… III. ①基础设施建设－景观设计－
研究 IV. ① TU986.2

中国版本图书馆 CIP 数据核字（2019）第 165377 号

本书经荷兰Nai010 Publishers出版社正式授权我社翻译、出版、发行中文版

责任编辑：董苏华
责任校对：赵昕雨

当代基础设施景观

[美] 凯利·香农　马塞尔·斯梅茨　著
刘海龙　等译
*
中国建筑工业出版社出版、发行（北京海淀三里河路 9 号）
各地新华书店、建筑书店经销
北京雅盈中佳图文设计公司制版
天津图文方嘉印刷有限公司印刷
*
开本：880×1230 毫米　1/16　印张：17　字数：509 千字
2019 年 9 月第一版　2019 年 9 月第一次印刷
定价：199.00 元
ISBN 978-7-112-24027-2
（33994）